U0887931

水系锌离子电池原理与关键技术

尹成杰　胡劲松　著

Principle and Key Technologies of Aqueous Zinc-Ion Batteries

化学工业出版社
·北京·

内容简介

《水系锌离子电池原理与关键技术》共 10 章，主要内容包括水系锌离子电池基础知识、正极材料、负极材料、电解液、生物相容性、表征研究方法、充放电机理、产业化应用、未来的展望与挑战等。本书兼具基础性与前沿性，既有大量实验数据和案例分析，又有对水系锌离子电池充放电机理、表征方法、工程化应用的深入剖析。

《水系锌离子电池原理与关键技术》基本涵盖了水系锌离子电池的全知识体系，可供新能源、化学、材料、环境相关领域的科技工作者参考，也可以作为高等学校相关专业高年级本科生和研究生的教学用书。

图书在版编目（CIP）数据

水系锌离子电池原理与关键技术 / 尹成杰，胡劲松著. — 北京：化学工业出版社，2025. 10. — ISBN 978-7-122-49275-3

Ⅰ. TM912

中国国家版本馆 CIP 数据核字第 2025BY1592 号

责任编辑：刘志茹　宋林青　　文字编辑：杨凤轩　师明远
责任校对：李　爽　　装帧设计：史利平

出版发行：化学工业出版社
（北京市东城区青年湖南街 13 号　邮政编码 100011）
印　　装：北京科印技术咨询服务有限公司数码印刷分部
787mm×1092mm　1/16　印张 13¼　字数 320 千字
2025 年 10 月北京第 1 版第 1 次印刷

购书咨询：010-64518888　　售后服务：010-64518899
网　　址：http://www.cip.com.cn
凡购买本书，如有缺损质量问题，本社销售中心负责调换。

定　　价：88.00 元　版权所有　违者必究

前言

在全球能源结构转型和“碳达峰、碳中和”战略目标的推动下，发展高效、安全、可持续的储能技术已成为科学界和产业界的共同使命。锂离子电池因其高能量密度和成熟的商业化应用，在过去几十年中主导了储能市场。然而，锂资源的稀缺性、高成本以及有机电解液的可燃性等问题，限制了其在大型储能、可穿戴设备及生物医疗等领域的进一步应用。因此，开发新型储能体系，尤其是基于丰富资源、高安全性和环境友好特性的电池技术，成为当前研究的重点。

水系锌离子电池（aqueous zinc-ion batteries，AZIBs）因其独特的优势近年来备受关注。首先，锌金属储量丰富、成本低廉，且具有较高的理论容量（820 mA·h/g 或 5855 mA·h/cm^3）。其次，水系电解液不易燃、无毒，大幅提高了电池的安全性，并降低了封装和运输成本。此外，锌离子（Zn^{2+}）的二电子转移特性使其在储能过程中展现出较高的能量密度。这些优势使水系锌离子电池在电网储能、柔性电子、可穿戴设备及生物医学等领域具有广阔的应用前景。

然而，水系锌离子电池的发展仍面临诸多挑战。在正极材料方面，锌离子嵌入/脱出过程中易导致结构坍塌，影响循环稳定性；在负极方面，锌枝晶的生长和析氢副反应会降低电池的可逆性和寿命；在电解液方面，如何拓宽电化学窗口并抑制副反应仍需深入研究。此外，电池的产业化应用仍面临成本控制、规模化制造及长期稳定性等实际问题。因此，系统梳理水系锌离子电池的基础理论、关键材料、表征方法和应用前景，对推动该领域的发展具有重要意义。为了系统总结该领域的研究进展，推动水系锌离子电池技术的进一步发展，我们撰写了这本《水系锌离子电池原理与关键技术》。

本书旨在为读者提供全面、系统的水系锌离子电池知识体系。全书首先从新能源基础知识入手，帮助读者夯实理论基础；随后详细介绍了水系锌离子电池的基本原理、关键材料（正极、负极、电解液）的设计与优化策略，以及生物相容性等特色研究方向；同时，本书对表征研究方法、充放电机理等科学问题进行了深入剖析，并结合实际案例探讨了产业化应用的现状与挑战；最后，本书对水系锌离子电池的未来发展趋势进行了展望，以期为读者提供前瞻性的视角。

本书在撰写过程中注重理论与实践的结合，既包含基础概念的清晰阐述，又融入了领域内的最新研究进展和技术突破。本书兼具基础性与前沿性，既系统介绍了电化学和水系锌离子电池的基础理论，又深入探讨了最新研究进展和关键技术。书中结合大量实验数据和案例分析，使读者能够全面了解该领域的研究现状和发展趋势。书中内容涵盖了从材料设计、机理研究到工程化应用的完整链条，力求为读者呈现一幅水系锌离子电池研究的全景图。

本书可供从事电化学储能研究的科研人员、工程技术人员参考，同时可作为新能源、化学、材料、环境等相关专业的高年级本科生和研究生的教学用书。我们希望通过本书的出版，能够促进水系锌离子电池领域的学术交流和技术创新，为推动绿色能源的发展贡献一份力量。

本书的完成要感谢多位老师及研究生的帮助与参与。全书由尹成杰和胡劲松老师负责内容的设计和定稿工作，本书第 1 章、第 6 章、第 8 章和第 10 章由尹成杰负责，第 2 章由李志雄负责，第 3 章由沈赢雪负责，第 4 章由侯伟朋负责，第 5 章由牛源萍负责，第 7 章由贾锐负责，第 9 章由李兰负责。

本书撰写过程中，我们参考了大量国内外同行的重要研究成果，在此致以诚挚的谢意。由于水系锌离子电池领域发展迅速，加之著者水平有限，书中难免存在疏漏或不妥之处，恳请广大读者批评指正。

著者

2025 年 9 月

目录

第1章 绪论

1.1 能源简介

1.1.1 能源的定义与分类

能源是指能够提供能量的资源。能源从不同角度有不同分类方式。

(1) 按来源分类

① 来自地球外部天体的能源（主要是太阳能） 太阳能以直接辐射的形式到达地球，是地球上最主要的能量来源。例如，光伏利用太阳能电池将太阳能直接转化为电能；太阳能热水器则将太阳能转化为热能。此外，风能是大气受热不均产生的运动能量，也是太阳能的间接形式，风力发电就是利用风能转化为电能。水能发电则是通过太阳辐射将水汽蒸发，形成降水，再汇聚成水流，利用水流落差进行发电。生物能也是太阳能的一种转化形式，植物通过光合作用将太阳能转化为化学能，这些植物作为生物质可以用于燃烧发电或生产生物燃料等，如农作物秸秆发电、生物柴油的生产等。

② 地球本身蕴藏的能量 地热能：来自地球内部的热量，一部分是地球形成时的余热，另一部分是原初放射性核素的核衰变过程和潮汐力引起的固态地壳与液态地核之间的摩擦不断产生的热量。地热能可用于地热发电、地热供暖等。例如在冰岛，地热能被广泛应用于家庭供暖和发电。

③ 核能 通过核反应堆中核燃料（如铀等）的裂变反应产生的巨大能量，用于发电等领域，如核电站。

④ 地球和其他天体相互作用而产生的能量 例如潮汐能，指由于天体（主要是月球和太阳）对地球的引力作用使海洋产生周期性涨落而形成的能量。可以利用潮汐的涨落来推动水轮机发电。

(2) 按是否可再生分类

① 可再生能源 在人类时间范围内取之不尽或更新相对较快的能源，如太阳能、风能、水能、生物能、地热能、潮汐能等。可再生能源被认为是可持续能源政策的重要组成部分，有助于减少对有限化石能源的依赖，降低环境污染和温室气体排放。例如，一个大型的风力

发电场可以持续不断地为当地提供电能，且风能资源不会枯竭。

② 不可再生能源　有限的或只能在极长的时间（数百万年）内再生的能源，主要指化石能源，如煤炭、石油、天然气等。这些能源是古代生物经过漫长的地质年代形成的，其储量随着人类的开采和使用而逐渐减少。以煤炭为例，煤炭是古代植物遗体经过复杂的生物化学和物理化学变化逐渐形成的固态可燃性矿物，大量的煤炭开采和燃烧不仅会导致资源耗尽，还会带来环境污染和温室气体排放等问题。

(3) 按人类开发利用的技术成熟程度、普及程度及时间先后分类

① 传统能源（conventional energy）　传统能源主要包括化石燃料，如煤炭、石油和天然气。这些能源在地球上的储量有限，且在开采和使用过程中会对环境造成较大的污染。传统能源的开采、运输和利用技术已经非常成熟，基础设施完善。

② 新能源（new energy resources）　新能源是指相对于传统能源而言，新近才被人类开发利用、有待于进一步研究发展的能量资源。如核能、太阳能、风能等。新能源通常具有污染少、储量大的特点，是未来能源发展的重要方向。随着全球对环境保护和可持续发展的重视，新能源的研究和应用正变得越来越重要。未来，新能源有望在能源结构中占据更重要的地位，为人类社会的发展提供更加清洁和可持续的能源支持[1,2]。

1.1.2 能源的重要性

(1) 对经济发展的重要性

衡量国家经济发展和人民生活水平：能源消费按人平均的占有量是衡量一个国家经济发展和人民生活水平的重要标志。在发达国家，随着经济增长，在工业化阶段初期和中期能源消费一般呈缓慢上升趋势，当进入后工业化阶段后，经济增长方式转变，能源消费开始下降。例如，人均能耗越多，通常国内生产总值就越大，社会也越富裕，因为能源是各种生产活动、工业制造、交通运输等的动力来源，充足的能源供应能够保障生产的持续进行，推动经济增长和产业发展。

推动产业发展：能源在各个产业中都起着不可或缺的作用。在工业领域，能源是工厂运行、机器运转的动力来源，从钢铁生产到电子产品制造，没有能源就无法进行大规模的工业生产；在农业领域，农业机械的运行、灌溉系统的运作等都需要能源支持；在服务业领域，商业建筑的照明、空调、办公设备运行以及交通运输业中的车辆、飞机、轮船等的运行都依赖能源。

(2) 对社会发展的重要性

满足基本生活需求：能源与人们的日常生活息息相关，满足家庭照明、取暖、烹饪等基本需求。例如，天然气用于家庭炉灶做饭，电能用于照明和各种电器设备的运行，冬季的集中供暖需要煤炭、天然气或其他能源的支持等。

保障社会基础设施运行：能源是社会基础设施正常运行的基础，包括医院、学校、通信设施等。医院的医疗设备需要稳定的电力供应才能正常运行，学校的教学活动、计算机网络设备、照明系统等都离不开能源，通信基站需要电能维持运行，以保障人们的通信畅通。

1.1.3 新能源主要类别简介

新能源一般是指在新技术基础上可系统开发利用的可再生能源，包括太阳能、风能、水能、生物质能、地热能、氢能等，还包括一些新型的能源形式，如核能（虽然核能因核废料

处理等问题存在一定争议，但在很多国家也被归类为新能源范畴）（图 1-1）。

（1）太阳能

太阳能（solar energy）是指太阳的热能和光能，主要是通过太阳内部的核聚变反应释放的巨大能量。这种能量不仅包括热能和光能，还包括风能、化学能等其他形式。太阳能的利用主要分为两种方式：光热转换和光电转换。年均辐射到地球的太阳能约为 23000 TW·h，每秒照射到地球的能量为 1.465×10^{14} J，相当于 500 万吨标准煤[3]。

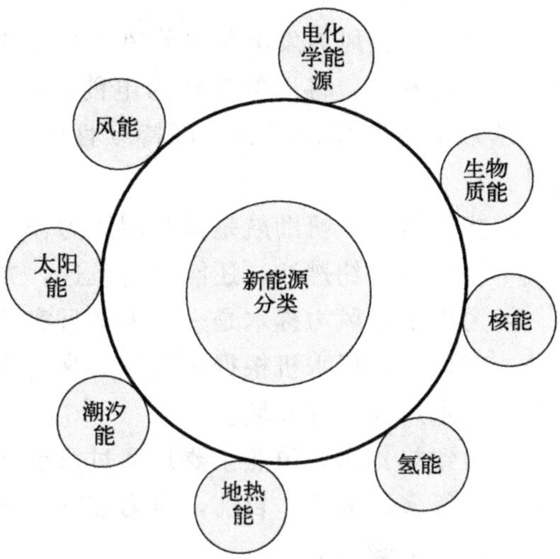

图 1-1 新能源的主要类别

① 光生电效应（光电转换）

太阳能电池板主要由半导体材料（如硅、镓等）制成。当光子撞击半导体材料时，会产生电子-空穴对，这些电子-空穴对进一步形成电流，从而实现光能到电能的转换。这一过程称为光电效应，是太阳能光伏发电的基本原理。通常多个太阳能电池板连接在一起，可以产生足够的电压和电流用于供电。

太阳能光伏发电系统构成及各部分作用如下。

太阳能电池板：太阳能光伏发电系统的核心部件，主要作用是将光能转化为电能。它由半导体材料制成，常用的有单晶硅或多晶硅材料，在太阳光照射下会产生电压和电流。

逆变器：将太阳能电池板产生的直流电转换为交流电，以便并入电网或供给负载使用。它通过半导体开关器件的通断作用，来实现直流电到交流电的转换。

控制器：主要用来控制逆变器的运行，确保整个系统正常运行。它通过感知光伏发电系统的状态，调节逆变器的输出，以保持系统的稳定性和可靠性。

蓄电池：可储存电能，并在需要时向负载供电。在太阳能光伏发电系统中，蓄电池不仅可以起到储能的作用，还可以在太阳光不足时提供电能，确保系统的连续供电。

② 光热转换

光热转换系统通过集热器将太阳能转化为热能。集热器通常采用镜面或聚光透镜来聚焦太阳光，提高热能的集中度和温度。然后利用热能产生蒸汽驱动涡轮发电机发电，这种方式适用于大规模电力发电，如太阳能热电站。

太阳能空调的光热转换工作原理如下。

制冷原理：所谓太阳能制冷，就是利用太阳集热器为吸收式制冷机提供其发生器所需要的热媒水。热媒水的温度越高，则制冷机的性能系数越高，这样空调系统的制冷效率也越高。

制热原理：冬季需制热时超导太阳能集热器吸收太阳辐射能，经超导液传递到复合超导能量储存转换器。当储热系统温度达到 40 ℃时，中央控温系统自动发出取暖指令，让室内冷暖分散系统处于制热状态，经出风口输出热风[4]。

（2）风能

风能（wind energy）是指近地层风产生的动能，属于可再生能源。它主要由太阳辐射能转化而来，通过大气的流动传递到地球表面，形成风的动能。风能不仅是一种清洁的能源，而且具有分布广泛、可再生性强等优点。

1）风能的利用方式

风力发电：风力发电是目前风能最主要的利用方式之一。通过风力带动风轮旋转，进而驱动发电机发电，将风能转化为电能。风力发电机通常包括风轮、发电机、塔架等主要部件。风力发电具有无污染、可持续性强等特点，是目前全球范围内推广的重要清洁能源项目。

风帆助航：风帆助航是指利用风力作为部分推进动力，使船前进的船舶推进方式。这种方式不仅可以节约燃油，还能提高航速，尤其在现代大型货船上得到了广泛应用。

风力提水：风力提水是一种古老且实用的技术，通过风力驱动水泵，将水从低处提升到高处。现代风力提水机根据用途分为高扬程小流量和低扬程大流量两种类型，广泛应用于农业灌溉、水产养殖等领域。

风力致热：风力致热主要是通过机械能变热能的方式实现的，包括液体搅拌致热、固体摩擦致热等多种方法。目前，风力致热技术已进入实用阶段，主要用于浴室、住房、花房等场所的供热采暖[5]。

2）风能的优缺点

① 风能的优点

a. 可再生与环保：风能作为一种可再生能源，具有取之不尽、用之不竭的特点。同时，风力发电过程中几乎不产生污染物，对环境友好，有助于减少温室气体排放。

b. 分布广泛，易于分散使用：风能分布广泛，几乎全球三分之二的地区都具备开发利用的价值。风力发电系统可以根据需要进行规模化设计，既可以实现大规模集中发电，也可以分散安装在多个地点，提高能源利用效率。

c. 经济性逐渐显现：随着技术的进步和生产成本的降低，风能的经济性日益显著。特别是在一些风力资源丰富的地区，风力发电已经成为一种具有竞争力的清洁能源选择。

② 风能的缺点

a. 能量密度低：风能的能量密度相对较低，单位面积上获取的能量有限。这意味着要想获得相同的能量输出，需要较大的风轮直径和占地面积。

b. 能量不稳定：风能是一种随机能源，其强度会随时间和天气条件变化而波动。这种不稳定性给风能的利用带来一定难度，需要通过储能技术或其他调节手段来平衡。

c. 生态影响：风力发电场的建设可能会对周围生态环境产生一定影响，例如干扰鸟类迁徙等。因此，在风力发电场选址时需要充分考虑其对环境的影响。

随着全球能源转型的加速推进和清洁能源需求的不断增加，风能作为一种重要的可再生能源，其发展前景十分广阔。未来，风能技术将继续创新，风能发电效率和稳定性将不断提高，风能将在全球能源结构中占据更加重要的地位。总之，风能作为一种清洁、可再生的能源，在全球能源转型和环境保护方面发挥着重要作用。尽管面临一些挑战，但由于技术的进步和成本的降低，风能的未来发展前景十分乐观[6]。

（3）潮汐能

潮汐能（tidal energy）是从海水面昼夜间的涨落中获得的能量。它与天体引力有关，地球-月亮-太阳系统的吸引力和热能是形成潮汐能的来源。潮汐能是一种无污染、可再生的能源，其形成原理基于地球与月球、太阳之间的引力作用以及地球自转所产生的效应。潮汐能包括潮汐和潮流两种运动方式所包含的能量，潮水在涨落中蕴藏着巨大能量，这种能量是永恒的、无污染的能量。早在 11 世纪，英国、法国和西班牙就有利用潮汐能的水车，当时的潮汐水车被用来吸取总潜能中的一小部分能量，生产约 30～100 kW 的机械能。我国的海区潮汐资源相当丰富，潮汐类型多种多样，是世界海洋潮汐类型最为丰富的海区之一[7]。

① 潮汐能的特点

规律性与可预测性：潮流所包含的能量具有较强规律性和可预测性，便于电网的发、配电管理；环境影响小：潮汐能发电对环境影响小，发电不排放废气、废渣、废水，属于洁净能源；高功率密度与稳定性：潮流所包含的能量功率密度大，能量稳定，是一种优秀的可再生能源。

② 潮汐能的利用方式

现代潮汐能的利用方式主要是潮汐能发电。潮汐能发电须具备两个条件：一是潮汐的幅度要足够大；二是海岸地形必须能储蓄大量海水。潮汐能发电是利用海湾、河口等有利地形，建筑水堤，形成水库，以便于大量蓄积海水，并在坝中或坝旁建造水力发电厂房，通过水轮发电机组进行发电。

③ 主要的潮汐发电技术

潮汐涡轮发电：通过涡轮机将水流动能转化为电能。潮汐流发电：利用潮汐流进行发电。港湾发电：利用港湾的特殊地形进行发电。

世界上已有多座潮汐发电站建成并投入使用，法国的郎斯潮汐电站是世界上第一座具有商业实用价值的潮汐电站，总装机容量达到 24 万 kW，年发电量超过 5 亿度（1 度＝1 kW·h）。中国的潮汐能理论蕴藏量达到 1.1 亿 kW，特别是东南沿海地区有很多能量密度较高的地方，适合建设潮汐电站。

尽管潮汐能技术面临一些挑战和限制，如资源分布不均匀、建设和维护成本较高等问题，但随着技术的进步和研究的不断推进，潮汐能技术在未来仍有广阔的发展前景。新的潮汐发电技术和设备的研发使得潮汐能的利用效率不断提高，潮汐能有望在未来成为重要的可再生能源之一。总之，潮汐能作为一种清洁、可再生的能源，不仅具有重要的经济价值，还对环境保护具有重要意义。随着技术的不断进步和应用范围的扩大，潮汐能在未来的能源结构中将发挥越来越重要的作用[8]。

(4) 地热能

地热能（geothermal energy）是地球内部的热能，主要通过地下水的流动和熔岩活动传递到地表。这种能量不仅存在于火山活跃区域，还广泛分布于地壳深处。地热能的起源可能与地球的原始结构和物质的放射性衰变有关。地球内部的温度高达 7000 ℃，而在 80～100 英里（1 英里＝1.609 km）的深度处，温度会降至 650～1200 ℃。通过地下水的流动和熔岩涌至离地面 1～5 km 的地壳，热能得以被转送至较接近地面的地方。高温的熔岩将附近的地下水加热，这些加热了的水最终会渗出地面。运用地热能最简单和最合乎成本效益的方法，就是直接取用这些热源，并抽取其能量。地热能作为一种可再生能源，在全球能源转型和环境保护的背景下，正逐渐受到重视。在地热能利用规模上，我国近些年来一直位居世界首位，并以每年近 10%的速度稳步增长[9]。

在我国的地热资源开发中，经过多年的技术积累，地热发电效益显著提升。除地热发电外，直接利用地热水进行建筑供暖、发展温室农业和温泉旅游等利用途径也得到较快发展。全国已经基本形成以西藏羊八井为代表的地热发电、以天津和西安为代表的地热供暖、以东南沿海为代表的疗养与旅游和以华北平原为代表的种植和养殖的开发利用格局。我国地热能资源丰富，根据自然资源部中国地质调查局的调查评价结果，浅层地热能年可开采资源量折合 7 亿吨标准煤，水热型地热资源年可开采资源量折合 19 亿吨标准煤，干热岩资源折合 856 万亿吨标准煤。截至 2020 年年底，我国地热能直接利用规模达 40.6 GW，连续多年位居世界首位。根据《“十四五”可再生能源发展规划》和《关于促进地热能开发利用的若干意见》，我国将积极推进地热能规模化开发，特别是中深层地热能供暖制冷和浅层地热能开发。目标是到 2035 年，地热能供暖（制冷）面积比 2025 年翻一番[10]。

（5）氢能

氢能（hydrogen energy）是氢在物理与化学变化过程中释放的能量。氢能是氢的化学能，氢在地球上主要以化合态的形式出现，是宇宙中分布最广泛的元素，它构成了宇宙质量的 75%，是二次能源。工业上生产氢的方式很多，常见的有水电解制氢、煤炭气化制氢、重油及天然气水蒸气催化转化制氢等，但这些反应消耗的能量都大于其产生的能量。每千克氢燃烧产生的热量约为汽油的 3 倍，酒精的 3.9 倍，焦炭的 4.5 倍。氢气的热导率比大多数气体高出 10 倍，适合作为传热载体[11]。

近年来，全球多个国家和地区纷纷出台政策支持氢能产业的发展。广州市发布了《关于加快推动氢能产业高质量发展的若干措施》，提出了加大资金支持、提升氢气供应能力等多项措施。此外，内蒙古、北京、四川等地也密集出台了相关政策。随着政策的推动，各类产业基金加速落地，助推氢能行业发展。仅在 2024 年 10 月和 11 月两个月内，浙江、河北、江苏、湖北等地就有多只氢能产业基金落地。这些基金的成立和运作，显示了资本市场对氢能产业发展前景的高度认可。氢能技术的不断进步推动了其在多个领域的应用。氢燃料电池汽车的开发和应用正在逐步推进，尽管面临一些挑战，但前景广阔。此外，氢能在储能、化工等其他领域的应用也在不断探索中。

（6）核能

核能（nuclear energy）是通过核反应产生的能量，主要分为两种类型：核裂变和核聚变。核裂变是指较重的原子核分裂成较轻的原子核的过程，而核聚变则是较轻的原子核结合成较重的原子核的过程。这两种核反应都能释放出巨大的能量，目前核裂变已被广泛应用于核电站，而核聚变则是未来清洁能源研究的热点方向。

核裂变产生的能量是目前唯一现实且可大规模代替化石燃料的能源。核电站通过控制核裂变反应，产生大量的热能，进而转化为电能。这种能源形式不仅效率高，而且相对清洁，不会产生温室气体排放。核聚变被视为未来的清洁能源解决方案。与核裂变相比，核聚变不会产生放射性废物，且具有更高的安全性。目前，科学家们正在努力研究如何实现核聚变的能量控制和有效利用，以期解决全球能源危机和环境问题。

核能电池是一种利用放射性物质衰变释放能量的装置。其工作原理基于不稳定（即具有放射性）的原子核发生衰变现象，在放射出粒子及能量后可变得较为稳定。核能电池的优点包括体积小、重量轻、寿命长，且提供的电能稳定，不受外界环境因素影响。然而，核能电池也存在一些缺点，如具有放射性污染，必须妥善防护；且一旦装成，电性能会随着放射源的衰变而逐渐衰降[12]。

（7）生物质能

生物质能（biomass energy），就是太阳能以化学能形式储存在生物质中的能量形式，即以生物质为载体的能量。它直接或间接地来源于绿色植物的光合作用，可转化为常规的固态、液态和气态燃料，是一种取之不尽、用之不竭的可再生能源，同时也是唯一一种可再生的碳源。生物质能的开发已经成为世界重大热门课题之一，受到世界各国政府与科学家的关注。许多国家都制定了相应的开发研究计划，如日本的阳光计划、印度的绿色能源工程、美国的能源农场和巴西的酒精能源计划等，其中生物质能源的开发利用占有相当的比例。国外的生物质能技术和装置多已达到商业化应用程度，实现了规模化产业经营，以美国、瑞典和奥地利三国为例。生物质能转化为高品位能源利用已经具有相当可观的规模，分别占这三个国家一次能源消耗量的 4%、6%和 10%。在美国，生物质能发电的总装机容量已经超过 10 吉兆瓦，单机容量达到 10～25 兆瓦；美国纽约的斯塔藤垃圾处理站投资 2000 万美元，采用湿法处理垃圾，回收沼气，用于发电，同时生产肥料。巴西是乙醇燃料开发应用最有特色的国家，实施了世界上规模最大的乙醇开发计划，乙醇燃料已经占该国汽车燃料消费量的 50%以上。美国开发出利用纤维素废料生产酒精的技术，建立了 1 兆瓦的稻壳发电示范工程，年产酒精 2500 t。2013 年，全球生物质能发电量为 413778.1 百万千瓦・时，全球生物质能发电市场年收益为 286.818 亿美元[13]。

① 生物质能的来源

依据来源的不同，可以将适合于能源利用的生物质分为以下几大类。

林业资源：包括薪炭林、森林抚育和间伐作业中的零散木材、残留的树枝树叶和木屑、木材采运和加工过程中的枝丫锯末、林业副产品的废弃物如果壳和果核等。

农业资源：包含农业作物（包括能源作物）、农作物收获时残留在农田内的农作物秸秆（如玉米秸秆、高粱秸秆等）、农业加工业的废弃物（如稻壳等）。

生活污水和工业有机废水：生活污水由城镇居民生活、商业和服务业的各种排水组成，如冷却水、洗浴排水等；工业有机废水主要是酒精、酿酒等行业生产过程中排出的富含有机物的废水。

城市固体废物：由城镇居民生活垃圾，商业、服务业垃圾和少量建筑垃圾等固体废物构成，其组成成分受多种因素影响。

畜禽粪便：畜禽排泄物的总称，是其他形态生物质（如粮食、农作物秸秆和牧草等）的转化形式，包括粪便、尿及其与垫草的混合物。

② 生物质能的转换技术

热化学转换技术：可将固体生物质转换成可燃气体、焦油等。生物化学转换技术：能将生物质在微生物的发酵作用下转换成沼气、酒精等。压块细密成型技术：可将生物质压缩成高密度固体燃料。

③ 生物质能的优势

a. 可大规模替代石油：生物质能是唯一能大规模替代石油的能源，随着石油资源越来越少和价格攀升，其替代作用愈发重要，而水能、风能、太阳能、核能及其他新能源只适用于发电和供热。

b. 产品多样性：生物质能产品有液态的生物乙醇和柴油、固态的原型和成型燃料、气态的沼气等多种能源产品，既可以替代石油、煤炭和天然气，也可用于供热和发电。

c. 可循环性和环保性：生物质能是在农林和城乡有机废弃物的无害化和资源化过程中生产出来的，生物燃料的全部生命物质均能进入地球的生物学循环，释放的二氧化碳也会重新被植物吸收而参与地球的生物学循环，做到无污染、零排放。

(8) 电化学能源

电化学能源（electrochemical energy）是指通过电化学过程实现能量转换、储存和利用的能源形式。它涉及电能与化学能之间的相互转换，在现代能源领域中具有重要的地位。电化学能源在能源领域中的重要性体现在以下方面。

① 储能方面

电化学储能是实现能源转换和能源储存的重要手段之一。在可再生能源（如太阳能、风能）发电过程中，由于其发电具有间歇性和不稳定性，电化学储能设备（如电池）可以将多余的电能储存起来，在需要时再释放电能，从而平衡供需关系，提高电网的稳定性和可靠性。例如锂离子电池储能系统在一些太阳能和风能发电场中被用于储能，以应对发电的波动问题。

② 提高能源利用效率方面

在电化学合成过程中，可以将太阳能、风能等可再生能源转化为化学能储存起来，之后再通过电化学反应释放电能，实现了能源的高效转化和利用。同时，电化学合成在燃料电池、电池储能等方面的应用，也有助于提高能源利用效率，如通过电化学方法制备高性能的燃料电池催化剂、电池正负极材料等，可以提升燃料电池和储能电池的性能，进而提高能源转化效率。

电化学能源面临如下挑战：

① 成本问题

一些电化学能源设备，如高性能的储能电池和燃料电池，制造成本较高。例如锂离子电池中的部分高性能材料价格昂贵，这使得电池的成本较高，限制了其在一些大规模储能和低成本应用场景中的推广。对于燃料电池来说，其使用的催化剂（如铂催化剂）成本高昂，也制约了燃料电池的大规模商业化应用[14]。

② 性能和寿命问题

长期的充放电循环可能导致电池性能下降，影响设备的使用寿命。例如锂离子电池在多次充放电后，可能会出现容量衰减、内阻增大等问题，降低电池的性能。对于燃料电池，其膜材料的耐久性、催化剂的活性保持等方面也面临着挑战，这些影响燃料电池的长期稳定运行[15]。

1.1.4 新能源储存与转化

1.1.4.1 新能源储存

新能源储存是指将新能源（如太阳能、风能、生物质能等）具有的能量以某种形式储存起来，以便在需要的时候能够释放使用的过程。它可以将电能、热能、机械能等不同形式的能量转化成其他形式的能量储存起来，在需要时再将其转化成所需要的能量形式释放出去。按照储存能量的形式分，它可以分为机械储能、化学储能、电磁储能、热储能和氢储能等，其中最常见的是机械储能和化学储能。机械储能包括抽水蓄能、压缩空气储能和飞轮储能等；化学储能又称为电化学储能，主要包括锂离子电池、铅蓄电池和钠硫电池等。抽水蓄能是当前最为成熟的电力储能技术，早在20世纪90年代就实现了商业化应用，并且是目前装机量最大的技术，占全球储能累计装机规模的90%以上，但受地理选址和建设施工的限制较大。电化学储能受地理条件影响较小，建设周期短，成本也在发展中逐渐下降，甚至成为储能新增装机的主流，成为当前应用范围最广、发展潜力最大的电力储能技术[16]。

1.1.4.2 新能源转化

新能源转化是指通过各种技术手段，将新能源从一种能量形式转化为另一种能量形式的过程。例如先进能量储存与转换技术，是通过化学能与电能之间的转换实现能量储存的技术和通过光、热与电能之间转换获取新能源的技术，涉及化学电源的新材料、新体系、新器件，氢的制取、储存及应用技术，光/电转换及热/电转换的新材料和新器件等方面。在新能源汽车领域，电池技术实现了电能和化学能之间的转换，从而推动新能源汽车的发展。另外，在新能源发电系统中，也存在着多种能量转化过程，如太阳能电池将光能转化为电能，风力发电机将风能转化为电能等，这些电能在使用过程或者储存过程中可能又会转化为其他形式的能量，如热能等[17]。

1.1.4.3 新能源储存与转化的研究内容

(1) 电池材料开发方面

包括开发新型高性能电池材料，像高容量、高安全性的锂离子电池、固态电池等，这有助于提高电池的性能，从而更好地实现新能源的储存与转化。例如在济宁职业技术学院的新能源高效储存与转化研发平台就有相关研究内容。

(2) 能量转换技术研究方面

对高效能量转换技术进行探索，涵盖燃料电池、太阳能电池和风能转换系统等。通过研究这些转换技术，可以优化新能源的转化效率，使得新能源能够更有效地被利用起来，这也是新能源高效储存与转化研发平台的重要研究内容。

(3) 能源智能管理与网络化方面

致力于探索和实现能源的智能管理与网络化，这包括能源收集、储存、分配和利用的全过程。并且开发与之配套的智能控制系统和网络架构，这有助于全方位地管理新能源的储存与转化过程，提高整个能源系统的效率和智能化水平[18]。

1.1.4.4 新能源储存技术的类型

(1) 电池储能系统

电池储能系统（battery energy storage system）是最常见的能源储存技术之一，利用化学反应将电能转化为化学能，并在需要时将其转化回电能。常见的电池类型包括锂离子电池、钠硫电池和铅酸电池等。

(2) 压缩空气储能

压缩空气储能（compressed air energy storage）利用电能将空气压缩到高压，然后在需要时释放压力以产生电能，适用于大规模能源储存，尤其是在储存热量的情况下。

(3) 储热系统

储热系统（thermal storage system）将电能转化为热能并将其储存在热媒介中，然后在需要时将热能转化为电能，在太阳能热电站等应用中广泛使用。

(4) 超级电容器

超级电容器（supercapacitor）具有高能量密度和快速充放电能力，适用于短时高功率需求的应用，如电动汽车。

（5）氢能储存技术

氢能储存技术（hydrogen energy storage）指将氢气储存起来，以备用或供能的技术，也是新能源储存技术的一种重要类型[19]。

1.1.4.5 新能源储存与转化的重要性

（1）应对新能源的不稳定性

可再生能源（如太阳能和风能）的产生通常不受控制，受天气条件影响较大。新能源储存与转化技术有助于解决可再生能源的不稳定性和间歇性问题，通过储存多余的能量，在能源供应不足时将其释放，平衡能源供应和需求之间的差异，确保在能源需求高峰时有足够的电力供应。

（2）提高能源系统可靠性

可以在紧急情况下提供备用电力，从而提高整个能源系统的可靠性和韧性。例如当出现突发情况导致部分能源供应中断时，储存的新能源可以及时补充电力需求。

（3）降低电力价格波动

在供需之间建立缓冲区，减少电力价格的波动性，有助于稳定能源市场。因为当能够有效储存和转化新能源时，可以更好地调节电力市场的供需关系，避免因供需失衡导致的价格大幅波动。

（4）减少碳排放

提高可再生能源的利用率，有助于减少对传统高碳排放能源的依赖，从而降低碳排放，对环境的可持续发展有着积极意义。

1.1.4.6 新能源储存与转化面临的挑战

（1）技术挑战

成本方面：新能源储存技术的成本仍然较高，限制了其在大规模应用中的竞争力。需要研究和开发新的材料和制造方法来降低成本。

能量密度方面：部分储存技术的能量密度相对较低，需要更大的空间来储存相同数量的能量，提高能量密度可以增加系统的效率和经济性。

设备寿命与维护方面：提高存储设备的寿命并减少维护需求是关键挑战之一，此外生产、使用和处置能源存储设备可能会对环境产生负面影响，例如废旧电池的处理问题，可持续性和环境友好性是需要关注的方面。

（2）经济挑战

投资需求：建设大规模的新能源储存系统需要巨额投资，需要政府支持和私营部门的合作来确保资金可用性。

能源市场改革：传统的能源市场架构需要调整以适应新能源储存的整合，这可能涉及法规和政策的变化[20]。

1.2 化学电源简介

化学电源是一种将化学能直接转化为电能的装置，也称为电池，是新能源的研究对象，也是电化学研究的主要载体。化学电源是指通过化学反应直接将化学能转换为电能的装置。这种装置在实现化学能直接转换为电能的过程中，必须具备两个条件：必须把化学反应中失去电子的过程（氧化过程）和得到电子的过程（还原过程）分隔在两个区域中进行；两个电极分别发生氧化反应和还原反应时，电子必须通过外线路做功[21]。

1.2.1　一次电池

一次电池（primary battery），也称为一次性电池，是指放电结束后不能再通过充电将其复原而再度使用的电池。这种电池通常只能使用一次，无法通过充电或其他方式将原有电能补充回来。

1.2.1.1　锌锰干电池

（1）锌锰干电池的定义与构成

锌锰干电池（zinc-manganese dry cell）是干电池的一种，中间是正极碳棒，外包石墨和二氧化锰的混合物，再外是一层纤维网，网上涂有很厚的电解质糊，其构成是氯化铵溶液和淀粉，另有少量防腐剂，锌筒作为负极，也作为容器。干电池是以糊状电解液来产生直流电的化学电池（湿电池则为使用液态电解液的化学电池），属于一次电池，是日常生活中普遍使用且轻便的电池，可用于很多电器用品上。

（2）锌锰干电池的分类

① 酸性（碳性）锌锰干电池

电解质：氯化锌和氯化铵等酸性物质。

负极（锌筒）反应：$$Zn+2NH_4Cl \longrightarrow Zn(NH_2)_2Cl_2+2H^++2e^- \tag{1-1}$$

正极（二氧化锰）反应：$$2MnO_2+2H^++2e^- \longrightarrow 2MnO(OH) \tag{1-2}$$

总反应：$$2MnO_2+Zn+2NH_4Cl \longrightarrow 2MnO(OH)+Zn(NH_3)_2Cl_2 \tag{1-3}$$

现在已全部或部分以 $ZnCl_2$ 电解液代替 NH_4Cl，放电前 pH=5，放电后 pH 上升到 7，即为中性。特点：开路电压为 1.55～1.70 V；原材料丰富，价格低廉；型号多样（1～5 号）；携带方便，适用于间歇式放电场合；在高寒地区性能不佳，只可使用碱性锌锰干电池。

② 碱性锌锰干电池

电解质：强碱性的氢氧化钾。

负极（锌）反应：$$Zn-2e^-+2OH^- \longrightarrow Zn(OH)_2$$

正极（二氧化锰）反应：$$2MnO_2+2H_2O+2e^- \longrightarrow MnO(OH)+2OH^-$$

总反应：$$Zn+2MnO_2+2H_2O \longrightarrow 2MnO(OH)+Zn(OH)_2$$

特点：相比酸性锌锰干电池，碱性锌锰干电池性能在某些方面可能更优，例如在高寒地区可以正常使用等。

（3）锌锰干电池的工作原理

锌锰干电池采用的原理是通过化学反应来产生电能，它属于原电池。在电池中，锌金属作为负极，锰氧化物作为正极，两者之间隔以电解质。其主要工作原理就是氧化还原反应在闭合回路中实现，将化学能转变为电能。例如在普通的锌锰干电池中，电池放电时 NH_4Cl 与锌发生电解反应，释放出的电荷由石墨传导给正极碳棒，锌的电解反应会释放氢气，而和石墨相混的二氧化锰用来吸收氢气。但若电池连续工作或使用太久，二氧化锰来不及吸收氢气或氢气已近饱和，没能力再吸收时，电池就会因内阻太大输出电流太小而失去作用。不过此时若将电池加热，或放置一段时间，内部吸收的氢气就会缓慢放出，二氧化锰得到恢复，电池就又能正常工作了。

1.2.1.2 锌空气电池

锌空气电池（zinc air battery），也称为锌氧电池，是一种以空气中的氧或纯氧为正极材料，以锌为负极材料，以氯化铵或苛性碱溶液为电解质的原电池。这种电池主要分为中性电池和碱性电池两大类，并且在消费电子、储能、动力电池等领域被视为替代锂离子电池的重要产品之一。根据是否可循环使用，锌空气电池可以分为一次电池和二次电池。

（1）主要类型

中性锌空气电池：结构与锌锰圆筒形电池类似，使用氯化铵与氯化锌为电解质。

纽扣式锌空气电池：结构与锌银扣式电池基本相同，正极外壳上留有小孔。

低功率大荷电量的锌空气湿电池：将烧结或黏结式活性炭电极和板状锌电极组合成电极组浸入盛有氢氧化钠溶液的容器中。

高功率锌空气电池：薄片状黏结式活性炭电极装在电池外壁上，锌粉电极装在电池中间。

（2）锌空气电池的优点

高能量密度：锌空气电池的理论能量密度达到了约 1350 W·h/kg,在某些领域的实际应用中，能量密度已经接近了三元锂电池的能量密度极限理论值。安全性与环保性：金属锌没有毒性，电池内的其他成分也没有易燃性，即便锌空气电池内部短路或电解液泄漏，其也不会燃烧或爆炸，对人和环境基本无污染、无伤害。性能稳定：正负极的氧化还原反应不剧烈，放电时电压变化小，在 1.3 V 电压的环境下会出现一个较长时间的放电平台。成本低廉：正极材料为空气，负极材料为锌，国内锌储存量全球第一，使得锌的成本较其他金属更低。补能时间短：换电解液和锌即可使用，这一特性与其他金属空气电池相同[22]。

1.2.1.3 锂离子一次电池

锂离子一次电池（lithium ion primary battery）是一种以金属锂为负极活性物质的化学电源系列的总称。这种电池以高能量密度、长使用寿命和较低自放电率而著称。锂离子电池的工作原理涉及正极、负极、电解质和隔膜四个主要部分。在充电过程中，锂离子从正极通过电解质移动到负极并储存能量；在放电过程中，锂离子从负极释放并通过电解质返回正极，释放能量供外部使用。

主要组成如下。

正极：主要由锂金属氧化物（如 $LiCoO_2$、$LiFePO_4$ 等）构成，负责储存锂离子。

负极：通常由石墨材料构成，其层状结构有效储存锂离子。

电解质：可以是液态的、有机溶剂基的，也可以是固态的，允许锂离子在正极和负极之间迁移。

隔膜：微孔聚合物薄膜，防止正负极直接接触而发生短路，同时允许锂离子通过。

锂离子一次电池有多种类型，包括锂-二氧化锰、锂-硫化铜、锂-氟化碳电池等。这些电池各有特点和应用范围，例如锂-碘 Li-I_2 电池主要应用于心脏起搏器，而锂-二氧化锰 Li-MnO_2 电池则常用于照相机及电子仪器设备的记忆电源[23]。

1.2.2　二次电池

二次电池（rechargeable battery）又称为充电电池或蓄电池，是指在电池放电后可通过充电的方式激活活性物质而继续使用的电池。利用化学反应的可逆性，可以组建一个新电池，即当一个化学体系的化学能转化为电能之后，还可以用电能修复化学体系，然后再利用化学反应将化学能转化为电能，所以这个化学体系叫二次电池（可充电电池）[24]。

常见的二次电池类型如下：

（1）铅酸电池

铅酸电池（lead acid battery）是世界上产量最大、用途最广的蓄电池，在交通、通信、电力、军事、航海、航空等各个领域都有广泛的应用。电极主要由铅及其氧化物制成，电解液是硫酸溶液。在放电状态下，正极主要成分为二氧化铅，负极主要成分为铅；充电状态下，正负极的主要成分均为硫酸铅。

（2）镍镉电池

镍镉电池（nickel-cadmium battery）是一种直流供电电池，是最早应用于手机、笔记本电脑等设备的电池种类。具有良好的大电流放电、耐过充能力强、维护简单等优点。但是在充放电过程中存在严重的记忆效应，会降低使用寿命，而且其所含有的重金属元素会对环境产生很大的危害，使得镍镉电池已经在电子设备领域基本被淘汰。

（3）液流电池

液流电池（redox flow battery）是一种新型高性能蓄能电池。主要利用正负极电解液分开，各自循环，具有规模化蓄电的显著特点。根据电极活性物质的不同，可以分为全钒液流电池、锂离子液流电池、锌溴液流电池、有机体系液流电池和铅酸液流电池等。

（4）钠硫电池

钠硫电池（sodium sulfur battery）是液态金属电池的代表，以金属钠为负极，硫为正极，陶瓷管（一般是氧化铝管）为电解质隔膜。具有比能量高、可大电流和高功率放电、充放电效率高等优点。其理论比能量为 760 W・h/kg，实际已大于 150 W・h/kg，是铅酸电池的 3～4 倍；其放电电流密度一般可达 200～300 mA/cm^2，瞬时可放出其 3 倍的固有能量；由于采用固体电解质，所以没有通常采用液体电解质的二次电池的那种自放电及副反应，充放电电流效率几乎 100%。同时也存在成本较高、高温下有安全风险等缺陷。钠硫电池应用技术比较成熟，主要研究集中在工业化和产业化方面。

（5）锂离子电池

锂离子电池（lithium ion battery）是一种很常见的二次电池，在电动汽车、计算机、手机等便携式移动设备上有着很广泛的应用。具有电压高、比能量大、循环寿命长、响应快速等优点，但同时也具有过充导致发热和燃烧等安全风险、价格依然偏高、回收处理困难等问题。

（6）水系离子电池

水系离子电池（aqueous ion battery）即用水系电解液代替有机电解液的电池体系。它是指采用水为电解质的离子电池，包括水系钠离子电池、水系锌离子电池和质子电池等类型。这种电池具有多种优势，如电导率高、离子扩散速率快、环境友好、安全性高及成本低等，在大规模储能领域有着广阔的应用前景。

（7）金属-空气电池

金属-空气电池（metal-air battery）被认为最具开发前景的绿色能源之一。它以电极电位较负的金属如铝、锌、锂、镁等作负极，其资源丰富、可再生利用；以空气中的氧或纯氧作正极的活性物质，理论上正极材料无限多，使得电池具有性能稳定、能量密度高的特点[25]。

1.2.3 金属离子电池

金属离子电池（metal ion battery）是一类可充电电池，目前广泛使用的锂离子电池就属于金属离子电池类别。这类电池由两个电极（阳极和阴极）、电解质、隔膜和外部电路组成。常见的金属离子电池有锂离子电池、铝离子电池、钠离子电池和锂聚合物电池等，它们的主要区别在于电极、电解质和作为电池内活性电荷载体的离子的组成等方面[26]。图 1-2 是不同金属离子电池的主要指标比较。

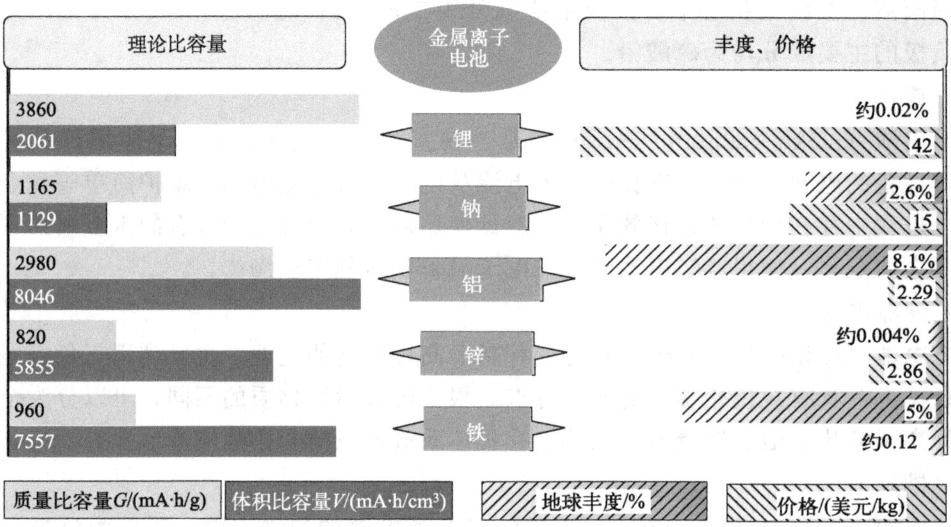

图 1-2 各种金属离子电池性能比较

1.2.3.1 不同金属离子电池的特点

（1）锂离子电池

正极：可以由氧化锂、层状锂氧化物或聚阴离子材料制成。

负极：碳基材料，长期以来多为石墨，现在也有使用石墨烯、石墨烯-石墨混合材料以及其他各种碳复合材料者。

电解质：液体和锂盐的复杂混合物，例如碳酸亚乙酯（或碳酸二亚乙酯）与 $LiPF_6$、$LiAsF_6$、$LiClO_4$、$LiBF_4$ 或 $LiCF_3SO_3$ 阴离子盐。

锂离子电池工作时，锂离子在正极和负极之间往返嵌入和脱嵌。充电时，Li^+ 从正极脱嵌，经过电解质嵌入负极；放电时则相反。其优点包括电压高、比能量大、循环寿命长、安全性能好、自放电小、快速充电等。

（2）钠离子电池

正极：由钠与过渡金属氧化物制成的复合材料。

负极：通常由无定形碳制成。

电解质：本质上可以是水性或非水性的。不过在锂离子电池中发现的非水性阴离子盐电解质的钠当量是最广泛使用的，$NaPF_6$ 是常见的选择。由于钠离子和锂离子都带有一个正电荷，所以钠离子电池的电解质成分与锂离子电池相差不大。

(3) 铝离子电池

负极：铝基材料。

正极：石墨。

电解质：由氯化铝组成的液体。

目前铝离子电池还不太成熟，但因为铝离子携带三个电荷，而锂离子只有一个，所以铝离子电池有储存更大能量的潜力，不过在商业使用之前，还需要解决离开电极的电荷重离子的问题。

(4) 锂聚合物电池

电极材料：两个电极由与锂离子电池相同的材料制成。

电解质：主要区别在于电解质，它不是由非水液体制成的，而是由聚合物制成的，例如由聚(环氧乙烷)(PEO)、聚(丙烯腈)(PAN)、聚(甲基丙烯酸甲酯)(PMMA)或聚(偏二氟乙烯)(PVDF)等固体聚合物分散在有机溶剂中制成。这些聚合物分散在有机溶剂中，使其具有所需的凝胶状（半固体）稠度。

它是传统锂离子电池的一种变体。

1.2.3.2 金属离子电池的工作原理

以锂离子电池为例（对于铝离子和钠离子电池，如果分别用锂离子代替铝离子和钠离子，原理是相同的），可充电电池有充电和放电两种主要机制。

(1) 充电机制

充电时，为电池充电的电子与阴极中的锂离子结合。

(2) 放电机制

当装有电池的设备打开（即放电）时，阳极会发生氧化反应，导致锂离子离开阳极并移动到（嵌入）阴极；如果电池未被使用或充电，则锂离子会解吸到电极之间的电解质中。大多数金属离子电池的工作方式相似，主要区别在于构成电极和电解质的化学成分不同，这反过来会影响电池内发生的电化学反应。在上述不同的金属离子电池中，锂离子电池是最有效的，因为它们可以轻松地在电极之间移动并进行必要的电化学反应，而不会卡在电极的分子孔中[27]。

1.2.4 燃料电池

燃料电池（fuel cell）是一种把燃料所具有的化学能直接转换成电能的化学装置。其核心在于将燃料的化学能直接转化为电能，过程中不经过燃烧，因此具有较高的能量转换效率。现在在以燃烧矿物引起全球气候变暖且环境质量逐渐下降的趋势下，各国的能源政策逐步转向了氢能源等清洁能源，燃料电池被视为解决环境问题的有效方案之一，特别是氢燃料电池被认为是真正的无污染、零排放的代表，是汽车发展的方向之一，其产业在世界范围的应用正在提速，如日本在 2015 年建成了 100 座加氢站，欧盟拥有氢燃料电池巴士，我国也在氢气输送、加氢站建设等方面给予基建支持[28]。

燃料电池由正负两个电极（负极即燃料电极，正极即氧化剂电极）以及电解质组成。与一般电池不同，燃料电池的正负极本身不包含活性物质，而作为催化转换元件。工作时，燃料和氧化剂由外部供给，进行化学反应，产生电流。在燃料电池中，燃料气体中的 H_2 分解成 H^+ 和 e^-，H^+ 移动到电解质中与空气极侧供给的氧气发生反应。e^- 则经由外部的负荷回路，再返回到空气极侧，参与空气极侧的反应。这一系列反应促使 e^- 不间断地在外部回路移动，从而产生了电流。

燃料电池主要分为几种不同的类型，每种类型都有其特定的应用场景与特点。

(1) 质子交换膜燃料电池（PEMFC）

特点：在常温下运行，使用质子交换膜作为电解质，具有启动时间短、功率密度高的特点。

应用场景：适合用于汽车、公交车等交通工具。

(2) 磷酸燃料电池（PAFC）

特点：电解质是磷酸，工作温度相对较高，通常在 150～200 ℃之间。

应用场景：由于功率输出较大，适用于发电和热电联供应用。

(3) 熔融碳酸盐燃料电池（MCFC）

特点：使用熔融的碳酸盐作为电解质，工作温度在 600～700 ℃之间。

应用场景：由于在大规模发电方面表现优异，适合工业应用。

(4) 固体氧化物燃料电池（SOFC）

特点：使用固体电解质，工作温度在 800～1000 ℃之间，具有较高的能量转换效率。

应用场景：适用于大型发电、分布式发电及热电联供、交通运输及调峰储能等领域。

尽管燃料电池的前景广阔，但在广泛应用之前还面临一些挑战。氢气基础设施不足：加氢站数量有限，限制了燃料电池汽车的推广。氢气成本较高：氢气的生产成本和储存运输成本相对较高。材料技术存在瓶颈：电解质膜、催化剂等核心材料的性能和耐久性仍需进一步优化。公众认知度缺乏：对氢燃料电池的认知和接受度仍然相对较低。

由于科技的不断发展，燃料电池的应用前景十分乐观。环保政策的趋严与电动化发展的加速也推动了氢燃料电池技术的进步。未来，燃料电池将在交通运输、固定发电还是工业应用领域中发挥越来越重要的作用，为全球可持续发展贡献力量[29]。

1.2.5 太阳能电池

太阳能电池（solar battery），也称为太阳能芯片或光电池，是一种利用太阳光直接发电的光电半导体薄片。它能够在达到一定照度条件下被光照到瞬间输出电压，并在有回路的情况下产生电流。在物理学上，这种现象称为太阳能光伏（photovoltaic，PV），简称光伏。太阳能电池的工作原理基于 p-n 结，当太阳光照射到光电二极管上时，会在 p-n 结上形成新的空穴-电子对，在 p-n 结电场的作用下，空穴由 n 区流向 p 区，电子由 p 区流向 n 区，接通电路后就形成电流[30]。

主要太阳能电池类型有：①晶硅太阳能电池，是目前市场上应用最广泛的太阳能电池类型，包括单晶硅和多晶硅，它们具有较高的转换效率和成熟的生产技术；②薄膜太阳能电池，以其轻便、可弯曲的特性而受到关注，虽然目前效率相对较低，但随着技术的进步，其成本正在逐渐降低；③钙钛矿太阳能电池，因其高效率和低成本的潜力而备受期待，目前，钙钛矿太阳能电池的研究和开发正处于快速发展阶段。

1.2.6 超级电容器

超级电容器，也称为电化学双层电容器（electrochemical double layer capacitor，EDLC），是一种介于传统电容器和充电电池之间的新型储能装置。其基本工作原理是通过电极与电解质之间形成的界面双电层来存储能量。

1.2.6.1 超级电容器的工作原理

当电极与电解液接触时，由于库仑力、分子间力及原子间力的作用，固液界面出现稳定和符号相反的双层电荷，称为界面双电层。双电层电容器原理：可将双电层超级电容器看成是悬在电解质中的两个非活性多孔板，当电压加载到两个板上时，正极板吸引电解质中的负离子，负极板吸引正离子，从而在两电极的表面形成双电层电容器。其中电化学双层电容器（EDLC）因超级电容器被我们所熟知，它利用静电极化电解溶液的方式储存能量，其能量储存机制不涉及化学反应，高度可逆，可充电放电达十万次甚至数百万次；赝电容原理（针对电化学赝电容器）：使用金属氧化物或导电聚合物电极，除了双电层电容外，还具有电化学赝电容。赝电容是通过法拉第电荷转移与氧化还原反应、插层或电吸附实现的。

1.2.6.2 超级电容器的分类

碳电极双层超级电容器：利用活性炭多孔电极和电解质组成的双电层结构获得超大的容量，是世界上已投入量产的双电层电容器中容量最大的一种。

金属氧化物电极超级电容器：电极采用金属氧化物，除双电层电容外还有电化学赝电容。

有机聚合物电极超级电容器：电极使用有机聚合物材料制成，具备独特的电容特性。

混合电容器（如锂离子电容器）：使用具有不同特性的电极，一个主要表现出静电电容，而另一个主要表现出电化学电容。

1.2.6.3 超级电容器的性能特点

充电速度快：充电 10 s～10 min 可达到其额定容量的 95%以上。

循环使用寿命长：深度充放电循环次数可达 1 万～50 万次，没有记忆效应。

大电流放电能力超强：能量转换效率高，过程能量损失小，大电流能量循环效率≥90%。

功率密度高：可达 300～5000 W/kg，相当于电池的 5～10 倍。

绿色环保：产品原材料构成不污染环境，产品生产、使用、储存以及拆解过程均没有污染，是理想的绿色环保电源。

充放电线路简单：不需要充电电池那样的充电电路，安全系数高，长期使用免维护。

超低温特性好：工作温度范围宽，在−40～+70 ℃。

检测方便：剩余电量可直接读出。

容量范围大：通常在 0.1～1000 F 之间。

1.2.6.4 超级电容器的发展历程

20 世纪 50 年代初，美国通用电气工程师开始在电容器设计中尝试使用多孔碳电极。

1957 年，H. Becker 开发了一种带有多孔碳电极的低压电解电容器。1966 年，俄亥俄州标准石油公司（SOHIO）的研究人员开发了另一个版本的组件作为电能存储设备。1970 年，Donald L. Boos 获得专利的电化学电容器被注册为带有活性炭电极的电解电容器。早期的电化学电容器使用两个覆盖有活性炭的铝箔（电极）浸泡在电解质中，并由薄的多孔绝缘体隔开，这种基本机械设计仍是大多数电化学电容器的基础。1975～1980 年间，Brian Evans Conway 对氧化钌电化学电容器进行了广泛的基础和开发工作。1978 年左右，松下公司推出 Goldcaps 品牌，之后随着时间推移，超级电容器在技术和市场方面不断发展，包括不同公司的研发和改进电极材料、推出新的产品类型等[31]。

1.2.7 液流电池

液流电池是一种电化学电池，它将离子溶液（电解质）储存在电池外部（而非电极周围的电池内部），并且离子溶液可以被送入电池。其基于某些元素（主要为金属）在氧化状态下的能量差异来储存或释放电能。在液流电池中，两种化学成分提供能量，这些液体被泵送通过膜的不同侧面（伴随着电子的流动），两种液体在各自的空间中循环，液流穿过电化学电池从而将化学能直接可逆地转化为电能。液流电池中的电活性元素是溶液中可以参与电极反应或可以吸附在电极上的元素。液流电池可以通过更换电解液来快速充电（类似于为内燃机重新填充燃料箱的方式），同时回收用过的电解液进行充电。

1.2.7.1 液流电池的类型

（1）按照电解液分类

全钒液流电池：目前较畅销的液流电池。在两个电极上都使用钒，不会产生交叉污染。不过，钒盐的有限溶解度在一定程度上抵消了该优势。其商业成功的重要原因是碳/酸界面的电压窗口与钒氧化还原电偶的电势范围几乎完美匹配。

铁铬液流电池：利用溶解在盐酸溶液中的铁、铬离子价态差异进行充放电。与全钒液流电池的基本原理相同，都属于液流型氧化还原电池。在安全性、耐温性、系统效率、系统成本等方面相对于全钒液流电池具有一定的优势。

锌溴液流电池：属于液流电池的一种。液流电池的种类多样，还包括多硫化钠-溴液流电池、锌-镍液流电池等。

（2）按照电池结构分类

全液流电池：氧化还原活性物质存在于流体（液体或气体）介质中的可逆电池。

半液流电池：使用一种或多种作为固体层沉积的电活性成分，也称为混合液流电池。主要缺点是在全液流电池中使用固态电极会损失去耦的能量和功率，能量受限于电极表面积。例如锌溴、锌铈、可溶性铅酸和铁盐液流电池等都属于混合液流电池。

无膜液流电池：液流电池的一种特殊结构类型。

1.2.7.2 液流电池的特点

（1）优势

能量与功率分离：液流电池的液体电解质外置于储罐中，使得能量和功率得以分离，储存能量的电解质与发电堆在物理上是分开的。

较好的耐久性潜力：在某些情况下，可能比锂电池表现出更好的耐久性，但还需要更长时间的数据积累和实验验证来确定。

安全性较好：即使发生故障，也不太可能产生锂电池故障时常见的有毒气体和火灾风险。

充电特性：放电后可通过为电解液充电恢复性能，且电解液在充电和放电过程中会同时流经所有的电池单元，每个电池单元都处于相同的充电状态，不需要进行单元和堆栈的平衡调整。

成本低：允许摊销其相对较高的成本（由于钒、碳毡、双极板、膜等成本因素）。例如钒氧化还原液流电池的标准化能源成本约为每千瓦时几十美分或几美分，远低于固态电池，接近政府目标。

（2）劣势

重量和功率问题：如钒氧化还原液流电池相对来说太重，功率密度低，对于固定能量存储来说成本较高。

液体电解质管理难度大：若控制不当可能发生泄漏，这在锂电池系统中并不常见。

1.2.7.3 液流电池与锂电池的区别

（1）电解质储存位置

液流电池：液体电解质外置于储罐中。

锂电池：电解质储存在电池单元内部。

（2）能量和功率关系

液流电池：能量和功率分离，储存能量的电解质与发电堆物理分开。

锂电池：能量和功率紧密关联，不存在这种分离关系。

（3）充放电后性能恢复

液流电池：放电后通过电解液充电恢复性能，且各电池单元充电状态易保持一致不需要平衡调整。

锂电池：充放电过程中的平衡调整相对复杂，各电池单元可能出现充电状态不一致情况。

（4）耐久性

液流电池：可能具有较好的耐久性，但尚未完全确定。

锂电池：耐久性相对确定，但不同类型锂电池耐久性存在差异。

（5）安全性

液流电池：故障时产生有毒气体和火灾风险的可能性较低。

锂电池：部分锂电池故障时可能产生有毒气体和火灾风险。

（6）液体电解质管理

液流电池：存在液体电解质泄漏风险，管理难度较大。

锂电池：不存在液体电解质管理问题[32-37]。

参考文献

[1] 刘建中．浅析中国新能源产业的发展现状及传统能源行业的战略选择．中国煤炭，2010（1）：21-23.

[2] 魏一鸣，范英，韩智勇，等．中国能源报告（2006）战略与政策研究．北京：科学出版社，2006.
[3] Kannan N，Vakeesan D. Solar energy for future world：-A review. Renewable and Sustainable Energy Reviews，2016，62：1092-1105.
[4] Granqvist C G. Solar energy materials. Advanced Materials，2003，15（21）：1789-1803.
[5] Roga S，Bardhan S，Kumar Y，et al. Recent technology and challenges of wind energy generation：A review. Sustainable Energy Technologies and Assessments，2022，52：102239.
[6] Sadorsky P. Wind energy for sustainable development：Driving factors and future outlook. Journal of Cleaner Production，2021，289：125779.
[7] Khare V，Bhuiyan M A. Tidal energy-path towards sustainable energy：A technical review. Cleaner Energy Systems，2022，3：100041.
[8] Khojasteh D，Khojasteh D，Kamali R，et al. Assessment of renewable energy resources in Iran；with a focus on wave and tidal energy. Renewable and Sustainable Energy Reviews，2018，81：2992-3005.
[9] Barbier E. Geothermal energy technology and current status：an overview. Renewable and Sustainable Energy Reviews，2002，6（1-2）：3-65.
[10] Moya D，Aldás C，Kaparaju P. Geothermal energy：Power plant technology and direct heat applications. Renewable and Sustainable Energy Reviews，2018，94：889-901.
[11] Rosen M A，Koohi-Fayegh S. The prospects for hydrogen as an energy carrier：an overview of hydrogen energy and hydrogen energy systems. Energy，Ecology and Environment，2016，1：10-29.
[12] Mathew M D. Nuclear energy：A pathway towards mitigation of global warming. Progress in Nuclear Energy，2022，143：104080.
[13] Rosillo-Calle F. A review of biomass energy – shortcomings and concerns. Journal of Chemical Technology & Biotechnology，2016，91（7）：1933-1945.
[14] Yang Z，Zhang J，Kintner-Meyer M C W，et al. Electrochemical energy storage for green grid. Chemical Reviews，2011，111（5）：3577-3613.
[15] Gogotsi Y，Simon P. True performance metrics in electrochemical energy storage. Science，2011，334（6058）：917-918.
[16] 明波，成楸语，黄强，等．梯级互补储能对新能源的长期消纳作用分析．水利学报，2022，53（11）：1280-1290.
[17] 邹才能，陈艳鹏，熊波，等．碳中和目标下中国新能源使命．中国科学院院刊，2023，38（1）：48-58.
[18] 舒印彪，陈国平，贺静波，等．构建以新能源为主体的新型电力系统框架研究．中国工程科学，2021，23（6）：61-69.
[19] 余承其，张照生，刘鹏，等．大数据分析技术在新能源汽车行业的应用综述——基于新能源汽车运行大数据．机械工程学报，2019，55（20）：3-16.
[20] 肖先勇，郑子萱．“双碳”目标下新能源为主体的新型电力系统：贡献，关键技术与挑战．工程科学与技术，2022，54（1）：47-59.
[21] Mi Y，Lu Y，Wang X，et al. From triboelectric nanogenerator to uninterrupted power supply system：The key role of electrochemical batteries and supercapacitors. Batteries，2022，8（11）：215.
[22] Zhao C，Zou Q，Ren X，et al. Development of nanosecond spike pulse power supply for electrochemical micromachining. Scientific Reports，2023，13（1）：22833.
[23] Lisbona D，Snee T. A review of hazards associated with primary lithium and lithium-ion batteries. Process Safety and Environmental Protection，2011，89（6）：434-442.
[24] Palacin M R. Recent advances in rechargeable battery materials：a chemist's perspective. Chemical Society Reviews，2009，38（9）：2565-2575.
[25] Braga M H，Grundish N S，Murchison A J，et al. Alternative strategy for a safe rechargeable battery. Energy & Environmental Science，2017，10（1）：331-336.
[26] Liang Y，Dong H，Aurbach D，et al. Current status and future directions of multivalent metal-ion batteries. Nature Energy，2020，5（9）：646-656.
[27] Lu Y，Zhang Q，Li L，et al. Design strategies toward enhancing the performance of organic electrode materials in

metal-ion batteries. Chem，2018，4 (12)：2786-2813.

[28] Mekhilef S，Saidur R，Safari A. Comparative study of different fuel cell technologies. Renewable and Sustainable Energy Reviews，2012，16 (1)：981-989.

[29] Wang C Y. Fundamental models for fuel cell engineering. Chemical Reviews，2004，104 (10)：4727-4766.

[30] Dennler G，Bereznev S，Fichou D，et al. A self-rechargeable and flexible polymer solar battery. Solar Energy，2007，81 (8)：947-957.

[31] Raza W，Ali F，Raza N，et al. Recent advancements in supercapacitor technology. Nano Energy，2018，52：441-473.

[32] Wang W，Luo Q，Li B，et al. Recent progress in redox flow battery research and development. Advanced Functional Materials，2013，23 (8)：970-986.

[33] Tang B，Shan L，Liang S，et al. Issues and opportunities facing aqueous zinc-ion batteries. Energy & Environmental Science，2019，12 (11)：3288-3304.

[34] Jia X，Liu C，Neale Z G，et al. Active materials for aqueous zinc ion batteries：synthesis，crystal structure，morphology，and electrochemistry. Chemical Reviews，2020，120 (15)：7795-7866.

[35] Du W，Ang E H，Yang Y，et al. Challenges in the material and structural design of zinc anode towards high-performance aqueous zinc-ion batteries. Energy & Environmental Science，2020，13 (10)：3330-3360.

[36] Li Y，Wang Z，Cai Y，et al. Designing advanced aqueous zinc-ion batteries：Principles，strategies，and perspectives. Energy & Environmental Materials，2022，5 (3)：823-851.

[37] Li G，Sun L，Zhang S，et al. Developing cathode materials for aqueous zinc ion batteries：challenges and practical prospects. Advanced Functional Materials，2024，34 (5)：2301291.

第 2 章 水系锌离子电池概述

2.1 水系锌离子电池的概念

2.1.1 定义与背景

水系锌离子电池（aqueous zinc-ion batteries，AZIBs）是一种使用含水电解液、锌作为负极，锌离子作为电荷载体在水溶液中进行离子交换的电池。相比于传统商业锂电池可能存在安全性问题，AZIBs 因高安全性、低制造成本以及较小的环境污染，受到广泛关注[1]。得益于原材料储量丰富、种类多样及制造工艺的简便性，AZIBs 在储能和可再生能源领域展现出广阔的应用前景，这些因素推动了 AZIBs 研究的快速发展。其基本结构包括锌负极、正极材料、隔膜及水系电解液等组件。与锂离子电池相比，AZIBs 采用水溶液作为电解液，不仅降低了有机电解液可能引发的安全风险，还减少了生产及应用过程中的环境影响。在能量存储和释放过程中，充电时，锌从负极氧化形成锌离子，扩散至电解液并嵌入正极材料；放电时，锌离子从正极材料中脱嵌，迁移至负极并还原沉积为金属锌。与锂离子电池一样，离子的高效传输和正极材料的稳定性至关重要。然而，水系电解液具有更高的导电性，从而提高了离子传输效率，同时也赋予其更高的理论比容量和倍率性能。

尽管 AZIBs 具有许多优点，其商业化进程仍然受到一系列技术问题的制约。其中，正极材料的稳定性是主要挑战之一。例如，常见的锰基材料容易发生结构坍塌，导致容量迅速衰减，从而限制电池的使用寿命。另一个问题是锌离子在电解液中迁移并沉积至锌负极时，可能导致沉积不均匀，进而诱发枝晶生长，不仅会影响电池性能，还可能刺穿隔膜导致短路，降低循环寿命和稳定性。此外，析氢、析氧等副反应也会影响电池的长期性能。因此，研究者们正在开发新型电极材料、电解液添加剂以及优化电池结构设计，以提升循环性能、倍率性能，并延长使用寿命。同时，研究人员也在探索新兴技术，以进一步优化 AZIBs 的整体性能。

总体而言，AZIBs 结合了高安全性、低成本和环保优势，克服了许多传统电池技术的局限性，展现出广阔的应用价值和发展潜力。尽管其技术成熟度尚待提升，但作为一种创新的储能技术，AZIBs 有望在未来能源体系中占据重要地位，为全球可持续发展提供有力支持。

2.1.2 发展历程

水系锌离子电池的开发历程可以追溯到 19 世纪末期。1836 年，丹尼尔首次开发了铜锌电池，开启了锌离子电池的研究之路。至今，锌离子电池的发展已接近 200 年，最初主要应用于初级电池，如锌-空电池、碱性锌-锰电池、锌-镍电池和锌-氧化银电池等，并逐渐占据了商业市场三分之一的份额[2]。20 世纪初，研究者们构建了以 KOH 类碱性溶液为电解液的碱性电池体系。1986 年，首次提出以 $ZnSO_4$ 水系电解液构建 Zn/MnO_2 电池的概念，但由于机制不明确，未能引起广泛关注[3]。2009 年，许康教授团队发现 Zn^{2+} 可以从 MnO_2 电极中可逆地插层/萃取，并于 2011 年首次提出了“水系锌离子电池（AZIBs）”的概念[4,5]。

此后，研究人员为使用中性电解液的锌离子电池开发了大量新型正极材料，如钒基材料、普鲁士蓝类似物（PBAs）材料和有机材料等。2012 年，双离子混合锌电池（DHZBs）被提出并开发[6]。其他离子，如 Li^+、Na^+、Mg^{2+} 和 Al^{3+} 被用来替代 Zn^{2+} 嵌入阴极材料，以提高离子的迁移速度。这些进展为能源系统开辟了新的道路，并为锂离子电池提供了有力的替代方案。随着科学技术的不断进步，AZIBs 在 21 世纪逐渐受到重视，并在多个领域取得了关键性突破，包括电解液优化、电极材料改进、锌枝晶抑制技术以及电池效率提升。随着技术的不断革新，AZIBs 现已能够与传统锂电池竞争，逐步成为一种具有广阔前景的新能源替代技术。

随着学者深入研究及技术的不断改进，AZIBs 在各个领域的应用前景愈加广阔。目前，主要的研究趋势包括：高能量与高功率密度的平衡、电池的安全稳定性、电解液的进一步开发，以及全固态和柔性锌离子电池的研发（图 2-1）。

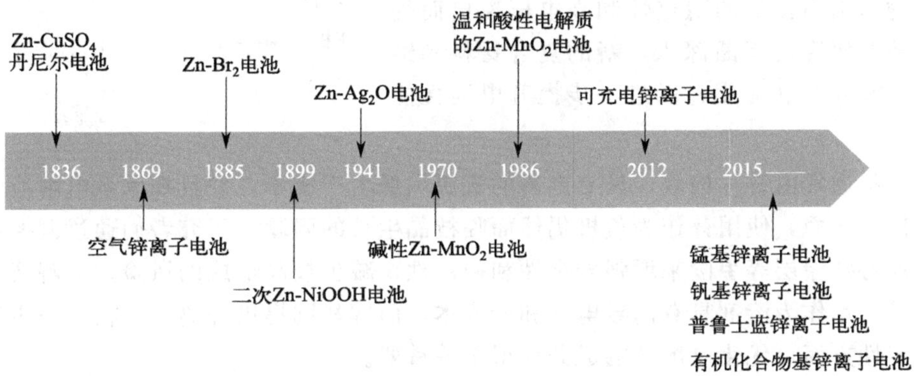

图 2-1　水系锌离子电池的发展历程

2.1.3 应用场景

AZIBs 作为一种新型储能技术，在环境友好性和安全性方面具有独特优势。首先，与传统锂电池使用有机溶剂不同，AZIBs 采用水溶液作为电解液，对环境的负面影响较小，不仅不产生有害气体，还能避免燃烧和爆炸的风险。其次，AZIBs 采用锌作为负极，具有低成本、资源丰富和较强的可持续性。与传统锂电池所需的锂、钴等金属元素相比，锌更易开采、环境影响小且可回收，具备更高的资源循环利用价值。在需要高环保性、安全性和友好性的应用场景中，AZIBs 是理想选择。

凭借多项独特优势，AZIBs 在大规模储能、便携式电子产品、电动工具和小型家电等领域得到了广泛应用。由于其高安全性和低成本，AZIBs 能够有效缓解太阳能和风能储能中的波动性和间歇性问题，还可作为电力储能设备调节电网负荷平衡，降低储能系统的整体成本。在智能手机、平板电脑和可穿戴设备领域，高安全性的 AZIBs 提供稳定的电池性能，避免了有机溶剂带来的高风险，适合用于此类高安全需求的电子产品。AZIBs 具有较好的能量密度和低生产成本，既能提供充足的动力，又保证较长的使用寿命和低自放电率，在高功率短时应用场景中，如电动工具和小型家电，显示出巨大的应用潜力。

随着技术的进步，AZIBs 凭借其优越的环境友好性、安全性和低成本优势，将在可再生能源储存、电动汽车、智能电网、微电网和柔性可穿戴设备等领域迎来更加广泛的应用。

2.2 水系锌离子电池的构成和工作原理

2.2.1 基本构成

AZIBs 的核心构成主要包括正极、负极、电解液和隔膜，每个组分在电池的实际应用中都起着至关重要的作用。

正极材料通常需要具有良好的锌离子插层性能，常见的包括过渡金属氧化物和导电聚合物，主要用于储存和释放锌离子，并在充放电过程中提供能量。目前，二氧化锰因高理论比容量和低成本而被广泛应用，而其他过渡金属氧化物，如钒基材料和普鲁士蓝类似物，则因良好的稳定性和高电压窗口而受到关注。随着研究的不断深入，新的复合材料和纳米材料正在被开发和应用，以进一步提升电池性能（图 2-2）。

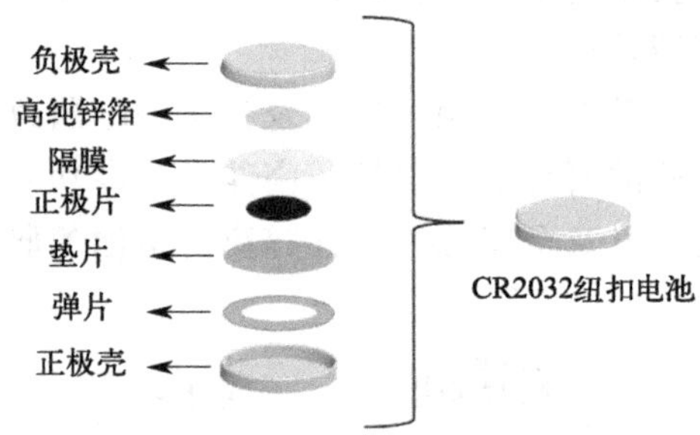

图 2-2 水系锌离子电池结构组件

负极材料通常由锌片构成，具有丰富的资源和低生产成本，并且在水系电解液中具有优异的稳定性。然而，使用锌作为负极仍然面临枝晶生长的问题，研究者们通过调控锌的沉积过程或施加特殊涂层等手段来增强安全性和稳定性，减少枝晶形成的风险。电解液通常由水和锌盐构成，水作为溶剂具有高导电性和低成本，而锌盐则提供锌离子。在进一步提高电池性能和稳定性方面，优化电解液的成分变得至关重要。

隔膜是电池中不可或缺的部分，通常由聚合物材料构成，主要作用是防止正负极直接接触导致短路，同时允许锌离子在充放电过程中通过。

水系锌离子电池的结构还包括极板和集流体。极板需要选用导电性良好的材料（如铝、铜和钛等），正负极分别与相应的极板材料连接，主要目的是提高导电性并减少能量损失。正极板需要与正极材料有效结合，并承受高电流密度；负极板则须具备抗腐蚀能力，以避免锌离子对负极的腐蚀。常见的极板采用薄膜或网状结构，以增加比表面积，进而提升性能。集流体的作用是将电流从电极导出至外部电路，负极集流体同样需要采用导电性优良且具有电化学稳定性的材料，以防止腐蚀或电解。随着技术的不断发展，集流体的设计趋向轻量化、高导电性和更强的抗腐蚀能力，这有助于进一步提升水系锌离子电池的综合性能。

2.2.2 工作原理

AZIBs 是一种利用锌离子作为载流体在水溶液中工作的新型二次电池，具备高安全性、高稳定性和环保优势。如图 2-3 所示，其核心原理是锌离子（Zn^{2+}）在正负极和水系电解液之间迁移，从而实现电池的充放电过程。根据电解液的 pH 值，AZIBs 可分为碱性体系和中性/弱酸性体系。碱性体系通常使用 KOH 作为电解液，较高的溶解度使锌离子能够快速迁移，从而提升电池的反应动力学和电化学性能。相比之下，中性和弱酸性体系中 AZIBs 的放电机理与常规锂电池类似。在放电过程中，负极上的锌金属与电子结合，转化为锌离子（Zn^{2+}），并通过电解液嵌入正极材料，形成金属氧化物或其他产物。充电时，锌离子（Zn^{2+}）从正极脱嵌，迁回电解液。在负极，锌离子重新嵌入并被还原为锌金属。整个充放电过程的反应方程式如下（以 Zn/MnO_2 电池为例）。

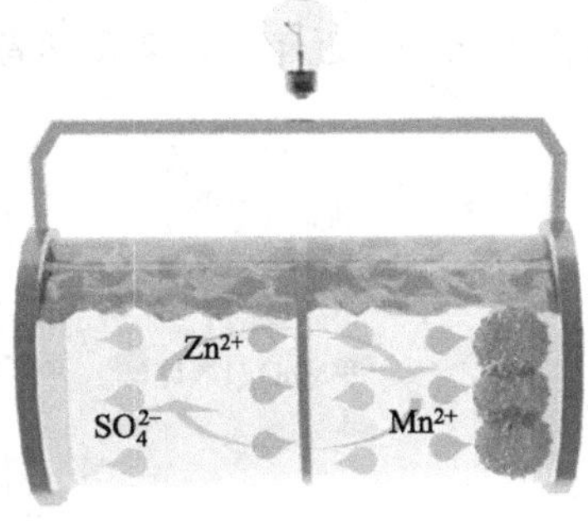

图 2-3 水系锌离子电池简易工作原理图

负极：
$$Zn \rightleftharpoons Zn^{2+} + 2e^- \tag{2-1}$$
正极：
$$2MnO_2 + Zn^{2+} + 2e^- \rightleftharpoons ZnMn_2O_4 \tag{2-2}$$

在当前 AZIBs 研究中，金属锌负极与钒基[7]、锰基[8] 以及普鲁士蓝类似物[9] 等正极材料组装成的全电池展现出优异的电化学性能，AZIBs 作为一种新型的储能技术，具有较高的安全性、较低的成本和良好的环境友好性。其工作原理基于锌离子在充放电过程中在电极之间的嵌入与脱嵌。尽管 AZIBs 具有显著优势，但由于锌枝晶形成、循环稳定性差以及水解反应等问题，它在实际应用中仍面临巨大挑战。

2.3 正极材料

正极材料在 AZIBs 中发挥着至关重要的作用。适用于 AZIBs 的正极材料需要具备足够的孔隙和活性位点，以便电解液中的离子能够有效插入和提取。同时，这些材料还必须具备良好的氧化还原能力，以平衡阳离子插入/提取过程中的电荷变化。目前，符合这些要求的主要正极材料包括锰基氧化物、钒基化合物、普鲁士蓝类似物以及一些无机和有机材料。

2.3.1 常见正极材料种类

常见的正极材料包括锰基氧化物、钒基化合物、普鲁士蓝类似物（PBAs），以及无机和有机材料。锰基氧化物最早应用于 AZIBs，具有丰富的价态和晶体结构，合成简便、储量丰富、毒性低、环境友好，并且具有较高的比容量。然而，其电导率低、Jahn-Teller 效应以及锰的溶解问题限制了其进一步发展。钒基化合物虽然具有较高的容量，但由于高毒性、较差的循环稳定性以及在电解液中的溶解性（尤其在低电流密度下），难以达到长期稳定使用的标准。普鲁士蓝类似物具有较高的比容量、工作电压和能量密度，但其导电性低、有限的反应位点和较差的结构稳定性限制了其应用。无机和有机材料是近年来的研究热点，原料丰富，且具有较大潜力。但技术尚不成熟，无机材料种类繁多且研究成果有限，导致其研究体系尚未完善。虽然有机材料结构多样、易于合成且环保，但其容量有限且循环稳定性较差，仍需进一步优化和深入研究。

2.3.1.1 锰基氧化物

锰是一种过渡金属元素，拥有多种价态（包括＋7、＋6、＋4、＋3、＋2等），并能够形成多种化合物和晶体结构。锰氧化物具有储能丰富、低毒性和易回收性优势，是正极材料的最优选择之一。近年来，众多学者研究关注于 MnO_2、Mn_2O_3、Mn_3O_4 和氧化锰等（图2-4）。

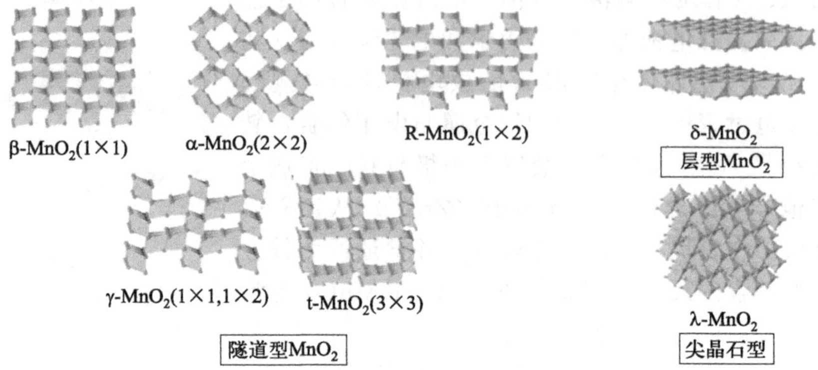

图2-4 二氧化锰的不同晶型

在二氧化锰中，锰离子与6个氧离子配位形成八面体结构，八面体具有共享顶点或棱柱边的特点，可以形成多种晶型结构，包括隧道和层状等，展示了α、β、δ、γ和R等多种晶体形态[10,11]。具有层状或隧道结构的二氧化锰允许 Zn^{2+} 的可逆嵌入。晶体结构的差异是影响比容量和循环性能的主要因素。此外，即使在相同的晶体结构中，由于不同的微纳米结构，二氧化锰的性能也会不同。在众多的锰基氧化物中，α-MnO_2 具有［2×2］的隧道结构，由于 Zn^{2+} 的半径窄于隧道宽度，使其能够不受限制地穿梭，因此比一价离子电池具有更高的储能容量。在放电过程中，Zn^{2+} 嵌在α-MnO_2 中，导致锰溶解，上下两层产生空位，产生副产物。在充电过程中，Mn^{2+} 可逆地插入层中，会改变隧道结构。但是二氧化锰在充放电过程中的晶体结构不稳定，循环过程中层状结构发生坍塌。因此，使用α-MnO_2 作为正极材料的AZIBs的初始容量显著降低，并且该AZIBs在高电流密度下表现不佳。β-MnO_2 则具有一个［1×1］隧道结构。与其他的二氧化锰的晶型不同，δ-MnO_2 具有独特的层状结构及高理论能量密度，受到研究人员的关注。γ-MnO_2 由随机分布的［1×1］和［1×2］隧道块组成，属于六边形晶体体系[12]。γ-MnO_2 的两种隧道结构表现出不完全的周期排列，导致γ-MnO_2 的结晶度降低和各种晶格缺陷。

除了二氧化锰之外，还有一些其他的锰基材料也得到了广泛研究，包括 Mn_2O_3、Mn_3O_4、MnO、$ZnMn_2O_4$、$MgMn_2O_4$ 和 MnO_x。

2.3.1.2 钒基化合物

钒是一种过渡金属元素，具有多种价态（＋5、＋4、＋3和＋2）[13]，但目前已知的钒氧化物可能对环境造成不良影响，并对动物和人类健康构成威胁。在AZIBs中，钒基正极材料主要包括钒氧化物、钒酸盐等。其性能受到独特晶体结构的影响，不同的晶体结构会导致电化学性能存在显著差异（图2-5）。

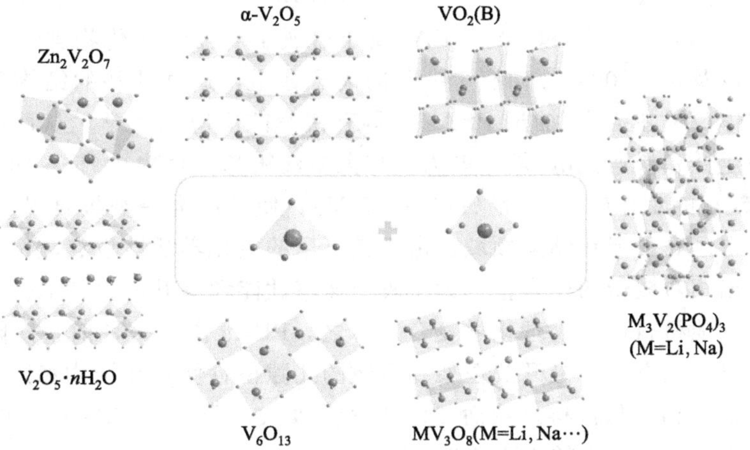

图 2-5　钒基氧化物不同的晶体结构[13]

钒氧化物由 VO_6 正八面体和/或 VO_5 四方锥体以不同的方式在空间排列而成。金属钒氧化物源于钒氧化物的结构，但金属离子的引入可能会显著影响钒氧化物的结构稳定性。根据结构差异，钒氧化物可以分为层状结构和孔隙结构，层状结构的氧化钒包括 V_2O_5、$V_2O_5 \cdot nH_2O$ 和 $H_2V_3O_8$（$V_3O_7 \cdot H_2O$），而孔隙结构的氧化钒则包括 VO_2、V_2O_3 和 V_6O_{13}。由于活性位点有限、导电性差以及层间距不足，传统的 V_2O_5 在满足 Zn^{2+} 插层/萃取方面面临诸多挑战。除 V_2O_5 外，$H_2V_3O_8$ 也是一种重要的层状氧化钒，它可以表示为 $V_3O_7 \cdot H_2O$。其分子层间距高，使得 Zn^{2+} 能快速地扩散。此外，$H_2V_3O_8$ 中的钒具有高氧化态（大约＋4.7），可通过氧化还原反应有效地稳定 Zn^{2+} 插层/萃取引起的电荷变化。

钒酸盐（$M_xV_nO_m$，其中 M 代表金属离子或铵离子）是另一类常见的 AZIBs 正极材料，它是通过金属离子与相应的氧化钒结构发生预共价作用而产生的。金属离子的预嵌入提高氧化钒的结构稳定性，层间金属离子改善了 $M_xV_2O_5$ 的层间距，同时稳定了 VO_x 层的晶体结构，使其不会因 Zn^{2+} 的多次插层/萃取而滑动或坍塌。常见的金属离子，如 Li^+、Na^+、K^+、Mg^{2+}、Zn^{2+}、Ag^+ 和铵离子，可以预先插入到 V_2O_5 层中，以提高氧化钒的结构稳定性[14]。

还有其他的一些钒氧化物，例如含钒的 NASICON（Na 超级离子导体）材料和硫化钒等，包括 $Na_3V_2(PO_4)_3$、$Na_4Fe_3(PO_4)_2$（P_2O_7）和 $Na_3V_2(PO_4)_2F_3$。硫化钒的 V—S 键强度比氧化钒弱[15]，这导致理论上的层间距更大，使 Zn^{2+} 更容易扩散。同时，钒的多价态促进形成更丰富的氧化还原位点，有利于 Zn^{2+} 的插层/萃取和电子束的快速转移，使其成为一种适用于高性能 AZIBs 的正极材料。近年来，研究人员采用了不同的改性方法，在一定程度上提高了 AZIBs 中钒氧化物的比容量和循环稳定性。但钒基材料仍然存在一些问题，包括结构容易坍塌、电化学动力学缓慢以及储能机制不明确等。因此，有必要对钒基材料进行更多改良。

2.3.1.3　普鲁士蓝类似物

普鲁士蓝类似物（PBAs）是特殊的一种金属有机框架（MOFs），具有独特的结构和电化学特性，广泛应用于储能、生物传感和海水淡化等。如图 2-6 所示，PBAs 可用通式

$A_xM_1[M_2(CN)_6]_y \cdot zH_2O$ 表示，其中 A 表示碱性阳离子，而 M_1/M_2 则对应过渡金属元素，如 Fe、Mn、Cu、Ni、Co 和 Zn。PBAs 属于过渡金属亚铁氰化物类[16]。PBAs 具有三维开放框架结构以及在（100）方向有个特殊的离子通道，这种独特的结构确保了大多数水合半径较小的主体离子在插入/抽出 PBAs 时具有快速的反应动力学，从而使某些 PBAs 具有出色的循环稳定性和快速充电/放电能力。与大多数钒基化合物 0.75 V 的平均工作电压相比，PBAs 具有较高的工作电压平台（1.5～1.8 V），使其成为一类极具潜力的 AZIBs 正极材料。尽管工作电压高，但在储能领域，由于其可用的电化学活性位点数量有限且速率性能较差，通常显示出相对较低的比容量。为了改善速率性能和提升电化学活性位点，研究学者将其自身结构和其他材料进行物理化学复合。总之，PBAs 作为一种前景广阔的高压电极材料，已逐渐成为研究热点。三维开放框架和宽敞的孔隙位置使其在结构稳定性和反应动力学方面优于传统的锰基和钒基材料。然而，低比容量极大地限制了 PBAs 的实际应用。因此，提高 PBAs 的比容量将是未来的主要改性方向。

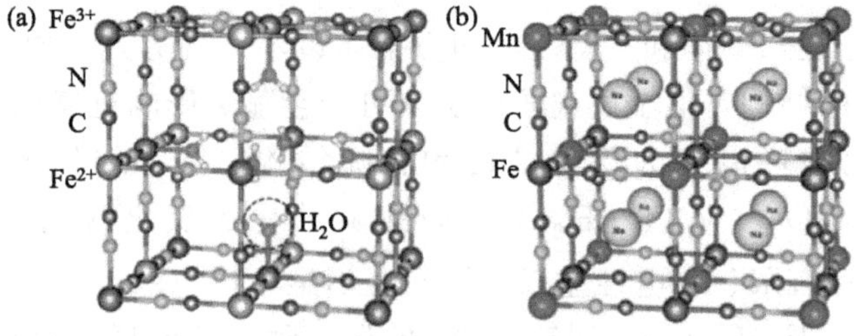

图 2-6 普鲁士蓝（a）和普鲁士蓝类似物（b）的晶体结构[16]

2.3.1.4 无机和有机材料

包括过渡金属硫化物和氧化物在内的无机化合物材料，由于适当的电压窗口和结构，在锌的储存研究中得到了广泛的关注，包括 Mo_6S_8[17]、二硫化钼[18]，以及共基材料，如 Co_3O_4[19]。此外，近年来，锌硫（Zn-S）电池、锌碘（Zn-I_2）电池和锌溴（Zn-Br_2）电池等各种新型的镀锌电池被广泛报道。虽然它们不属于传统的 AZIBs，但与传统的正极材料如锰基和钒基正极材料相比，它们在充放电过程中大多依赖于表面氧化还原或离子插入，通常导致容量和功率密度不足。基于 S、I、Br 等元素的多电子转移反应的 AZIBs 可以表现出超高的比容量和功率密度，为 AZIBs 的实际应用提供了新的希望和途径。无机材料近年来已成为一种新型的储能材料，其中，过渡金属基无机材料种类丰富，每一种材料都有独特的优缺点。但总的来说，与锰基和钒基材料相比，其电化学性能并不显著。利用多种对材料性能的改性策略，使其具有优异的电化学储能特性，将使其成为下一个主要的发展方向。新型锌基电池具有很高的理论容量，但穿梭效应、碘的挥发性、液体溴的腐蚀性和导电性差仍限制了其的进一步应用。

有机化合物具有高产率、易于合成、结构多样性优势，有机材料中的柔性碳链含有电化学活性官能团，保证了重复 Zn^{2+} 插层/萃取过程中分子结构的稳定性。此外，松散的微排列和弱的分子间相互作用有利于有效的电子转移和离子扩散，使其成为理想的 Zn^{2+} 存储框架[20-22]。活性官能团与溶剂之间的强相互作用导致了有机材料在电解液中的高溶解度，进而影响了 AZIBs 的循环性能。与无机材料相比，有机正极材料原料丰富，绿色环保，具有更高的反应体系适宜性等，且比 PBAs 具有更高的比容量，使其在 AZIBs 体系中具有很大的竞争优势。然而，它仍然面临着在电解液中低固有电导率和溶解度高的问题。

2.3.2　正极材料的性能优化

AZIBs 的主流修饰策略主要包括材料复合、缺陷工程和离子掺杂，每一种策略都能有效解决 AZIBs 面临的特定问题。例如，碳基材料复合有助于稳定正极结构，提高电导率，并防止金属溶解；缺陷工程通过优化材料内部结构，提升正极材料的电导率和离子扩散动力学；离子掺杂通过增大层间距，使得离子更加容易嵌入和脱嵌，从而显著提高了速率性能；非金属掺杂则削弱了 Zn^{2+} 与正极之间的静电相互作用，促进了反应动力学。然而，单一的修饰策略对性能提升的效果有限，未来 AZIBs 的主要改进方向将是多种修饰策略的合理组合。

（1）材料复合

用于提高正极材料电导率的材料大致可分为两类：碳基添加剂和导电聚合物。常见的碳基添加剂包括碳纳米管、氧化石墨烯、还原氧化石墨烯、碳布（CC）和碳纤维等。这些材料具有优异的导电性能，有助于改善正极材料的电化学表现。导电聚合物因较高的电子和离子电导率、化学惰性以及在水中的低溶解度，成为提高正极电化学性能的理想选择。常用的导电聚合物材料包括聚乙二醇（PEG）、聚吡咯（PPy）和聚苯胺（PAn）等。

（2）缺陷工程

晶格结构的缺陷可以有效促进电化学反应中反应物的扩散和吸附，同时也能作为浅层供体，增强金属氧化物的电导率。引入的缺陷主要分为两类：氧缺陷和阳离子缺陷。在实际应用中，阳离子缺陷通常通过离子掺杂实现，而氧缺陷则通过还原剂还原金属氧化物来形成。

（3）离子掺杂

为了提高正极材料的固有电导率和离子电导率，合理的结构调制至关重要。近年来，许多学者已开始关注阳离子掺杂，通过引入金属离子（如 Na、K、Ca、Zn、Ni）、H^+ 实现，以及引入具有较低电负性的非金属离子（如 N、S、C 和 B）进行阴离子掺杂[23]。

2.3.3　正极材料的挑战与发展方向

每种正极材料都有其优缺点。例如，锰氧化物具有较高的容量和工作电压，但其导电性差，且在循环充放电过程中容易发生结构转变、坍塌及体积变化。此外，Mn^{2+} 易从正极溶解到电解液中。与锰氧化物相比，钒氧化物具有更高的容量，但在循环过程中容易发生不可逆的相变，导致较差的循环性能，工作电压较低，且电化学反应动力学较慢，难以满足能量密度和多重性能的需求。普鲁士蓝类似物具有较高的比容量、工作电压、速率性能和能量密度，但固有的导电性差，容量受限于单一的电化学反应载体，且结构稳定性较差，限制了其应用潜力。虽然有机材料结构多样、易于合成且环保，但其容量和循环稳定性较差，限制了其实际应用。因此，后续研究还应关注以下几点：

（1）储能机理的探究

目前，研究者提出了多种储能机理，包括 Zn^{2+} 插入/萃取、化学转化反应、H^+/Zn^{2+} 协同插入/萃取以及混合化学机理。然而，由于表征技术和计算方法的局限性，储能机理尚未完全明确。因此，结合高端原位表征技术和密度泛函理论计算等方法，深入研究储能机理将是未来研究的关键方向。

（2）测试条件的优化

测试条件的优化主要集中在低电流密度下的稳定性和高负荷容量两个方面。过去十年，研究人员提出了多种策略，显著提高了 AZIBs 的能量密度和功率密度，并在高电流密度下展示了良好的循环稳定性。然而，在低电流密度下，副反应的增强导致正极材料的溶解，显著影响了比容量，从而限制了其实际应用。传统的改性方法，如离子掺杂、材料复合和缺陷工程，虽然在一定程度上抑制了材料溶解和副反应，但单一策略难以全面解决电池系统中的所有问题。因此，正极和负极的协同改性将成为未来提升电池电化学性能的主流策略。未来的研究应深入了解这些材料，进行全面改性，并合理设计测试条件，避免过高电流密度的测试条件，以准确反映正极材料的电化学稳定性。

目前的测试中通常采用 $1\sim2\ mg/cm^2$ 的低活性物质负载来评价电化学反应，这对应的面积比容量通常小于 $0.5\ mA\cdot h/cm^2$，远低于锂离子电池（LIBs）的 $3\ mA\cdot h/cm^2$。当使用这些正极材料进行测试时，各种粒子之间的连通性增加，极化效应可以忽略不计。这种方法不仅人为提高了正极活性材料的性能，还可能导致实际高负载应用中电化学性能的不理想。尤其在高负载下，由于 Zn^{2+} 的较大质量和半径，电子和 Zn^{2+} 的传输距离增大，进而影响了材料的电化学性能。

（3）机器学习

传统的试错方法过于耗时，难以满足 AZIBs 对正极材料的迫切需求。与传统方法相比，计算模拟能够提供有价值的见解，并允许对相关变量进行完全控制。未来，结合机器学习与其他学科的进展，计算模拟将成为 AZIBs 新材料开发的重要工具。通过高效的计算修饰策略所获得的新材料，将大力推动 AZIBs 的商业化进程。然而，机器学习模型的复杂性与准确性之间的矛盾，仍是一个亟待解决的关键问题。

（4）柔性储能

随着可穿戴设备和柔性电子设备的快速发展，柔性储能（FES）迎来了广阔的应用前景。由于 AZIBs 具有优越的安全性、低成本和高能量密度等特点，符合 FES 对储能系统的需求，已成为未来柔性储能器件的理想候选材料。然而，AZIBs 仍面临电解液泄漏和蒸发的风险，因此，新型电解液的研发已成为 FES 发展的关键方向。聚合物和水凝胶电解液有望成为传统水系电解液的替代品。在这一过程中，正极材料的设计及其新电解液的结合同样需要受到关注，以提升整体性能和可靠性。

2.4 负极材料

2.4.1 锌基负极的特性与发展

得益于锌的地壳储量高，价格低廉，锌基负极理论比容量高[24]，在弱电解质溶液中，Zn^{2+}/Zn 的标准还原电位较低，开路电压高，高安全性和稳定性[25]，使得 AZIBs 得到快速发展。此外，与 Al、Na、Mg 等金属相比，Zn 在水中稳定，具有更好的耐腐蚀性和良好的导电性，这种优异的导电性可加速电子传输，促进 Zn^{2+} 的沉积/溶解。锌无毒无害，具有很高的生物安全性，锌基化合物还具有环境友好性，在电池生产或实际应用中不会产生污染物[26]。

然而，水系电解液中的锌负极的发展仍存在许多问题。包括锌负极的利用效率低、锌负极的负载质量远大于正极负载量以及实际应用。

2.4.2　负极材料的性能改进策略

负极材料性能的改进需要解决几个关键问题，包括枝晶生长、腐蚀、氢/氧析出以及界面副反应等。为此，负极的表面改性策略应关注以下几个方面：一是通过在锌负极表面涂覆功能保护层来防止枝晶生长和腐蚀；二是控制固液界面的润湿性，优化锌离子的沉积和脱嵌过程；三是改善离子传输速率，减少界面阻力；四是构建亲锌位点，以促进锌离子的均匀沉积，从而提高电池的循环稳定性和倍率性能。

（1）枝晶问题

枝晶问题是大多数金属负极面临的难题，锌负极也不例外。锌枝晶虽然不会造成火灾或事故等危险情况，但它会严重降低库仑效率，减少电池的使用寿命。由于锌沉积后结构疏松且表面粗糙，增加了电极与电解液之间的接触面积，从而加剧了析氢和腐蚀等副反应的发生。随着电池的充放电，枝晶会逐渐累积并生长，直至刺穿隔膜，最终导致短路。因此，AZIBs 必须实现致密的锌沉积，以获得高库仑效率和长寿命，这对电池的整体性能至关重要[27]。

在实际充电过程中，Zn^{2+} 沉积不均匀似乎不可避免。抛光能在一定程度上降低表面粗糙度，很难做到无限光滑，微结构中总会存在一些粗糙度，这会导致电荷分布不均和成核障碍[28,29]。此外，由于“尖端效应”，更多的 Zn^{2+} 被吸引聚集，Zn^{2+} 在已经沉积的地方再次沉积。在没有干扰的情况下，锌树枝状突起将继续发展到相当大的尺寸，直至断裂并从电极上剥离，形成“死锌”。断裂的树枝状突起会在电解液中扩散，并与电解液反应生成副产物[30]。局部钝化和腐蚀会导致 Zn^{2+} 在锌负极表面的不均匀传输，非钝化区域容易形成初始晶核。有研究表明，枝晶的生长和界面副反应有着相互促进的关系。锌枝晶的生长会导致新的表面暴露在电解液中，同时，新暴露的表面并不光滑，电荷分布不均匀，表面积较大，这不仅会导致后续沉积更加不均匀，还会加速界面副反应的发生。因此，要实现锌离子电池的实际应用，需要同时解决。对锌负极进行表面改性，不仅可以避免电极与电解液直接接触，还能促进表面电荷和离子在电极上的均匀分布，从而减少界面副反应并使初始成核均匀化。

（2）表面涂层策略

锌负极表面涂层包括碳基材料、金属材料、聚合物材料、无机非金属材料、新材料和混合材料。碳基材料因资源丰富、电导率高、机械稳定性强以及比表面积大，而被认为是理想的涂层材料[31]。

目前，碳基涂层的适用策略主要包括结构设计和杂原子掺杂，N、P、S 等杂原子掺杂是提高碳基涂层性能的一种非常有效的策略，这可以通过电负性、局部偶极子和电荷转移等机制来解释。N 元素的引入可以有效地改变石墨烯的锌亲和度。共同掺杂 N 和 S，可以为 Zn^{2+} 的沉积提供更多的电活性位点，从而实现协同效应，显著提高 AZIBs 的容量和循环寿命[32,33]。然而，碳基材料也面临低机械强度导致的电池失效问题，此外，部分碳材料的高成本也限制了其广泛应用。

采用金、银、铜、铟等金属进行改性，一方面这些材料本身具有高导电性，可以调节局部电场强度；另一方面，这些金属因良好的耐腐蚀性，可以作为保护层镀在锌负极上，以降低 Zn^{2+} 的成核电位，从而引导离子均匀沉积。然而，金属改性阳离子材料的制备仍然存在一定局限性，材料的制备过程高度耗能，且难以大规模生产。

聚合物材料具有丰富的官能团，这些官能团提供的吸附位点可将 Zn^{2+} 沿聚合物链转移到反应界面，并通过调节 Zn^{2+} 在分子尺度上的均匀分布来实现快速离子传输。聚合物涂层还可以利用多孔骨架的机械抑制作用以及快速离子扩散动力学来抑制水系电解液中锌枝晶的生长。聚合物涂层材料在稳定锌负极方面具有很大的潜力和改进空间，需要开发更多具有结构设计和经改性的材料，以优化其机械强度[34,35]。

无机非金属材料（如二氧化钛、氧化铝、二氧化锆、氧化锌等）由于其化学惰性，常被用作金属锌负极上的非导电涂层，避免了电解液和电极之间的直接接触，有效抑制了不良反应。无机盐也被用于锌金属的表面保护，通过对锌进行酸刻蚀处理，可以生成作为界面物质的功能性物质，但无机非金属涂层的离子导电性仍然是其面临的一大挑战[36,37]。最近，一些新型材料［如金属有机框架（MOFs）、共价有机框架（COFs）和 MXene］也被应用于 AZIBs 领域。这些新型材料在提高负极性能方面具有巨大潜力。通过设计具有物理结构支撑的骨架结构，可以防止结构崩溃和变形，适当的结构设计还可以增加活性材料的可用表面积并实现更多的成核位点，从而避免 Zn^{2+} 的不均匀沉积。

任何单一的改性材料都有其局限性。通过有机-无机复合材料和无机-无机复合材料的结合，可以充分发挥不同材料的特性，克服单一材料在锌负极保护方面的局限性。此外，混合涂层的多功能效应不仅能放大不同材料的优势，还能促进更均匀的锌沉积。此外，多功能涂层还大大提高了功能性正极材料的自修复和应力消除等特性，使得它们在柔性电池领域有着广泛的应用潜力。

2.4.3 负极材料的挑战与发展方向

AZIBs 负极材料的研究与开发面临一些挑战，但也提供了许多发展机遇。首先，AZIBs 中锌负极的测试方法和参数尚未统一，这导致不同研究策略和性能之间在一定程度上缺乏可比性。尽管在改善锌负极稳定性和 AZIBs 循环性能方面取得了显著进展，但这些研究仍主要集中在基于过量锌和低放电深度的实验室阶段。考虑到采用了昂贵的材料和技术，未来的研究应更加注重成本效益的平衡。此外，采用先进的表征技术和多样化的测试方法，将有助于更深入地探讨和设计锌负极的改性。在表面涂层方面，不能仅限于单一涂层，而应探索二元或多元材料的相互作用，以提高锌负极的性能。

相比其他储能设备，AZIBs 固有的高安全性和环保性使其成为可穿戴、柔性和可折叠电子设备的理想选择。未来的研究应更加关注这些独特优势。然而，锌负极在反复折叠过程中容易受到损伤，因此，可以考虑将锌沉积在碳布等柔性基体上。

未来的发展仍需要重点研发具有高耐腐蚀性、低电子传导性、高离子传导性以及对 Zn^{2+} 具有强吸附能力的功能涂层。同时，在锌负极表面构建不同功能的杂化层，以提高其稳定性和效率。进一步地，将新型电解液、分离剂或凝胶/固体电解液与优化过的锌负极相匹配，协同实现无枝晶沉积、无腐蚀现象，并支持更深的放电深度。

2.5 电解液

2.5.1 典型电解液类型

与负极或阴极材料改性等外部保护措施不同，选择合适的电解液是提高电池性能的一种更简单、更经济的方法。迄今为止，用作 AZIBs 的电解液有多种类型，如氧化物锌盐［$Zn(ClO_4)_2$、$Zn(NO_3)_2$、$ZnSO_4$］、锌盐（ZnF_2、$ZnCl_2$）、有机锌盐［$Zn(CH_3COO)_2$、$Zn(CF_3SO_3)_2$、$Zn(TFSI)_2$］等。根据化学成分和性质的不同，可分为无机盐电解液、有机盐电解液和混合电解液。

（1）无机盐电解液

无机盐电解液大致可分为弱酸性电解液和碱性电解液。其中弱酸性电解液主要包括 ZnF_2、$Zn(NO_3)_2$、$ZnCl_2$、$Zn(ClO_4)_2$、$ZnSO_4$ 等。锌盐溶液中的 Cl^- 和 NO_3^- 不稳定，电池的循环性能不理想，尤其是在高工作电压下。由于四个 O 原子与中心 Cl 原子呈四面体配位，$Zn(ClO_4)_2$ 显示出更稳定的结构和更低的反应活性[38]。但是副产物（如在锌箔上形成氧化锌薄层）的产生导致反应动力学受到极大影响[39]。另一种锌盐（ZnF_2）在锌负极上的副产物较少[40]，但由于溶解度较低，其电化学性能并不令人满意。$ZnSO_4$ 溶液具有成本低、相容性好和电化学稳定性高等优点，通常被用作 AZIBs 的电解液。但是，$ZnSO_4$ 会生成 $Zn_4(OH)_6SO_4 \cdot nH_2O$（ZHS）。

除上述弱酸性电解液外，还研究了一些碱锌电池，如 Zn/Ag、Zn/MnO_2、Zn/空气、Zn/Ni 等电池中使用碱性电解液进行了许多实验。在电解液中混入 KOH、NaOH、LiOH 可以调节 pH 值。这些无机碱性盐电解液显示出许多优点，如过电位低、溶解度高和即使在低温下也有很高的离子电导率。其中 KOH 的动力学速率最快，溶解度最高[41]。然而，无机盐电解液的碱性会导致锌的溶解，在锌溶解过程中，ZnO 和 $[Zn(OH)_4]^{2-}$ 的形成会严重影响电池的性能，导致库仑效率变差[42]，从而限制了它们的进一步应用。相比之下，$ZnSO_4$ 具有成本低、相容性好和电化学稳定性强等优点，在无机盐电解液中被广泛使用。

（2）有机盐电解液

由于传统的无机盐电解液具有库仑效率较低、电压窗口较窄的局限性，有学者提出在 AZIBs 中应用有机盐电解液，如 $Zn(CF_3SO_3)_2$，它具有较高的库仑效率（100%）和较宽的电化学窗口。$Zn(CF_3SO_3)_2$ 能抑制 O_2 的氧化，这可能是因为 $CF_3SO_3^-$ 阴离子的体积较大，有利于减少 Zn^{2+} 周围的水分子。$Zn(CF_3SO_3)_2$ 的结构提升了低过电位下镀锌/剥锌的可逆性，从而拓宽了 AZIBs 的电导率，保护了锌负极。此外，在其他有机盐电解液中研究锌负极氧化也可能是 AZIBs 电解液发展的一个重要方向。

（3）混合电解液

混合电解液种类繁多，包括无机盐的混合电解液、有机盐的混合电解液以及无机盐和有机盐的混合电解液等，这些电解液已被广泛应用于调整电解液的特性。考虑到不同电解液体系的优点，开发混合电解液已成为一个重要的策略。与单一电解液相比，混合电解液能够提高电解液的电化学稳定窗口（ESW）和容量。然而，由于目前尚未制定使用混合电解液的基本准则，因此，在 AZIBs 中探索合适的混合电解液具有重要意义。

2.5.2 电解液的性能优化

（1）表面工程策略

锌离子的优先沉积与锌晶面表面能密切相关，因此可以通过引入特定功能基团来调控沉积过程。通过精细的表面工程，某些功能基团能够沉积到不利的晶面上，而其他功能基团则可以选择性地固定在优先沉积的晶面上，从而促进锌离子的定向沉积。这种表面工程策略能够有效调控晶面层级的沉积行为，为提升锌离子电池的性能提供了一种关键方法。

（2）添加保护层

在锌箔与电解液界面上形成的物理保护层有助于促进电场的均匀分布，同时充当屏障，防止电解液中的水分和氧气与锌电极直接接触。这样，它有效地减缓了金属锌的腐蚀，并抑制了副反应的发生，从而提高了电化学性能。

（3）构建复合界面

为了充分发挥无机和有机材料的优势，可以在电解液与电极界面上构建无机/有机复合界面。内层的无机或无机混合物固态电解质界面（SEI）层不仅具备优异的力学性能，能够抑制枝晶的形成，还能作为屏障，防止电解液与锌电极直接接触。同时，外层的有机 SEI 层有助于锌离子的传输，有效防止 SEI 层开裂，并抵消可能的负面副作用。

2.5.3 电解液的挑战与发展方向

为了提高 AZIBs 的性能，优化电解液界面的结构至关重要。尽管电解液添加剂工程策略在稳定锌负极方面取得显著进展，但仍面临一些瓶颈，需要解决这些问题，以应对 AZIBs 在未来复杂应用中所面临的挑战。

目前的研究虽然主要集中在锌金属负极表面，但关于锌负极与电解液之间表面界面结构的内容仍存在较大空白，亟需深入研究，包括位置探测、保护机制分析以及理论计算，以阐明界面化学环境的起源。设计具有更全面功能和更好效果的电解液添加剂，成为水系锌电解液添加剂的目标之一。在评估电解液时，必须综合考虑多种因素，如状态、成分、溶解度、pH 值、亲水性、化学稳定性、电化学稳定性、热稳定性、Zn^{2+} 吸附性能、离子电导率、黏度、成本等。此外，某些添加剂能够显著促进锌的沉积与脱附。开发多功能离子添加剂，旨在增强 AZIBs 的电化学、热力学和动力学性能。复合添加剂之间的协同效应或对抗效应，以及不同添加剂对电解液结构和锌负极的影响也需要进一步评估。锌电极在水系电解液中特别容易发生自腐蚀，主要是由于 pH 值等微环境的变化。这种脆弱性在长期存储后可能导致电池容量的显著下降，尤其是在锌电池的工业应用中。Zn^{2+} 在电解液中的溶剂化结构、氢键网络结构和电解液表面界面结构往往相互作用，且这些相互作用影响着 AZIBs 的整体性能。然而，不同控制策略与 AZIBs 性能之间的关系，特别是在引入添加剂或更换溶剂时，仍然没有明确的理论支撑，亟需更多的系统性研究来填补这一空白。

2.6 隔膜

2.6.1 隔膜的功能与重要性

在 AZIBs 中，隔膜作为关键组成部分，承担着多种重要功能。其主要作用是分隔电池的正负极，防止两极短路，同时允许锌离子在充放电过程中自由迁移。隔膜的性能直接影响电池的离子导通性、稳定性和安全性。

隔膜的最基本功能是提供离子通道，允许锌离子（Zn^{2+}）在电池充放电过程中在正负极之间自由迁移。在充电时，锌离子从正极通过电解液向负极迁移；在放电时，则从负极迁移到正极。这个过程需要一个有效导电的介质，而隔膜通过提供离子导通通道，确保电池的正常工作。除了作为离子导体，隔膜还承担着维持电池结构稳定性的功能。它能够防止电池正负极发生直接接触，从而避免短路等安全隐患。此外，隔膜的选择渗透性能够防止其他离子进入电池内部，避免副反应发生，进而提升电池的长期稳定性和循环寿命。

在 AZIBs 中，隔膜还需具备一定的化学稳定性，以防电解液中的离子与电池材料发生不必要的副反应。例如，AZIBs 中的电解液可能含有水分，而水的分解可能会导致氢气的生成，从而引发安全问题。合适的隔膜能限制水分的过度扩散或分解，减少副反应的发生。隔膜还能够有效避免电极材料与电解液接触过多，减少电极材料在循环中的膨胀和溶解，从而保证电池长期的循环性能和效率。尤其在锌离子电池中，锌的沉积和溶解过程可能对电极造成结构破坏，而隔膜能够起到缓冲作用，减缓这一过程的负面影响。

2.6.2　常见隔膜材料

目前，常见的隔膜材料大致分为三类：玻璃纤维、滤纸和亲水性聚烯烃[43-45]。玻璃纤维隔膜具有丰富的孔隙和极强的亲水性，可与多种电极材料兼容。然而，玻璃纤维隔膜在电解质填充后，难以在保持高离子电导率的同时提供足够的机械强度，无法有效抵抗锌枝晶的形成。此外，玻璃纤维隔膜的厚度较大（约 600 μm），在电池中占据过多空间，且其高昂的价格使得单位电池能量密度的成本难以控制。亲水性聚烯烃隔膜由于具有高孔隙率和优异的性能，广泛应用于锂离子电池（LIBs）中。然而，聚烯烃隔膜在高温和机械应力下的耐受性较差，无法有效防止电池长时间热失控，这使得含有这种隔膜的 AZIBs 容易发生短路故障。此外，这些隔膜通常具有不均匀的孔隙分布，导致电场分布不均，从而引发锌的异质沉积。对于正极来说，玻璃纤维或聚烯烃隔膜无法有效减少正极材料的溶解或阻止溶解的锌产生穿梭效应，这会导致正极活性材料的损失，严重影响电池性能。而溶解离子向负极的迁移则会危及锌的均匀沉积，进而缩短电池的使用寿命。

2.6.3　隔膜的性能优化

隔膜的性能优化可以从表面改性、引入隔膜与负极之间的中间膜以及新型隔膜的制备方面进行改进。

(1) 表面改性

传统隔膜在 AZIBs 中已得到广泛应用，但其固有的高孔隙率和不均匀性可能导致不均匀的锌沉积和枝晶生长[46]。因此，研究者提出采用不同材料对隔膜进行表面改性，制备功能化隔膜。功能化层通过均匀化界面电场、改变隔膜表面结构和调节离子迁移，促进锌离子的均匀沉积，从而显著延长锌负极的循环寿命。改性材料包括二维（2D）材料（如石墨烯、MXene）、金属有机框架（MOFs）、聚合物、无机化合物和金属材料。

(2) 引入中间膜

尽管隔膜表面改性具有显著效果，但在循环过程中，隔膜表面改性层可能会出现不均匀性和剥离问题。为解决这些问题，可以在隔膜与锌负极之间引入中间膜。中间膜可在隔膜与负极界面形成物理屏障，有效避免锌枝晶刺穿隔膜。中间膜通常具有出色的稳定性和均匀的孔隙结构，为锌离子的均匀分布提供有利条件。

(3) 新型隔膜的制备

除了表面改性和引入中间膜外，制备新型隔膜也是优化隔膜性能的有效途径。虽然表面改性和引入中间膜显著提升了 AZIBs 的性能，但这些策略主要影响隔膜的表面结构，并且可能增加成本。新型隔膜如纳菲翁隔膜和纤维素隔膜，通常具有优异的机械强度、均匀的孔隙结构和良好的耐腐蚀性能。

2.6.4 隔膜的挑战与发展方向

隔膜对锌离子的传输和界面的影响至关重要。一个优秀的隔膜能够均匀化离子流，防止锌枝晶的产生，抑制锌离子与界面的化学反应，减少正极溶解和溶解离子的穿梭效应（图 2-7）。为了确保隔膜在水系电池中的稳定性、机械强度和热稳定性，合理设计隔膜的材料、结构和组件是至关重要的。此外，在大规模生产功能化隔膜时，必须确保其具有较低的价格和高效的制备工艺。尽管 AZIBs 的功能化隔膜已在文献中广泛报道，但仍需要进一步探索。

图 2-7　功能化隔膜的前景示意图

设计和制备新型隔膜既迫切又具有挑战性，需要考虑以下几个方面：

① 功能性隔膜的成本和制备工艺需要与 AZIBs 的实际应用相适应。虽然改造传统隔膜或引入中间膜可以提高 AZIBs 的性能，但这可能会导致电池成本的增加。

② 应结合先进的原位表征技术（如原位 SEM、原位 XRD 等）、理论计算和模拟，从微观角度研究隔膜的结构和界面特性对锌沉积/剥离行为的影响。

③ 尽管新型隔膜能够有效引导 Zn^{2+} 均匀沉积，但大多数研究中，正极只能在低电流密度和容量下实现长循环寿命。为了满足现代社会对大容量和快速充放电的需求，未来的隔膜需要具备在高电流密度和高容量条件下长期稳定充放电的能力。

④ 隔膜促进离子扩散和提高正极结构稳定性的机制仍需进一步研究。

⑤ 目前针对电解液对 AZIBs 隔膜的影响认识尚不充分。为了更好地设计隔膜，有必要对电解质和隔膜的相互作用进行深入研究。因此，应加强实验和理论计算研究，特别是在溶剂成分、锌盐类型及电解液浓度对隔膜性能的影响方面。

2.7 外壳与整体设计

2.7.1 外壳的设计原则与关键功能

AZIBs 的外壳作为外部保护层，具有多重功能，其设计必须综合考虑安全性、可制造成本、便利性等多个因素。其关键功能包括保护电池内部结构、散热、防水、绝缘、抗腐蚀、提供结构支撑，以及提升美观和可回收性。

首先，安全性是最重要的因素。虽然 AZIBs 使用的是水系电解液，相较于锂电池等电池具有较低的爆炸和火灾风险，但仍需避免因外部冲击导致电解液泄漏或短路等问题。其次，外壳的制备工艺需要简易，以降低生产成本，同时支持批量生产，推动 AZIBs 的大规模商业化应用。电解液是水基溶液，外壳长期暴露在电解液蒸汽或气体中可能导致外壳材料的腐蚀，因此，外壳材料必须具备优异的抗腐蚀性，尤其是金属外壳部分。最后，外壳的便利性、密封性、防水性及散热性能等因素对于电池的长期稳定工作至关重要。

外壳的核心功能是保护电池内部结构，防止外部撞击、压迫或刮擦损坏。它还能防止内部液体泄漏，确保电池的可靠性和使用者的安全。此外，外壳还应具备一定的散热功能，避免在充放电过程中产生的热量影响电池寿命，甚至导致热失控。由于电解液是水溶液，外壳的密封性同样需要良好，以防止湿气、灰尘等污染物影响电池性能和安全性。电池外壳的外观设计和可回收性虽然不是最关键的功能，但仍然影响到产品的整体设计和市场竞争力。

2.7.2　外壳材料与其性能优化

目前，电池外壳最常使用的材料是铝合金，其优势在于轻便且耐腐蚀，导热性能优异，有助于电池的散热。铝合金材料还具备很强的抗压和抗冲击性能。然而，铝合金的成本较高，且加工工艺较为复杂，这可能会增加制造成本。

钢铁材料是另一种常见的电池外壳材料，适用于高功率或高负载的应用场景。钢铁具有较好的抗冲击和抗压性能，且相较于铝合金，其成本较低，适用于成本敏感的产品。然而，钢铁的重量较大，不适合轻量化设计，并且易腐蚀，因此需要表面镀锌或涂层处理。

塑料外壳适用于对轻便性和低成本有较高需求的场合，常用材料包括 ABS、PC 和 PBT 等。其优点在于轻巧、成本低，适合大规模商业化生产。通过选择合适的工程塑料，还能获得较好的抗冲击性和耐热性。但塑料材料的导热性和散热性较差，且耐腐蚀性和耐久性不如金属材料。

2.8　商用水系锌离子电池的形状与设计

2.8.1　常见形状及其特点

商用 AZIBs 需要根据应用场景、性能需求和制造工艺等因素进行形状设计，常见的电池形状包括圆柱形、方形和袋形，每种形状都有其独特的优势和适用场景。

圆柱形是最常用的设计之一，广泛应用于便携式电子设备中，如扣式电池、手机和电动工具等。其主要优点在于结构简单、制备工艺成熟、成本较低，并且适合自动化大规模生产。然而，在电池组集成时，圆柱形电池容易造成空间浪费，影响整体能量密度的利用。方形电池主要用于大规模储能和电动汽车领域。其形状规则，空间利用率较高，且外壳相较圆柱形更具机械强度，能够承受较大的外部压力。缺点在于生产工艺较为复杂，成本相对较高，并且在热管理方面可能不如圆柱形电池。袋形电池也常见于大规模储能和电动汽车，适用于对轻薄、高能量密度有需求的场景。其优势在于重量轻、能量密度高，且形状易于控制，适合高密度排列。但袋形电池容易受到外部冲击而损坏，且安全性和耐久性不如圆柱形和方形电池。

2.8.2　电池设计的关键因素

AZIBs 作为一种新兴的能源存储技术，具有成本低、环境友好和较长使用寿命等潜力。然而，要在商用领域广泛应用，电池设计需要在多个关键因素之间进行平衡并优化它们。

能量密度是衡量电池性能的核心指标之一，直接关系到电池的能量储存能力和体积大小，决定了电池的应用范围。通过优化正极材料、改进电解液配方以及调控电极界面结构，可以有效提升电池的能量密度。

安全性是商用电池设计中必须重视的重要因素，在高能量密度的电池设计中，热稳定性、防冲击能力和抗短路能力尤为关键。在设计过程中，需要从外壳设计、热管理、电解液稳定性及电路保护等多个方面进行综合考虑。

耐久性涉及电池的循环寿命、容量保持率以及在长期使用过程中维持稳定性能的能力。长循环寿命是商用 AZIBs 的重要优势，使得其适用于电动汽车、大规模储能和可再生能源存储等领域。为了延长电池的使用寿命，研究人员正在通过优化正极材料、控制负极沉积与枝晶生长，以及改善循环过程等手段进行改进。

热管理是确保 AZIBs 安全稳定运行的另一个关键因素。在电池充放电过程中，尤其是在大电流放电时，会产生大量热量，若温度过高将影响电池性能，甚至导致电池损坏。通过选用高热导率材料（如铝合金）作为外壳，并增设散热通道等措施，可以有效改善热管理问题。

体积、重量与成本控制同样不可忽视。电池的体积和重量直接影响产品的用户体验和性能表现。在设计过程中，通过优化电池结构，选择高能量密度材料，合理安排电池单元布局，可以有效提高整体性能。与此同时，为实现大规模生产并满足市场需求，必须在保证性能的前提下尽量降低生产成本。优化材料选择、改进生产工艺以及实现生产规模化，都能有效降低电池成本。

商用 AZIBs 的设计需要综合考虑成本控制、使用寿命、生产工艺和安全性等多个因素，这些关键因素直接影响到市场竞争力和应用范围。

成本是商用水系锌离子电池设计的核心因素之一。锌作为负极材料相对廉价，但其他关键部件的选择需平衡性能和成本，确保商业化可行性。电池的使用寿命决定了其市场竞争力，长寿命的电池不仅提高了经济性，还能降低替换成本。同时，生产工艺的成熟度会影响产量和生产成本，因此 AZIBs 的制造过程应尽量简化并降低成本，以适应大规模生产需求。安全性是商用电池设计中不可忽视的重要因素，尤其是在大规模应用时，电池的安全稳定性至关重要。

2.8.3 商用水系锌离子电池的未来趋势

商用 AZIBs 作为一种具有巨大潜力的绿色储能技术，未来将在多个领域实现技术突破，包括能量密度、充电速度、安全性和环境友好性等方面。随着材料科学、生产工艺和电池管理技术的不断进步，AZIBs 有望成为电动汽车、储能系统和便携式设备等行业高效、安全的电池替代方案。

① 提高能量密度：能量密度是电池技术发展的核心，直接影响电池的应用范围和续航能力。尽管目前 AZIBs 的能量密度较低，但随着正极材料和电解液的创新，未来其能量密度有望显著提升。

② 快速充电技术：由于离子迁移速度和电池内部结构的限制，AZIBs 的充电速度相对较慢。为解决这一问题，研究人员正在探索通过优化电池内部结构和电解液成分，加速离子在电池中的迁移速度。同时，采用更薄的电极、更均匀的电解液层以及更高离子导电性的电解液，以减少充电时间。

③ 增强安全性：相比锂电池，AZIBs 本身具备较高的安全性，因为它们使用水基电解液，避免了有机电解液可能引发的火灾或爆炸风险。然而，在大功率放电和极端环境下，电池的安全性仍面临挑战。因此，进一步提高电池的安全性仍是未来的研究重点。

④ 环境友好性和可持续性：AZIBs 的一大优势在于其环境友好性和可持续性。锌作为一种丰度高且廉价的资源，相较于锂电池具有更好的可回收性和较低的环境负担。随着回收技术的不断提升，AZIBs 将在未来实现更高质量的可持续发展，减少资源浪费并降低环境污染。

参考文献

[1] Zhao C, Zhang Y, Gao J, et al. Zincophilic design and the electrode/electrolyte interface for aqueous zinc-ion batteries: a review. Batteries & Supercaps, 2023, 6: e202200478.

[2] Li H, Ma L, Han C, et al. Advanced rechargeable zinc-based batteries: Recent progress and future perspectives. Nano Energy, 2019, 62: 550-587.

[3] Yamamoto T, Shoji T. Rechargeable Zn | $ZnSO_4$ | MnO_2-type cells. Inorganica Chimica Acta, 1986, 117: L27-L28.

[4] Xu C, Li B, Du H, et al. Energetic zinc ion chemistry: The rechargeable zinc ion battery. Angew. Chem. Int. Ed, 2012, 51: 933-935.

[5] Zampardi G, Mantia F. Open challenges and good experimental practices in the research field of aqueous Zn-ion batteries. Nature Communications, 2022, 13: 687.

[6] Yan J, Wang J, Liu H, et al, Rechargeable hybrid aqueous batteries. Journal of Power Sources, 2012, 216: 222e226.

[7] Feng Z, Zhang Y, Gao Z, et al, Construction interlayer structure of hydrated vanadium oxides with tunable P-band center of oxygen towards enhanced aqueous Zn-ion batteries. Adv. Powder Mater, 2024, 3: 100167.

[8] Li Z, Wu C, Mao L, et al. Residual-carbon-supported δ-MnO_2 as cathodes for aqueous zinc ion batteries with high specific capacity. Journal of Energy Storage, 2025, 105: 114760.

[9] Wang F, Zheng Y, Chen Q, et al. A critical review of facets and defects in different MnO_2 crystalline phases and controlled synthesis-its properties and applications in the energy field. Coordination Chemistry Reviews, 2024, 500: 215537.

[10] Zha J, Tian Y, Zheng M, et al. High-temperature energy storage polyimide dielectric materials: polymer multiple-structure design. Chen. Mater. Today Energy, 2023, 31: 101217.

[11] Tang Y, Zheng S, Xu Y, et al. Advanced batteries based on manganese dioxide and its composites. Energy Storage Materials, 2018, 12: 284-309.

[12] Vidinha P, Barreiros S, Cabral J, et al. Enhanced biocatalytic activity of ORMOSIL-encapsulated cutinase: The matrix structural perspective. J. Phys. Chem. C, 2018, 112: 4406-4417.

[13] Wu X, Liu Y. Review of vanadium-based electrode materials for rechargeable aqueous zinc ion batteries. Journal of Energy Chemistry, 2021, 56: 223-237.

[14] Zhou T, Gao G. Pre-intercalation strategy in vanadium oxides cathodes for aqueous zinc ion batteries: Review and prospects. Journal of Energy Storage, 2024, 84: 110808.

[15] He P, Yan M, Zhang G, et al. Layered VS_2 nanosheet-based aqueous Zn ion battery cathode. Adv. Energy Mater, 2017, 7: 1601920.

[16] Ma L, Chen S, Long C, et al. Achieving high-voltage and high-capacity aqueous rechargeable zinc ion battery by incorporating two-species redox reaction. Adv. Energy Mater, 2019, 9: 1902446.

[17] Cheng Y, Luo L, Zhong L, et al. Highly reversible zinc-ion intercalation into Chevrel phase Mo_6S_8 nanocubes and applications for advanced zinc-ion batteries. ACS Appl. Mater. Interfaces, 2016, 8: 13673-13677.

[18] Yao Z, Zhang W, Ren X, et al. A volume self-regulation MoS_2 superstructure cathode for stable and high mass-loaded Zn-ion storage. ACS Nano, 2022, 16: 12095-12106.

[19] Chaithanya U, Shaji S, Mohanraj M. Synthesis and characterization of Co_3O_4 nanosphere and its charge storage characteristics in aqueous Zn-ion batteries. Journal of Materials Science, 2024, 59: 11907-11919.

[20] Sun T, Yi Z, Zhang W, et al. Dynamic balance of partial charge for small organic compound in aqueous zinc-organic battery. Adv. Funct. Mater, 2023, 33: 2306675.

[21] Ban C, Yin Y, Luo X, et al. Light-/steam-driven polymeric crosslinking with porous multistructure pattern for ultrastable and fast-speed memory. Sci. China Mater, 2023, 66: 3104-3112.

[22] Zhang H, Liu X, Chen X, et al. A π-conjugated organic compound with multiple active sites as a cathode material for high-rate aqueous zinc-ion batteries. Journal of Energy Storage, 2024, 78: 110326.

[23] Ma K, Liang G, Feng C, et al. Advances in ion doping and intercalation strategies for the performance of manga-

nese-based oxides in aqueous zinc-ion batteries. Journal of Electroanalytical Chemistry, 2024, 971: 118587.

[24] Liu Z, Pulletikurthi G, Endres F, et al. A Prussian blue/zinc secondary battery with a bio-ionic liquid-water mixture as electrolyte. ACS Applied Materials & Interfaces, 2016, 8: 12158-12164.

[25] Yang Q, Liang G, Guo Y, et al. Do zinc dendrites exist in neutral zinc batteries: a developed electrohealing strategy to in situ rescue in-service batteries. Adv. Mater, 2019, 31 (43): 1903778.

[26] An Y, Tian Y, Zhang K, et al. Stable aqueous anode-free zinc batteries enabled by interfacial engineering. Adv. Funct. Mater, 2021, 31 (26): 2101886.

[27] Liu Z, Cui T, Pulletikurthi G, et al. Dendrite-free nanocrystalline zinc electrodeposition from an ionic liquid containing nickel triflate for rechargeable Zn-based batteries. Angew. Chem. Int. Edit, 2016, 55 (8): 2889-2893.

[28] Tang B, Shan L, Liang S, et al. Issues and opportunities facing aqueous zinc-ion batteries. Energy Environ. Sci, 2019, 12: 3288-3304.

[29] Cao Q, Pan Z, Gao Y, et al. Stable imprinted zincophilic Zn anodes with high capacity. Adv. Funct. Mater, 2022, 32 (41): 2205771.

[30] Wang S, Yuan C, Chang N, et al. Act in contravention: a non-planar coupled electrode design utilizing "tip effect" for ultra-high areal capacity, long cycle life zinc-based batteries. Sci. Bull, 2021, 66 (9): 889-896.

[31] Chen T, Wang Y, Yang Y, et al. Heterometallic seed-mediated zinc deposition on inkjet printed silver nanoparticles toward foldable and heat-resistant zinc batteries. Adv. Funct. Mater, 2021, 31 (24): 2101607.

[32] Cao J, Zhang D, Gu C, et al. Manipulating crystallographic orientation of zinc deposition for dendrite-free zinc ion batteries. Adv. Energy Mater, 2021, 11 (29): 2101299.

[33] Cui F, Liu Z, Ma D, et al. Polyarylimide and porphyrin based polymer microspheres for zinc ionhybrid capacitors. Chem. Eng. J, 2021, 405: 127038.

[34] Guo Y, Liu C, Xu L. et al. A cigarette filter-derived nitrogen-doped carbon nanoparticle coating layer for stable zn-ion battery anodes. Energy Mater, 2022, 2: 200032.

[35] Liu M, Cai J, Ao H, et al. $NaTi_2(PO_4)_3$ solid-state electrolyte protection layer on Zn metal anode for superior long-life aqueous zinc-ion batteries. Adv. Funct. Mater, 2020, 30 (50): 2004885.

[36] Wang F, Ma X, Zou P, et al. Nitrogen-doped carbon decorated $TiO_2/Ti_3C_2T_x$ MXene composites as anode material for high-performance sodium-ion batteries. Surf. Coat. Technol, 2021, 422: 127568.

[37] Zhao K, Wang C, Yu Y, et al. Ultrathin surface coating enables stabilized zinc metal anode. Adv. Mater. Interfaces, 2018, 5 (16): 1800848.

[38] Narayanan N, Ashokraj B, Sampath S. Ambient temperature, zinc ion-conducting, binary molten electrolyte based on acetamide and zincperchlorate: Application in rechargeable zinc batteries. J. Colloid Interface Sci, 2010, 342 (2): 505-512.

[39] Wang L, Zhang Y, H Hu, et al. A $Zn(ClO_4)_2$ electrolyte enabling long-life zinc metal electrodes for rechargeable aqueous zinc batteries. ACS Appl. Mater. Interfaces, 2019, 11 (45): 42000-42005.

[40] Kasiri G, Trócoli R, Bani A, et al. An electrochemical investigation of the aging of copper hexacyanoferrate during the operation in zinc-ion batteries. Electrochim. Acta, 2016, 222: 74-83.

[41] Huang S, Zhu J, Tian J, et al. Recent progress in the electrolytes of aqueous zinc-ion batteries. Chem. Eur. J, 2019, 25 (64): 14480-14494.

[42] Mainar A, Leonet O, Bengoechea M, et al. Alkaline aqueous electrolytes for secondary zincair batteries: An overview. Int. J. Energy Res, 2016, 40 (8): 1032-1049.

[43] Zhang Y, Yang G, Lehmann M, et al. Separator effect on zinc electrodeposition behavior and its implication for zinc battery lifetime. Nano Lett, 2021, 21: 10446.

[44] Choi J, Kim P. A roadmap of battery separator development: Past and future. Curr. Opin. Electrochem., 2022, 31: 100858.

[45] Ni Q, Kim B, Wu C, et al. Non-electrode components for rechargeable aqueous zinc batteries: Electrolytes, solid-electrolyte-interphase, current collectors, binders, and separators. Adv. Mater, 2022, 34: 2108206.

[46] Qin Y, Liu P, Zhang Q, et al. Advanced filter membrane separator for aqueous zinc-ion batteries. Small, 2022, 16: 2003106.

第 3 章 水系锌离子电池正极材料

水系锌离子电池的研究还处于起步阶段，目前，报道的水系锌离子电池正极材料主要有锰基正极材料、钒基正极材料、普鲁士蓝正极材料、有机正极材料、金属有机框架正极材料以及金属有机配体衍生物正极材料等。

3.1 锰基正极材料

锰是第 25 号元素，位于第四周期第ⅦB 族，其基态原子的核外电子结构为 $1s^2 2s^2 2p^6 3s^2 3p^6 3d^5 4s^2$，拥有+2、+3、+4、+7 等多种价态，故存在着多种稳定的锰基化合物（MnO、MnO_2、Mn_2O_3、Mn_3O_4 等）。不同锰基化合物因晶体结构、价态、形貌及比表面积的差异，而展现出不同的电化学行为与性能。在过去数年里，锰基化合物愈发受到科研人员的关注，各种锰基化合物被应用于水系锌离子电池（AZIBs）正极材料的研究之中[1]。

3.1.1 材料种类

3.1.1.1 二氧化锰正极材料

MnO_2 的高工作电压和高理论容量已成为 AZIBs 常用的正极材料，角/边共享的单元 MnO_6、八面体的各种排列导致 MnO_2 具有不同的晶型。这些晶体结构大致分为三类，即隧道结构、层状结构和 3D 结构，如图 3-1 所示。

（1）隧道 MnO_2

在这三种 MnO_2 中，隧道 MnO_2 拥有多种晶型，包括 α-MnO_2、β-MnO_2、R-MnO_2、γ-MnO_2 和 Todorokite MnO_2（钙锰矿型 MnO_2）。其中 α-MnO_2 具有双链结构，属于四方晶系，每个晶胞含有 8 个 MnO_2 分子，具有（1×1）和（2×2）的隧道结构，Zn^{2+} 可在其（2×2）的隧道内有快速可逆的嵌入和脱出行为。如图 3-1(b) 所示，β-MnO_2 由八面体 MnO_6 单链通过共享顶点构成，沿 c 轴形成［1×1］隧道结构，是 MnO_2 晶型中热力学最稳定的一种晶体结构。然而，其狭窄的隧道不利于 Zn^{2+} 的扩散。如图 3-1(c) 所示，γ-

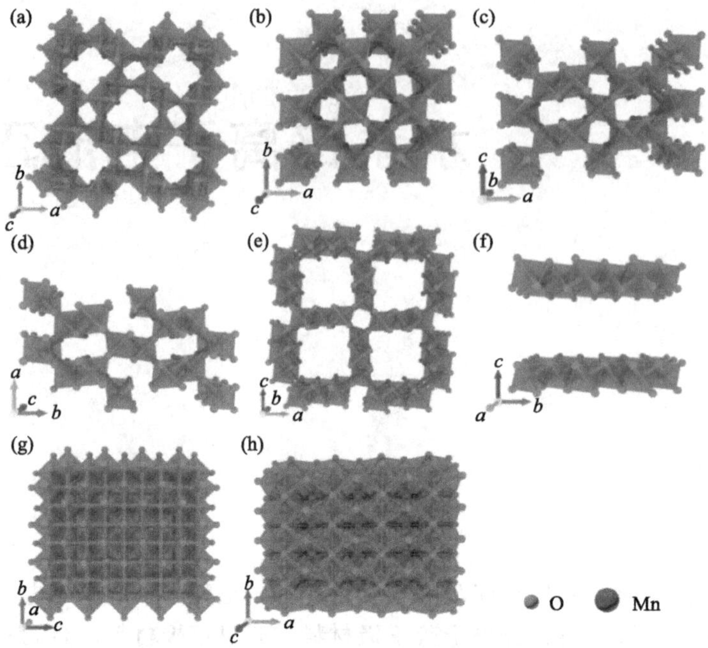

图 3-1 各种 MnO_2 晶型示意图

(a) α-MnO_2；(b) β-MnO_2；(c) γ-MnO_2；(d) R-MnO_2；
(e) 钙锰矿型 MnO_2；(f) δ-MnO_2；(g) λ-MnO_2；(h) ε-MnO_2

MnO_2 实际上是介于 β-MnO_2 和 R-MnO_2 之间的共生体，一般具有［1×1］和［1×2］的混合隧道，较 β-MnO_2 有更好的 Zn^{2+} 扩散能力。如图 3-1(e) 所示，钙锰矿型 MnO_2 具有类似于 α-MnO_2 的结构。[3×3] 隧道结构能容纳各种阳离子和水分子，为钙锰矿型 MnO_2 提供结构支撑和其他阳离子特性，不仅弥补了结构容易坍塌的缺陷，还提高了 Zn^{2+} 的扩散能力。徐成俊等[2] 提出了锌离子电池的概念，采用 α-MnO_2 为锌离子电池的正极，0.1 mol/L $Zn(NO_3)_2$ 溶液为电解液，如图 3-1(a) 所示，在不同电流密度下的放电曲线，表明锌离子电池有良好的倍率性能。同时，在 0.5C 倍率下，锌-二氧化锰水系电池第一圈的放电比容量为 210 mA·h/g，高于一次碱性锌锰电池（125 mA·h/g）。在图 3-1(b) 中，在 6C 倍率下，循环 100 圈后，比容量约为 70 mA·h/g，容量保持率接近 100%。

在放电过程中，正极材料 α-MnO_2 转变为三斜晶系锌锰矿，当放电电压继续降低时，锰的平均价态基本保持不变，一些 Mn^{2+} 进入电解质中，α-MnO_2 电极中产生 Mn 空位，α-MnO_2 中的 Mn^{4+} 得到电子变为 Mn^{3+}，然后 Mn^{3+} 发生歧化反应变为 Mn^{4+} 和 Mn^{2+}。

反应方程式为：

$$Mn^{4+}(s)+e^{-}\longrightarrow Mn^{3+}(s) \tag{3-1}$$

$$2Mn^{3+}(s)\longrightarrow Mn^{4+}(s)+Mn^{2+}(aq) \tag{3-2}$$

γ-MnO_2 属于斜方晶系，每个晶胞有 4 个 MnO_2 分子。γ-MnO_2 具有软锰矿（1×1）隧道与斜方锰矿（1×2）隧道，晶胞不规则交替生长，使晶体中具有大量的缺陷（如堆垛层错、非理想配比、空位等），因此 γ-MnO_2 在水系电池中具有良好的性能。Alfaruqi 等[3] 采用 γ-MnO_2 为锌离子电池正极，研究了 γ-MnO_2 在锌离子电池电化学反应过程中的结构转变。如图 3-1(c) 所示，Zn^{2+} 嵌入 γ-MnO_2 中时，尖晶石型 Mn(Ⅲ) 相 $ZnMn_2O_4$ 转变为两个新的 Mn(Ⅱ) 相，即隧道式 γ-Zn_xMnO_2 和分层型 L-Zn_yMnO_2，并且这些相在 γ-MnO_2 结构中共存。Zn^{2+} 从 γ-MnO_2 脱出时，不同锰氧化物相又恢复为 γ-MnO_2。

(2) 层状 MnO_2

如图 3-1(f) 所示，层状晶型的二氧化锰（δ-MnO_2）拥有特殊的微观架构。它是由 MnO_6 八面体以共享棱边的方式彼此相连，有序排列后构成的片状结构。其中，水钠锰矿（bimessite）的层间距通常稳定在大约 0.7 nm。

剖析其结构成因，部分 MnO_6 八面体的中心位置会出现锰原子缺失的状况，抑或是部分 Mn^{3+} 替代 Mn^{4+} 形成八面体。这两种情况的出现，使得 δ-MnO_2 结构中积聚了大量负电荷。为了平衡这些负电荷并维持结构的稳固，在这些薄片结构之间的层间区域发挥了关键作用。该区域宛如一个“储存室”，能够容纳水分子或水合阳离子。这些被容纳的物质就像“结构稳定剂”，不仅平衡了层间的电荷，还避免了结构因电荷不平衡而坍塌。

此外，通过调整嵌入层间的水分子和水合阳离子的种类与数量，可以对层状结构的层间距进行灵活调控，从而获得具有不同层间距的层状结构。以水钠锰矿（birnesite）型和布塞尔矿（buserite）型结构的层状多晶型 MnO_2 为例，它们的层间距一般达到 1.1 nm，并且分别含有一层和两层水分子，这充分体现了结构与嵌入物质之间的紧密联系和相互影响。

从电化学性能的角度来看，层状 δ-MnO_2 具有显著优势。其相对较大的层间距为 Zn^{2+} 的扩散提供了宽敞的通道，使得 Zn^{2+} 能够更快速地在结构中移动，这对于 Zn^{2+} 的储存和运输极为有利。因此，层状 δ-MnO_2 极有可能成为最理想的 MnO_2 正极材料。

然而，层状 δ-MnO_2 在实际应用中也面临着严峻挑战。在电化学反应过程中，它容易发生层间相变和内部结构的改变，最终导致结构坍塌。这种结构的破坏会严重影响其稳定性，限制了它的进一步应用。所以，要想让层状 δ-MnO_2 在电化学领域取得更好的发展，当务之急是找到合适的方法来支撑其层状结构，使其在电化学反应中保持稳定。

(3) 3D 型 MnO_2

除了前文提及的两种类型 MnO_2 之外，还有 3D 型（尖晶石结构）MnO_2，主要包括 λ-MnO_2 和 ε-MnO_2。

λ-MnO_2 呈现出独特的紧密堆积结构。在这种结构中，四面体位置被 Mn^{2+} 占据，八面体位置则被 Mn^{3+} 占据，且不存在隧道或层状结构，如图 3-1(g) 所示。这种紧密堆积的结构特点使得 λ-MnO_2 在储锌方面可能并不理想。

ε-MnO_2 属于六方软锰矿（即 aktenskite-MnO_2），具有六方晶系结构，颜色通常为黑色或褐黑色。它是一种由共面 MnO_6 和 YO_6 八面体（Y 表示空位）组成的亚稳相，呈现出六角对称性。其中，Mn^{4+} 随机占据了八面体位置的 50%，如图 3-1(h) 所示。由于尖晶石 MnO_2 的结构紧密堆积，其容量衰减通常并非由结构相变引起。然而，H^+/Zn^{2+} 难以嵌入这种紧密堆积的结构，导致其容量普遍不高。不过，ε-MnO_2 存在溶解/沉积机理，这使得它具备优异的比容量。

3.1.1.2　三氧化二锰正极材料

Mn_2O_3 是锰元素价态为＋3 的锰氧化物，属于两性氧化物，颜色一般为黑色[4]。它有 α-Mn_2O_3 和 γ-Mn_2O_3 两种晶型，其中 α-Mn_2O_3 更为常见。γ-Mn_2O_3 在常温下无法长时间稳定存在，会逐渐向 α-Mn_2O_3 转变。

α-Mn_2O_3 属于斜方晶系，其基本组成单元与 MnO_2 一样，都是 MnO_6 八面体。α-Mn_2O_3 通过 MnO_6 八面体共享八面体角的一个或两个氧原子的方式相互连接而成。

随着 Zn^{2+} 的嵌入，Mn_2O_3 会发生由斜方晶系向层状相的结构相变，也就是 α-Mn_2O_3 转变为层状的 Zn-水钠锰矿相，这一过程对应着 Mn^{3+} 被还原为 Mn^{2+}。而充电过程则与之相反。这种结构相变使得原本在储能结构上处于劣势的 Mn_2O_3 获得了更好的 Zn^{2+} 扩散速率和储锌容量。但不可避免的是，结构转变会引发溶解现象，影响 Mn_2O_3 的循环性能。

3.1.1.3 四氧化三锰正极材料

Mn_3O_4 是一种具有混合价态的锰氧化物，其中锰元素既有＋3 价也有＋2 价。一般认为，该氧化物由 MnO 和 Mn_2O_3 两种晶体结构混合而成[5]。Mn_3O_4 具有尖晶石结构，其中 Mn^{3+} 和 Mn^{2+} 分别占据尖晶石结构中八面体和四面体的位置。

在首次循环充放电过程中，Mn_3O_4 会转变成层状结构，随后以层状结构进行可逆充放电。在循环过程中，Mn_3O_4 不会反复进行相结构转换，这有利于维持结构的稳定性。尖晶石型向隧道型的转换可能是 Mn_3O_4 具有可观容量的直接原因。

3.1.1.4 锰氧化物复合改进正极材料

锰氧化物的稳定性普遍较低，而 CNT 具有稳定的结构框架和高导电性，Li 等[6] 提出的 CNT@M（碳纳米管复合 β-MnO_2）在结构和性能上有诸多改进和优点，CNT 的三维结构能与 MnO_2 形成复杂导电网络缠绕在 MnO_2 表面和周围，形成交联网络，这为 Zn^{2+} 提供了优异的离子扩散和电荷转移通道。在充放电过程中，普通锰氧化物结构不稳定，易坍塌，而 CNT 的存在能抑制 MnO_2 的溶解，维持其结构稳定。β-MnO_2 的衍射峰变化不明显，且放电至 0.8 V 时，CNT 能使 β-MnO_2 不明显坍塌或溶解，保证了电极材料在循环过程中的结构稳定性。

CNT@M 电极比容量明显优于普通 β-MnO_2。在 0.1 A/g 时，CNT@M 的比容量为 467 mA·h/g，而 β-MnO_2 仅为 146 mA·h/g；在 3 A/g 时，CNT@M 的最大放电比容量达 259 mA·h/g，2000 次循环后仍有 220 mA·h/g，β-MnO_2 在 2000 次循环后比容量仅 32 mA·h/g[7]，如图 3-2 所示。当电流密度在 0.1～2 A/g 范围内变化时，CNT@M 的倍率性能明显高于纯 β-MnO_2。电流密度恢复到 0.1 A/g 时，CNT@M 电极材料比容量不仅能恢复到初始值，还能超过初始值，达到约 520 mA·h/g，展现出良好的可逆循环容量和倍率性能，优于普通锰氧化物的倍率性能。

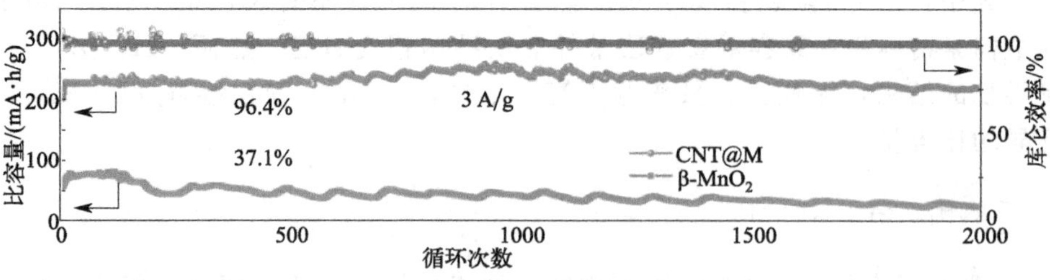

图 3-2 CNT@M 和 β-MnO_2 在 3 A/g 时的长循环性能

3.1.2　锰氧化物的充放电机理

与锂/钠离子电池储能机理不同，锰基 AZIBs 反应机理复杂且颇具争议。锰基 AZIBs 在充放电过程中主要涉及四种储能机理：Zn^{2+} 嵌入/脱出机理、化学转换反应机理、H^+/Zn^{2+} 共嵌入/脱出机理以及溶解/沉积反应机理。

3.1.2.1　Zn^{2+} 嵌入/脱出机理

在以锰基化合物为正极、锌为负极的水系锌离子电池中，普遍观点认为，充放电时正极主要发生锰的氧化还原反应，与之紧密相关的是 Zn^{2+} 的可逆嵌入与脱出。Oh 等率先对 Zn^{2+} 在 α-MnO_2 中的嵌入/脱出机理及结构转变进行了阐释。放电时，部分 Mn^{4+} 被还原为 Mn^{3+}，随后 Mn^{3+} 发生歧化反应，生成 Mn^{4+} 和 Mn^{2+}，该过程伴随着锰的溶解以及层状水钠锰矿（birnesite）的形成。而在充电阶段，电解液中的 Mn^{2+} 会可逆地嵌入水钠锰矿中，促使原有隧道结构恢复。之后，他们对这一理论进行了完善，提出 Zn^{2+} 嵌入 α-MnO_2 时，首先会形成布塞尔矿（buserite），随着反应进行，嵌入的 Zn^{2+} 和 H_2O 会逐渐从布塞尔矿的层间脱离，最终生成水钠锰矿相。此外，在 α-MnO_2 完全放电的电极中，能够观察到 $ZnMn_2O_4$ 相，这一发现进一步丰富了 Zn^{2+} 脱嵌机理中锌生成相的相关理论。

在 β-MnO_2 作为正极材料时，Zn^{2+} 的嵌入/脱出同样会引发结构转变。具有隧道结构的 β-MnO_2 在 Zn^{2+} 嵌入时，会转变为层状结构的布塞尔矿，后续 Zn^{2+} 在层状相中进行可逆脱嵌，但无法再恢复到初始的隧道结构。这种从狭窄隧道到层状结构的转变，反而提升了 Zn^{2+} 的扩散能力和储锌能力。Kim 等[8] 指出，β-MnO_2 纳米棒在 AZIBs 中的反应机理是固溶反应与转化反应的结合。具体来说，Zn^{2+} 嵌入 β-MnO_2 时，不仅会产生锌嵌入相，还会在其表面析出新相 $ZnSO_4 \cdot 3Zn(OH)_2 \cdot 5H_2O$(ZHS)。

同时，Zn^{2+} 在 γ-MnO_2 中的嵌入/脱出机理及结构转变也已得到证实。放电初期，随着 Zn^{2+} 的嵌入，部分 γ-MnO_2 会先转变为尖晶石 $ZnMn_2O_4$。放电中期，Zn^{2+} 嵌入占据 γ-MnO_2 的［1×2］隧道，形成隧道型 γ-Zn_xMnO_2。到了放电末期，部分 γ-Zn_xMnO_2 相在 Zn^{2+} 进一步嵌入时，结构框架打开，最终形成 L-Zn_xMnO_2 相。在此过程中，会出现 $ZnMn_2O_4$ 和 γ-Zn_xMnO_2 等中间相，且这些中间相不会完全消失。在后续充电时，大部分相能够恢复至 γ-MnO_2 结构。不过，在初始循环过程中，虽然 Zn^{2+} 嵌入 γ-MnO_2 可逆地形成了 L-Zn_xMnO_2、尖晶石 $ZnMn_2O_4$ 以及锌嵌入相，整体基本维持层状结构，但经过大约 50 个循环后，会完全转化成不可逆的尖晶石 $ZnMn_2O_4$，并且在循环后能在电解液中检测到锰的溶解现象，这也是后续容量大幅下降的主要原因。

除了 MnO_2，许多锰基正极材料也存在 Zn^{2+} 嵌入和脱出机理。例如，α-Mn_2O_3 在充放电过程中会发生结构转换[9]。放电时，随着 Zn^{2+} 的嵌入，原本的 α-Mn_2O_3 会转变为层状的 Zn-水钠锰矿相，这一过程对应着 Mn^{3+} 被还原为 Mn^{2+}。充电时，Zn-水钠锰矿相又会被还原为 α-Mn_2O_3，同时伴随着 Mn^{2+} 被氧化为 Mn^{3+}。Mn_3O_4 在第一次充放电过程中同样存在结构转换，Mn^{3+} 会被氧化成 Mn^{4+}，Mn^{2+} 会被氧化成 Mn_5O_8。接着，Mn_5O_8 通过 Mn^{2+} 溶解到电解液中并嵌入 H_2O，转化为水钠锰矿。由于电化学氧化不彻底，Mn_5O_8 在第一次充电时会与水钠锰矿共存。在随后的放电过程中，Zn^{2+} 嵌入到水钠锰矿的层间距中，形成了 Zn-水钠锰矿，同时，一部分 Mn^{4+} 被还原为 Mn^{3+}，此后，层状结构进行可逆的充放电。

3.1.2.2 化学转换反应机理

与 Zn^{2+} 的可逆嵌入/脱出机理不同，Pan 等[10] 在研究 Zn/α-MnO_2 体系时，揭示了化学转换反应机理，该反应发生在 α-MnO_2 和 MnOOH 两相之间。从放电状态下的 XRD 图谱中，可以观察到 MnOOH 相的出现，这是 α-MnO_2 与溶剂水中的 H^+ 反应的结果。为了维持电荷平衡，剩余的 OH^- 会与电解液中的 $ZnSO_4$ 和 H_2O 反应，形成鳞片状碱式硫酸锌 $ZnSO_4[Zn(OH)_2]_3 \cdot xH_2O$。通过对放电状态下 α-$MnO_2$ 电极的 STEM-EDS 图谱分析，发现纳米棒和纳米颗粒上含有 O 和 Mn 元素，而 Zn 元素主要分布在片状化合物上，这些实验现象有力地证实了化学转换反应机理。具体反应过程如下：

正极：

$$H_2O \rightleftharpoons H^+ + OH^-$$

$$\alpha\text{-}MnO_2 + H^+ \rightleftharpoons MnOOH \tag{3-3}$$

$$\frac{1}{2}Zn^{2+} + OH^- + \frac{1}{6}ZnSO_4 + \frac{x}{6}H_2O \rightleftharpoons \frac{1}{6}ZnSO_4[Zn(OH)_2]_3 \cdot xH_2O$$

负极：

$$\frac{1}{2}Zn \rightleftharpoons \frac{1}{2}Zn^{2+} + e^- \tag{3-4}$$

这一化学转换反应机理的提出，表明 H^+ 参与了 MnO_2 的充放电过程，然而 Zn^{2+} 并非嵌入到 MnO_2 中，而是以平衡体系电荷的方式，化学转化为含 Zn 的碱性配合物。这也意味着在 AZIBs 充放电过程中，MnO_2 可能通过多种方式实现储能。

3.1.2.3 H^+/Zn^{2+} 共嵌入/脱出机理

由于 H^+ 和 Zn^{2+} 具有不同的嵌入热力学和动力学特性，合适的宿主材料能够使它们同时嵌入。Wang 等[11] 在研究 Zn/ε-MnO_2 体系时，首次提出了 H^+ 和 Zn^{2+} 同时嵌入的机理。从 ε-MnO_2 正极在放电过程中的恒电流间歇滴定（GITT）曲线可以看出，第二个放电平台的超电势为 0.6 V，几乎是第一个放电平台超电势（0.08 V）的 10 倍。在 GITT 测试中，放电后电压逐渐变化主要是因为离子扩散，充放电曲线中的区域Ⅰ和区域Ⅱ存在显著差异，这可能归因于不同离子的嵌入。区域Ⅰ的反应主要是由于 H^+ 的嵌入引起的，而区域Ⅱ可能是由于 Zn^{2+} 的缓慢嵌入，这是因为 Zn^{2+} 尺寸较大，且二价的 Zn^{2+} 与主晶格之间存在较强的静电相互作用。通过对比电极在添加 $ZnSO_4$ 和不添加 $ZnSO_4$ 的 $MnSO_4$ 电解液中的放电曲线，进一步证实了这一假设。在纯 $MnSO_4$ 电解液中，1.3 V 处未出现放电平台。而在含 Zn^{2+} 电解液中，由于 H^+ 的嵌入，电极放电至 1.3 V 后可观察到 MnOOH 相。不过，$ZnMnO_4$ 相需要进一步放电至 1.0 V 后才能观察到，这充分证明了区域Ⅱ的主要反应是由 Zn^{2+} 嵌入引起的。

3.1.2.4 溶解/沉积反应机理

溶解/沉积反应机理摆脱了宿主 MnO_2 材料需保持稳定晶体结构的传统观点。通过对 α-

MnO_2 电极进行原位 XRD 分析发现，随着放电的进行，会逐渐出现一种新相 $Zn_4(OH)_6SO_4 \cdot 5H_2O$(ZHS)。在放电完成时，ZHS 的特征峰占据主导。而在随后的充电完成时，仅能观察到 α-MnO_2 的特征峰，这表明 ZHS 的形成具有可逆性。对放电电极进行 EDX 分析可知，纳米棒（区域Ⅰ）中的锌含量极少，而纳米棒（区域Ⅱ）上的团聚物主要由锌氧化物组成，这说明 Zn^{2+} 主要以 ZHS 的形式沉积在正极表面，而非嵌入到 α-MnO_2 的隧道中。完全充电后，电极呈现单一的 MnO_2 纳米棒形态，这表明该储能过程具有良好的可逆性。

具体的储能过程如下：放电时，MnO_2 发生电化学反应被还原成 Mn^{3+}，随后 Mn^{3+} 歧化成 Mn^{2+} 并溶解到电解液中，导致电解液的 pH 值逐渐升高，同时在电极表面生成 ZHS 沉淀。充电时，Mn^{2+} 在电极上沉积形成 MnO_2，使得 ZHS 重新溶解到电解液中。在 T-MnO_2 中也发现了类似现象，这表明电解液 pH 值的变化在 AZIBs 的反应机理中起着关键作用。

3.1.2.5 多种储能机理共同作用

随着研究的不断深入，电极中多种储能机理协同作用的情况也逐渐被揭示。2020 年，周江等[12] 提出了新的观点：在 Zn/MnO_2 水系锌离子电池的储能过程中，溶解/沉积反应机理起主导作用，同时伴有阳离子 H^+ 和 Zn^{2+} 嵌入/脱出反应机制。他们制备了两种不同晶型的 MnO_2（α-MnO_2 和 β-MnO_2）作为正极材料，并对其进行原位 XRD 研究。结果显示，在电池放电过程中，会大量生成 $Zn_4(OH)_6SO_4 \cdot 4H_2O$(ZHS) 新相，且该新相在后续充电过程中逐渐消失，这充分体现了 ZHS 的可逆相变特性。α-MnO_2 在首次放电后大部分消失，在后续充放电过程中仅能少量生成。β-MnO_2 的峰位发生偏移，说明其晶体结构发生改变，并转变为水钠锰矿，这些结论在 SEM 图中也得到了验证。原始的 α-MnO_2 粉末呈纳米棒形貌，放电至 0.8 V 后，正极表面出现片状 ZHS，同时存在少量 α-MnO_2。充电至 1.8 V 后，正极表面广泛出现大量相互连接的多孔水钠锰矿材料。原始的 β-MnO_2 粉末为纳米状，其正极与 α-MnO_2 有着相似的表面形貌转变。

该电池的储能过程可分为两部分：其一，在首次放电时，宿主材料 α-MnO_2 或 β-MnO_2 与水反应，生成 Mn^{2+} 和 OH^-，周围的 $ZnSO_4$ 迅速与 OH^- 反应转化为 ZHS，此过程高度可逆，会大量消耗 MnO_2 周围的 H_2O，缺乏活性水会抑制 MnO_2 的进一步溶解，从而使电解液中 Mn^{2+} 含量和 pH 值降低。在首次充电过程中，ZHS 与 Mn^{2+} 反应生成水钠锰矿。类似的溶解/沉积机制在后续循环中反复出现，只是宿主材料变为水钠锰矿，而非原始的 MnO_2。这种溶解/沉积机制主导了整个储能过程，并贡献了绝大部分比容量。其二，在整个储能过程中，嵌入与脱出反应相对不太显著，即 H^+/Zn^{2+} 仅能有限地嵌入到残余的未溶解的 MnO_2 材料中。

3.2 钒基正极材料

钒元素性质活泼、价态多样，且在我国储量丰富。其常见化合价有＋2、＋3、＋4、＋5，钒能发生多电子转移的氧化还原反应，具有较高容量。钒基化合物晶体结构与电化学特性各异，常见的有钒基氧化物、硫化物和磷酸盐，它们多为开放式结构，利于离子嵌入/脱出，在电池电极材料中应用广泛，尤其在水系锌离子电池体系中展现出良好储锌性能。在水系锌离子电池里，V_2O_5、VO_2、VS_2、$Na_3V_2(PO_4)_3$、$Na_3V_2(PO_4)_2F_3$ 是研究较多的钒基正极材料，因其独特晶体结构而储锌能力优异。V_2O_5、VO_2、VS_2 材料为层状结构且层间距大，调节层间距可提升储锌性能。

3.2.1 材料种类

3.2.1.1 五氧化二钒正极材料

(1) 典型 V_2O_5 正极材料

V_2O_5 是典型层状钒基化合物，V 原子与 O 原子构成 [VO_5] 四方棱锥，以共顶点或共边方式形成层状结构，相邻层间靠范德瓦尔斯力连接，层间距约 0.58 nm，大于 Zn^{2+} 半径 (0.075 nm)，利于 Zn^{2+} 扩散。充放电时，V_2O_5 发生两电子氧化还原反应 ($V^{5+}+2e^- \rightleftharpoons V^{3+}$)，理论储锌容量高。通常，$V_2O_5$ 储锌机制有两个充放电平台，放电时 Zn^{2+} 嵌入，V^{5+} 先被还原为 V^{4+}，继续嵌入时部分 V^{4+} 再被还原为 V^{3+}；充电时则相反。Zhang 等[13] 用商用 V_2O_5 作正极、3 mol/L $Zn(CFSO_3)_2$ 作电解液、锌片作负极制得水系 Zn-V_2O_5 电池，放电时波浪层 V_2O_5 变为多孔纳米片层 $Zn_xV_2O_5 \cdot H_2O$，提供更多活性位点。该电池在 0.2 A/g 电流密度下可逆比容量达 470 mA·h/g；5 A/g 高电流密度下循环 4000 次，容量保持率为 91%，循环可逆性好。但 Zn^{2+} 与 V_2O_5 晶体结构静电作用强，使 Zn^{2+} 嵌入/脱出可逆性与动力学性能受限。此外，纯相 V_2O_5 导电性差、结构稳定性低，易溶于低浓度水系电解液，作 AZIBs 正极材料时电压平台低（约 0.8 V），循环性能不理想。因此，近年来众多研究者采用不同方法克服这些缺点，以改善 AZIBs 电化学性能。

(2) $V_2O_5 \cdot nH_2O$

不同于上述具有典型层状结构的 V_2O_5 材料，$V_2O_5 \cdot nH_2O$ 由两个 [VO_6] 八面体层构成，呈现特殊的双层结构。水分子通常处于两层中间，可作为支柱，提供更大的内层间距 (>1.0 nm)；同时，水分子也可以减小 Zn^{2+} 的有效电荷，使得 Zn^{2+} 的脱嵌过程更加容易进行，因此表现出更好的电化学性能。Yan 等[14] 采用液相法设计合成了具有双层结构的 $V_2O_5 \cdot nH_2O$/石墨烯 (VOG) 作为 AZIBs 正极材料，Zn 片作负极、3 mol/L $Zn(CF_3SO_3)_2$ 作电解液组成电池，以探究 H_2O 分子在 Zn^{2+} 嵌入/脱出过程中的作用。他们通过透射电子显微镜 (TEM)、能谱仪 (EDS) 元素分析等分析技术对制备的 VOG 材料的微观形貌进行表征，$V_2O_5 \cdot nH_2O$ 纳米线骨架通过还原氧化石墨烯支撑形成板状结构。热重分析可以探究出结构水分子的含量 ($n=1.29$)。随后，该材料在 350 ℃下退火可得到不含结构水的 VOG（即 VOG-350）。电化学测试结果中可以明显看到 VOG 比 VOG-350 具有更优异的倍率性能和循环稳定性，当电流密度从 0.3 A/g 增加至 15 A/g 时，前者的比容量仅降低了 14%，并且在 6 A/g 的电流密度下循环 900 圈后仍有 71%的容量保持率。这两种正极材料的 CV 曲线显示 VOG 电极有两对氧化还原峰，充放电曲线表明有两个固溶反应过程，倍率性能和循环性能良好，能量和功率密度高。而 VOG-350 的速率和循环性能较差，说明结构水对电化学性能有重要影响。不同扫描速率的 CV 曲线表明反应主要受化学反应速率限制。此外，对充放电过程中不同状态的正极材料进行 XRD 测试，显示 Zn^{2+} 嵌入和脱出时 VOG 晶体结构的可逆变化，层间距变化与水和 Zn^{2+} 的相互作用有关。同时，他们发现在放电过程中，随着 Zn^{2+} 的嵌入，VOG 的层间距从 1.04 nm 增加至 1.35 nm。这种现象可能是由于 H_2O 分子的溶

剂化作用使得 Zn^{2+} 的有效电荷数降低，从而与 V_2O_5 结构中 O^{2-} 的静电相互作用减弱，因此层间距增加，表现出更快的动力学性能和更优异的倍率性能。以上的研究结果证实在 V_2O_5 层间插入 H_2O 分子是一个可行的改善 AZIBs 电化学性能的方法。但是插入 H_2O 分子（半径约 0.2 nm）的数量对于 V_2O_5 结构和性能的影响有待进一步探索。

(3) $M_xV_2O_5 \cdot nH_2O$

在 V_2O_5 层间预插入金属离子是提高其结构与电化学性能的常用有效策略，受到广泛关注。目前，研究人员已将多种金属离子（如碱金属 Li^+、Na^+、K^+，碱土金属离子 Ca^{2+}、Mg^{2+}，过渡金属离子 Ag^+、Zn^{2+} 等）插入 V_2O_5 层间，合成一系列结构独特、性能优异的钒酸盐衍生物（例如 $Li_xV_2O_5$、$Na_{0.33}V_2O_5$、$Ca_{0.25}V_2O_5$、$Ag_{0.33}V_2O_5$）。研究发现预嵌入金属离子可形成支柱提高结构稳定性，实现 Zn^{2+} 快速可逆嵌入/脱出反应。但这些金属离子可能改变 V_2O_5 初始结构，大量插入还可能降低材料比容量，所以预嵌入金属离子的种类和数量值得深入探究。

Zhou 等[15] 以过渡金属离子为例，探究其种类和数量对 V_2O_5 基正极材料的结构和电化学性能的影响。他们采用水热法将一系列过渡金属离子预先插入 V_2O_5 层间，得到 $T_xV_2O_5 \cdot nH_2O$（TVO，T 为过渡金属 Fe、Co、Ni、Mn、Zn、Cu）；进而在 300 ℃下退火，可得到 $T_xV_2O_5 \cdot nH_2O$-300（TVO-300）。作者以 CuVO 为例，根据不同 Cu 含量的材料退火所得复合物的 XRD 测试结果，分析发现 Cu 的含量会影响（001）平面的晶格间距。在退火时 $Cu_{0.05}VO$ 中（001）平面的晶格间距会缩小，而 $Cu_{0.1}VO$ 和 $Cu_{0.2}VO$ 则基本保持恒定，这意味着添加 0.1 摩尔比的 Cu 即可提升其结构稳定性和结晶度。电化学测试结果表明该 CuVO-300 具有优异的长循环稳定性，在 10 A/g 的电流密度下循环 10000 圈后仍有 180 mA·h/g 的比容量，容量保持率为 88%，远远优于相同条件下未插入金属离子的 V_2O_5（VO-300）。研究发现预先插入其他过渡金属离子也表现出相近的电化学性能，然而当预先插入半径较大的 Ag 时，则表现出较差的电化学性能。根据 XRD 和 XPS 测试结果可以分析出 CuVO-300 电池体系的工作机理，在首圈放电过程中，Zn^{2+} 嵌入正极 CuVO-300 中，形成两个不同的可逆相 $Zn_xCu_{0.1}V_2O_5 \cdot 0.08H_2O$、$Zn_{0.25}V_2O_5 \cdot H_2O$ 以及一个稳定的不可逆相 $Zn_3(OH)_2V_2O_7 \cdot 2H_2O$；后续的循环过程中，大部分 Zn^{2+} 脱出形成 $Zn_yCu_{0.1}V_2O_5 \cdot 0.08H_2O$，同时 $Zn_xCu_{0.1}V_2O_5 \cdot 0.08H_2O$ 消失，然而由于 OH^- 的存在，$Zn_3(OH)_2V_2O_7 \cdot 2H_2O$ 中的 Zn^{2+} 无法脱出。此外，CuVO-300 在极端环境（0 ℃、50 ℃）中仍表现出优异的电化学性能，在高温环境下，离子扩散能力提高，容量增加；低温下，$ZnSO_4$ 溶解度降低，离子扩散能力降低，容量降低。因此，这类正极材料在 AZIBs 中有广阔的发展空间和良好的应用前景，而且这种插入金属离子的方法也同样适用于其他电极材料，可以有效解决离子扩散能力低、导电性差和结构不稳定的问题。

3.2.1.2　二氧化钒正极材料

VO_2 具有 d^1 电子体系，存在多种不同的晶型，主要包括热力学稳定的金红石型 VO_2(R)，单斜晶 VO_2(M) 和亚稳的四方晶 VO_2(A)，单斜晶 VO_2(B)、VO_2(C)、VO_2(D)。尽管化学式相同，但它们的晶体结构和电子结构却完全不同且比较复杂。其中，金红石型 VO_2(R) 和单斜晶 VO_2(M) 的金属-绝缘体转变温度接近室温（约 68 ℃），因此在电子和光学方面的应用非常广泛。而亚稳的单斜晶 VO_2(B) 通常表现出开放的骨架，用作 AZIBs 的正极材料。

(1) VO_2(B)

VO_2(B) 具有独特的层状结构，由共边的 VO_6 八面体形成开放结构，其隧道尺寸（宽 0.3725 nm、高 0.4083 nm）足以容纳锌离子，为锌离子扩散提供了有利条件。Park 等[16]通过第一性原理计算，预测了 Zn^{2+} 可能的扩散路径及能量变化，发现 Zn^{2+} 在 VO_2(B) 结构中的扩散激活能垒约为 586 meV，与其他二价离子的插入激活能垒相似，表明 Zn^{2+} 在该结构中具有一定的迁移能力。在实验中，VO_2(B) 在水系锌离子电池中展现出良好的电化学性能。在 0.5*C*（170 mA/g）至 10*C*（3.4 A/g）的不同倍率下，VO_2(B)/rGO 复合电极表现出较高的放电容量，如在 0.5*C* 时放电比容量约为 285 mA·h/g，在 10*C* 时仍能保持 63 mA·h/g 的放电比容量，且与第一性原理计算结果相符，说明其具有良好的倍率性能。在循环性能方面，VO_2(B)/rGO 复合电极在 200 次循环后仍能保持 80% 的初始比容量（288 mA·h/g），而纯 VO_2(B) 电极在 200 次循环后的容量保持率约为 40%。这表明与 rGO 复合后，VO_2(B) 的电极性能得到显著提升，主要归因于 rGO 的高导电性，促进了电子转移，降低了欧姆电阻，从而提高了反应的可逆性。通过原位 XRD 和 XANES 分析，揭示了 VO_2(B) 在充放电过程中的结构变化和反应机理。放电过程中，XRD 图谱的峰向小角度偏移，表明 Zn^{2+} 插入到 VO_2(B) 的隧道结构中，导致晶格膨胀；充电过程中，峰向大角度偏移，对应 Zn^{2+} 的脱出和晶格收缩。同时，XANES 光谱显示，放电时四价钒被还原为三价，充电时又被氧化为四价，进一步证实了 VO_2(B) 在充放电过程中发生了基于 V^{4+}/V^{3+} 氧化还原反应的 Zn^{2+} 可逆插入/脱出过程。

(2) VO_2(D)

VO_2(D) 具有一种新的亚稳相结构，呈现出由交替的边缘共享扭曲[V(1)O_6]八面体链和通过角共享氧原子连接的单个[V(2)O_6]八面体链构成的无限之字形链状网络三维框架，为离子扩散提供了有效途径。Chen 等[17] 采用简单的无模板水热法成功制备了 VO_2(D) 空心纳米球，其具有独特的形貌，由直径约 400 nm 的球形核和约 50 nm 厚的壳组成，壳表面由许多纳米棒构成，内部空心结构有助于电解质渗透和离子快速扩散。VO_2(D) 空心纳米球作为水系锌离子电池正极，展现出出色的电化学性能。在 0.1 A/g 的电流密度下，可逆放电比容量高达 408 mA·h/g，平均放电电位为 0.77 V。在倍率性能方面，当电流密度在 0.1～20 A/g 范围内变化时，可逆放电比容量（mA·h/g）分别为 442、408、382、338、311、289 和 262，在 15 A/g 和 20 A/g 的超高电流密度下，放电比容量仍分别保持为 228 mA·h/g 和 200 mA·h/g，且当电流密度恢复到 0.1 A/g 时，比容量可恢复到 401 mA · h/g（为第 2 次循环比容量的 89%）。在循环稳定性方面，在 3 A/g 的电流密度下循环 1200 次后，容量保持率为 78%；在 10 A/g 的高电流密度下循环 30000 次后，比容量保持为 89 mA·h/g，容量衰减率仅为 0.0023%，表现出超长的循环寿命。下面通过非原位 XRD、HRTEM 和 XPS 等技术对反应机理进行研究。非原位 XRD 分析表明，在首次放电过程中，Zn^{2+} 插入导致 VO_2(D) 的特征峰向低角度偏移，充电过程中峰位向高角度恢复，同时在首次充电至 1.5 V 时，出现了对应 $V_2O_5 \cdot xH_2O$ 相的新峰，表明发生了从 VO_2(D) 到 $V_2O_5 \cdot xH_2O$ 的相变。HRTEM 观察到放电至 0.2 V 时，(002) 晶面的晶格条纹间距从 0.243 nm 增加到 0.257 nm，充电至 1.5 V 时，出现了与 V_2O_5 (101) 晶面间距匹配的晶格条纹（约 0.337 nm），进一步证实了相变过程。XPS 分析显示，放电时 Zn 元素成功嵌入 VO_2(D) 晶格，充电时 Zn 元素强度减弱，同时 V 元素的价态在充放电过程中发生变化，O 元素的谱图也表明了晶体水在充放电过程中的可逆插入和脱出，这些结果表明 Zn^{2+} 和 H^+ 在 VO_2(D) 中的插入/脱出过程伴随着相变，且晶体水的存在有利于离子扩散和提高电池性能。

(3) VO_2(M)

VO_2(M) 具有独特的结构，其晶胞中钒原子成对排列，形成了长度为 0.318 nm 的隧道，相比 VO_2(B) 具有更高的空间利用率，这有利于离子的迁移。通过简单的热处理 VO_2(B) 可获得 M 相 VO_2，表明其具有较好的热稳定性。Zhang 等[18] 制备了 VO_2(M) / CNT 复合薄膜作为水系锌离子电池的无黏结剂正极，表现出优异的电化学性能。在倍率性能方面，该电极在 2 A/g 时的放电比容量为 248 mA·h/g，在 20 A/g 时仍能保持 232.6 mA·h/g 的高比容量，即使在 40 A/g 的高电流密度下，比容量仍可达 194.9 mA·h/g，且在电流密度从 40 A/g 恢复到 10 A/g 和 5 A/g 时，电池容量能够恢复到之前水平，展现出卓越的高倍率性能。在循环稳定性方面，在 20 A/g 的电流密度下进行 5000 次循环后，容量保持率高达 84.5%，库仑效率接近 100%，表明该电极在充放电过程中具有良好的稳定性。下面通过 SEM、EDS、XRD 和 XPS 等多种表征手段对反应机理进行研究。在放电过程中，电极表面会形成羟基硫酸锌水合物 [$Zn_4(OH)_6SO_4 \cdot H_2O$，ZSH] 沉淀，XRD 图谱中出现了对应 ZSH 的新峰，且在充电过程中这些峰消失，表明该沉淀反应具有可逆性。XPS 分析显示，放电时 Zn 元素的峰出现，充电时强度减弱，同时 V 元素的价态在充放电过程中发生变化，进一步证实了 H^+ 和 Zn^{2+} 在 VO_2(M) 中的可逆插入/脱出机制。通过键价 (BV) 方法计算，发现 H^+ 在 VO_2(M) 中的扩散路径比 Zn^{2+} 更有利，这是该电极具有高倍率性能的原因，其反应过程主要涉及 H^+ 的插入（脱出）。

3.2.1.3 钒氧化物复合改进正极材料

Jia 等[19] 通过在钠钒酸盐纳米棒表面包覆聚苯胺 (PANI) 制备了 PANI 包覆的钠钒酸盐纳米棒 (NVOP)，与普通钒氧化物相比，该物质在结构稳定性、电化学性能、离子扩散效率等方面有显著改进。普通钒氧化物如 VO_2、V_2O_3 等，层状结构层间存在弱的范德华力和氢键，在 Zn^{2+} 反复嵌入和脱出过程中，结构易退化。而 PANI 包覆增强了钠钒酸盐纳米棒的晶体结构，且引入的 Na^+ 在三维隧道结构中起到“支柱”作用，增强了隧道结构的稳定性和机械强度，在 Zn^{2+} 嵌入和脱出时能更好地保持结构稳定。普通钒氧化物在实际应用中，随着 Zn^{2+} 的反复嵌入和脱出，容量会降低且结构不稳定。

以 $Na_{0.76}V_6O_{15}$ 为基础制备的 NVOP-60 表现出高容量和优异的循环稳定性，在电流密度为 2.0 A/g 时，比容量达 141 mA·h/g，5000 次循环后容量保持率为 99.83%。在不同电流密度下，NVOP-60 的比容量均高于普通钒氧化物，如在 0.1 A/g 时，比容量可达 400.51 mA·h/g，远高于对比的普通钒氧化物电极，如图 3-3 所示。NVOP-60 通过增大比表面积、引入氧空位等方式，优化了离子扩散和电子转移。其离子扩散系数比普通钒氧化物更高，通过电化学阻抗谱 (EIS) 计算得到 NVO 的 $D_{Zn^{2+}}$ 为 2.6×10^{-10} cm^2/s，而 NVOP-60 的为 3.6×10^{-10} cm^2/s，表明 NVOP-60 中 Zn^{2+} 扩散更快，电极去锌化程度在离子嵌入和脱出过程中显著降低，倍率性能良好。

3.2.2 钒基正极材料储能机理

钒基材料因其独特的结构和性能，成为水系锌离子电池的重要电极材料，其展现出较高

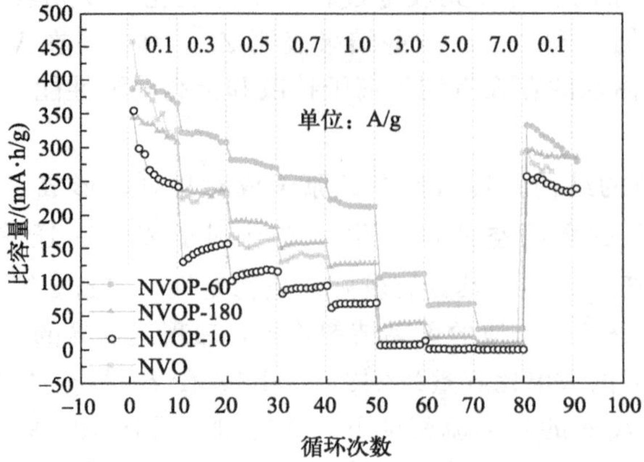

图 3-3 NVOP-60、NVOP-10、NVOP-180 和 NVO 的倍率性能

的储锌特性。但金属钒具有+2、+3、+4、+5 等多种价态，存在着层状（V_2O_5）、隧道状（VO_2）等多种晶体结构，从而导致钒基 AZIBs 体系反应机制复杂，主要包括 Zn^{2+} 插入/脱出机理，离子、分子共嵌入/脱出机理，化学转换机理和置换嵌入机理等。

3.2.2.1 Zn^{2+} 插入/脱出机理

许多钒基材料具有层状或隧道状结构，这些结构为 Zn^{2+} 的插入和脱出提供了空间。例如，VO_2 具有隧道结构，由边缘共享的 VO_6 八面体组成，V_2O_5 具有层状结构，层间由 VO_5 金字塔通过共边和共角连接而成。这些结构的特点使得 Zn^{2+} 能够在电场的作用下插入到材料的层间或隧道中，同时在充电时也能够从材料中脱出。

在放电过程中，电解液中的 Zn^{2+} 在电场的作用下扩散到电极表面，并通过材料的孔隙或通道进入到层间或隧道中。在这个过程中，Zn^{2+} 与材料中的氧离子或羟基发生相互作用，形成稳定的化学键。随着 Zn^{2+} 的插入，材料的层间距或隧道直径会增大，导致材料的结构发生变化。例如，Zhou 等[20] 通过 XRD 技术检测到，V_2O_5 在 Zn^{2+} 插入后材料在充放电过程中晶面间距的变化，V_2O_5 在放电过程中，(200) 晶面的衍射峰从 15.31°移动到 14°，其层间距从 0.5768 nm 增加到 0.63 nm。在 Zn^{2+} 插入的同时，材料中的钒原子会发生氧化还原反应，通过 XPS 技术检测到充放电过程中部分 V^{5+} 被还原为 V^{4+}，以保持电荷平衡。在充电过程中，电场方向相反，Zn^{2+} 从材料的层间或隧道中脱出，回到电解液中。随着 Zn^{2+} 的脱出，材料的层间距或隧道直径会减小，材料的结构恢复到原来的状态。同时，V^{4+} 被氧化为 V^{5+}，完成氧化还原反应的逆转。在一些情况下，充放电过程中还会出现新相的生成，在 V_2O_5 中，放电过程中会出现 $Zn_xV_2O_5$ 新相的生成：

正极：
$$V_2O_5 + xZn^{2+} + 2xe^- \rightleftharpoons Zn_xV_2O_5$$

负极：
$$Zn \rightleftharpoons Zn^{2+} + 2e^-$$

Park 等[16] 发现在隧道 VO_2 中，Zn^{2+} 的插入伴随着 V^{4+}/V^{3+} 的氧化还原反应。VO_2 在 Zn^{2+} 插入后，其层间距从 0.302 nm 增加到 0.324 nm；VO_2 中的 V 元素价态会发生变化，从+4 价降低到+3 价，再升高到+4 价；通过电化学性能测试，如循环伏安（CV）法和恒电流充放电测试，可以得到材料的放电容量和循环稳定性等信息。VO_2 在水系锌离子电池中具有较高的放电容量和良好的循环稳定性，其放电比容量可达 200 mA·h/g 以上，循环次数可达 1000 次以上。

3.2.2.2　离子、分子共嵌入/脱出机理

研究发现，不同于非水系电解质的是在水系电解质中存在大量的质子 H^+，因此，在某些情况下，H^+ 也可以参与氧化还原反应过程，从而引出 H^+/Zn^{2+} 协同插层机理。其是指在充放电过程中，H^+ 和 Zn^{2+} 同时在钒基材料中插入和脱出，协同实现离子存储。这种机理通常发生在具有酸性电解液的电池体系中，H^+ 的插入可以改变材料的结构和电化学性质，从而影响 Zn^{2+} 的存储和释放。在一些钒基材料中，H^+ 和 Zn^{2+} 会协同参与插层反应，共同实现电池的储能功能。

例如，在 Zn/VO_2 电池中，当使用 $ZnSO_4$ 水溶液作为电解液时，Zn^{2+} 与 H_2O 分子结合形成$[Zn(H_2O)_6]^{2+}$，然后发生水解反应，产生 H^+。这些 H^+ 插入到 VO_2 晶格中，促进了 Zn^{2+} 的嵌入。H^+ 的插入导致了 VO_2 晶格的结构变化，同时也影响了电解液的 pH 值。例如，在放电过程中，H^+ 不断插入到 VO_2 中，促进了 $Zn_4(OH)_6SO_4 \cdot 5H_2O$ 的形成，该物质在电极表面的可逆形成和分解与 H^+ 的插入和脱出密切相关。Zn/VO_2 电池的储能机制主要是通过 H^+ 和 Zn^{2+} 的协同插入和脱出，以及 $Zn_4(OH)_6SO_4 \cdot 5H_2O$ 的形成和分解来实现的。这种机制使得电池能够在充放电过程中实现高效的能量存储和释放。

此外，Nazar 等[21] 在研究 $Zn_{0.25}V_2O_5 \cdot nH_2O$ 的过程中还揭示了 H_2O 与 Zn^{2+} 的共嵌入/脱出反应机理。在水分子的嵌入过程中材料层间距由 1.08 nm 增加到 1.29 nm，并且能起到静电屏蔽、降低电极界面处电荷转移的活化能的作用，对 Zn^{2+} 的嵌入扩张和脱出收缩材料的稳定性起到重要的作用。

3.2.2.3　化学转换机理

Qin 等[22] 探讨了 VS@还原氧化石墨烯（rGO）的储能机制，非原位 XRD 表征发现在充电过程中有 $Zn(OH)_2V_2O_7 \cdot 2H_2O$ 特征峰出现，首次全充电状态下的 XPS 检测到钒以最高氧化态 V(Ⅴ) 的形式存在。放电电压从 1.8 V 降低至 0.8 V 过程中，存在正交硫相反复出现与消失，可能归因于电化学诱导硫的转变。在充电过程中存在着 VS_4 到 $Zn(OH)_2V_2O_7 \cdot 2H_2O$ 和 S 的转变。反应机制如下：

正极：

$$2VS_4 + 11H_2O + Zn^{2+} \rightleftharpoons Zn(OH)_2V_2O_7 \cdot 2H_2O + 8S + 16H^+$$

$$VS_4 + xZn^{2+} + 2xe^- \rightleftharpoons Zn_xVS_4$$

负极：

$$Zn \rightleftharpoons Zn^{2+} + 2e^-$$

Chen 等[23] 在 VO_2(D) 的研究中，通过前两次循环过程中非原位 XRD 分析，电化学诱导 VO_2(D)材料成功向 $V_2O_5 \cdot xH_2O$ 转化。在首次循环后充电至 1.5 V，VO_2(D)相完全消失，并发现有可逆相 ZHS 生成，证明了 H^+ 参与到电化学反应过程。在高分辨率 TEM（HRTEM）中可以观察到 0.337 nm 的晶格条纹与 V_2O_5 的（101）晶面相匹配，进一步证实了 VO_2(D) 向 $V_2O_5 \cdot xH_2O$ 的转化。

3.2.2.4　置换嵌入机理

Gou 等[24] 提出了 AZIBs 置换嵌入（CDI）反应机制。与经典的嵌入/脱出储存机制不

同，Zn^{2+}在两个不同的位点嵌入到宿主材料中，Zn^{2+}取代$Ag_{0.4}V_2O_5$中的Ag位点和Zn^{2+}在$Ag_{0.4}V_2O_5$与$Zn_2(V_3O_8)_2$材料中可逆嵌入/脱出。在材料中原位生成Ag^0可以提高材料的导电性，使材料拥有优异的倍率性能，并为Zn^{2+}存储提供了更多的活性位点，致使材料有更高的放电容量。$Ag_{0.4}V_2O_5$结构稳定，在大电流密度下有着较高的赝电容贡献以及快速Zn^{2+}扩散系数，致使材料在长期循环过程中表现出优异的循环稳定性。随后在$Ag_{0.33}V_2O_5$的研究中，经过HRTEM测试发现，在放电状态下，有Ag^0生成，而在全充电状态下，Ag^0消失，证明Ag^+位点被Zn^{2+}所取代。由此证明，在放电/充电过程中，除了Zn^{2+}的嵌入/脱出，还有Ag^0的生成/消失。与之不同的是，$Ag_{1.2}V_3O_8$和$Ag_2V_4O_{11}$材料在放电时原位生成的Ag^0并不会在充电的时候恢复到晶格中形成Ag^+，表明了在材料中不可逆生成Ag^0。

Sun等[25]还发现在$Cu_3(OH)_2V_2O_7\cdot 2H_2O$（CVO）中，经非原位XRD测试发现，$Zn^{2+}$的嵌入/脱出过程伴随着$Cu^0$以及新相$Zn_{0.25}V_2O_7\cdot H_2O$（ZVO）的产生与消失。在放电过程中，ZVO的特征峰逐渐加强，Zn^{2+}的嵌入使Cu^{2+}向Cu转化。当脱出Zn^{2+}时，CVO的特征峰增强并伴随着ZVO特征峰的减弱消失。Cu的形成能改善材料的导电性，降低材料的静电斥力，使材料具有优异的倍率性能和循环稳定性。

3.3 普鲁士蓝正极材料

近年来，普鲁士蓝衍生物（PBAs）作为水系锌离子电池正极材料被广泛研究。普鲁士蓝大多具有开放式的面心立方结构，由金属元素和$[Fe(CN)_6]^{3-}$构成主体晶格框架，嵌入离子可以储存在立方体中心位点。根据金属元素的不同，目前研究较多的普鲁士蓝类材料大致有锌基、铜基、铁基、镍基、锰基等。普鲁士蓝类材料中起到电荷转移和价态变化的元素主要是$[Fe(CN)_6]^{3-}$中的Fe(Ⅲ)/Fe(Ⅱ)，因此，普鲁士蓝类材料一般具有较高的工作电压和较低的比容量。2014年Zhang等[26]报道了具有约1.6～1.8 V高工作电压的锌基$Zn_3[Fe(CN)_6]_2$作为水系锌离子电池正极材料。Trócoli等[27]报道了类似在1C的放电倍率下比容量为73.7 mA·h/g的铜基$KCu[Fe(CN)_6]$也具有1.7 V的高工作电压，但在1C的放电倍率下的比容量仅为60 mA·h/g。这类普鲁士蓝类似物可以储存的Zn^{2+}数量主要取决于Fe^{3+}/Fe^{2+}氧化还原过程中的电子转移，每单位质量的普鲁士蓝仅0.6e^-（相当于0.3个Zn^{2+}）。因此，最理想的就是晶格框架中加入的过渡金属元素也可以发挥氧化还原活性，这样包括Fe^{3+}/Fe^{2+}在内的两电子反应就可以提供更高的比容量。

普鲁士蓝衍生物也被作为电极材料广泛研究。普鲁士蓝衍生物的框架结构不仅能承受Li^+、Na^+或K^+等一价碱金属离子的脱嵌，而且能承受二价或三价金属离子如Zn^{2+}、Mg^{2+}和Al^{3+}的脱嵌。其中，将金属铁氰化物作为锌离子电池正极材料已取得了一系列较好的成果。Trócoli等[27]以铁氰化铜（CuHCF）为正极，20 mmol/L $ZnSO_4$水溶液为电解液，锌片为负极，组装成锌离子电池，研究锌离子嵌入与脱出对铁氰化铜层间的影响及锌电极表面析氢反应情况。当Zn^{2+}被嵌入到CuHCF中，两个低自旋Fe(Ⅲ)同时转换成低自旋Fe(Ⅱ)。电流密度为60 mA/g时，循环100圈后，容量的保持率为96.3%。当电流密度为

150 mA/g、300 mA/g 和 600 mA/g 时，容量保持率分别为 96.1%、90%和 81%；快速循环后，电流密度再次降为 60 mA/g，容量保持率依旧为 100%。这表明，所述水性二次锌离子电池在不影响电极材料稳定性的前提下可以迅速充放电。

3.4 有机正极材料

正极材料在水系锌离子电池（AZIBs）的性能中起着至关重要的作用。无机正极材料的主要类型是钒/锰基化合物和普鲁士蓝类似物等。然而，这些材料在电化学过程中常常由于溶解和/或晶格演变而存在动力学缓慢和结构不稳定的问题。此外，一些无机材料含有有害和有毒元素，会对环境造成负面影响。而有机材料因高理论容量、环境友好性、可设计的结构和广泛的可用性，更适合用作水系锌离子电池的正极。随着对水系锌离子电池（AZIBs）研究的推进，各种有机材料已被用于开发水系锌有机电池（AZOBs）。

3.4.1 有机小分子正极材料

有机羰基化合物是水系可充电电池中最早使用的有机电极材料，近年来因其结构多样性、高比容量和优异的可逆性而受到广泛关注。这些化合物凭借大共轭结构，通过与羰基的可逆烯醇化反应储存电荷。水系可充电电池中通常有三种共轭羰基化合物，即醌类、酸酐类和酰亚胺类。具有更多氧化还原位点的醌类通常具有较高的理论容量和可逆性，是一类很有前途的水系可充电电池电极材料。

Zhao 等[28] 首次探索了多种醌类化合物作为水系锌有机电池（AZOBs）的正极材料，包括 9,10-蒽醌(9,10-AQ)、杯[4]醌(C4Q)、9,10-菲醌(9,10-PQ)、1,2-萘醌(1,2-NQ)和 1,4-萘醌(1,4-NQ)。其中，C4Q 由于具有开放的碗状结构，空间位阻小，因而能够容纳更多的 Zn^{2+}，表现出高比容量（335 mA·h/g)、高能量效率（93%）和长循环寿命（1000 次循环后容量保持率为 87%）。通过密度泛函理论（DFT）计算和原位表征技术，证实羰基是电化学反应的活性中心。然而，C4Q 的放电产物 $C4Q_{2x}$ 会溶解在电解质中，穿过滤纸并与锌反应生成副产物，导致循环寿命较差，这是醌类化合物普遍存在的问题。随后他们利用 Nafion 膜的离子选择性来阻止阴离子通过。结果，电池在 0.5 A/g 的电流密度下至少可以循环 1000 次，每次循环容量衰减仅为 0.015%，证实 Nafion 膜抑制了活性物质溶解，提升电池循环性能。

Guo 等[29] 以芘-4,5,9,10-四酮（PTO）为正极、锌为负极、温和水溶液为电解质构建水系锌电池。PTO 正极具有高比容量（336 mA·h/g)、快速动力学和高可逆性，全电池能量密度达 186.7 W·h/kg，循环寿命超 1000 次。电池各组分低毒或无毒，且 PTO 电极在充放电过程中无溶解现象，常规玻璃纤维膜即可用作隔膜。

Lee 等[30] 通过深度学习技术筛选出 5,10-二氢-5,10-二甲基吩嗪（DMPZ）电极的合适溶剂，即高浓度混合水溶液电解质，有效抑制 DMPZ 溶解，使其在水系电池中展现出高可逆性。DMPZ 电极在 1C 下循环 1000 次后容量保持率约 81%，衰减率低于 0.5%，能量密度达 250 W·h/kg，在有机电极水系电池中性能较好。

3.4.2 共价有机框架正极材料

共价有机框架（COFs）为解决有机电极材料的溶解问题提供了一个极好的平台。与有机小分子相比，因其坚固且扩展的框架，COFs 不易溶解在电解质中。其多孔结构和导电性有利于框架内的电荷载流子传输，可促进电极与电解质之间的界面接触，加速离子的嵌入/脱出过程，进而提高了水系可充电电池的倍率性能和循环稳定性。二维多孔结晶 COFs 由预先设计的对称有机结构单元自组装而成，具有结构可调性、明确的孔隙率和高化学稳定性等优点，不仅能精确调节活性位点及其数量，还为金属离子进入其内部的活性位点提供了充足的扩散途径，从而提高了活性位点的利用率，已被广泛作为电化学储能的电极材料。

A. Khayum 等[31] 通过固态机械混合法合成 HqTpCOFs，经多种表征手段证实其具有周期性结构、良好的热稳定性、适中的比表面积和特定的孔径分布。DFTB 计算表明 Zn^{2+} 与 COFs 的亲核中心存在层间相互作用，通过对不同电化学状态下的工作电极进行表征分析，发现充电时对苯二酚被氧化为醌，放电时 C═O 基团参与反应，且 Zn^{2+} 仅与 COFs 相互作用，不与碳纳米纤维（CNF）作用，CNF 仅起提高电导率的作用。以 HqTp 为正极组装的水系锌离子电池（Zn/HqTp 单元电池）具有良好的电化学性能，如在 125.0 mA/g 电流密度下放电比容量高达 276.0 mA · h/g，循环稳定性超过 1000 次且容量保持率为 95%，库仑效率达 98%，还具有较高的能量密度和功率密度。

3.4.3 聚合物正极材料

导电聚合物是一类独特的有机电极材料，在预掺杂后具有优异的导电性。由于其高氧化还原活性和导电性，它们已广泛应用于储能设备中。它们在非水系电池或超级电容器中具有出色的电化学性能。目前，水系可充电电池中使用的导电聚合物主要包括聚苯胺（PANI）、PPy 和聚吲哚。尽管导电聚合物可以与离子可逆地进行掺杂反应，但它们通常存在可用掺杂水平低和比容量有限的问题。此外，当掺杂量增加时，导电聚合物的循环稳定性也会变得不理想。

Wan 等[32] 设计并合成了聚苯胺/碳毡电极即 PANI/CF 电极，并通过非原位光谱法探索其机制。在初始放电过程中，氯离子从 PANI 中脱离，Zn^{2+} 可能与 PANI 相互作用。在充电过程中，Zn^{2+} 从 PANI 中脱出，同时三氟甲磺酸根离子 $CF_3SO_3^-$ 嵌入。这种双离子嵌入/脱出机制有利于电荷载流子的快速传输。因此，PANI/CF 在 5 A/g 的电流密度下表现出良好的倍率性能，其比容量为 95 mA·h/g。

Yan 等[33] 报道了聚(1,8-二氨基萘)（PDAN）作为水系锌有机电池（AZOBs）的正极，其反应机制与聚苯胺相似。得益于 PDAN 的双极型反应机制和半导体性质，PDAN 正极负载量为 10 mg/cm^2 的 Zn//PDAN 电池在 0.1 A/g 的电流密度下表现出 140 mA·h/g 的良好比容量。

3.5 金属有机框架正极材料

金属有机框架（MOFs）是一类由金属离子或金属簇与有机配体配位自组装形成的有序晶体材料。自 1995 年首次报道以来，MOFs 基材料在研究领域引起了广泛关注，并在近年来成为多个学科的研究焦点。由于其优异的特性，如稳定的结构框架、可定制的拓扑结构、大表面积和可调的孔径，人们对 MOFs 的探究日益增长。通过改变金属离子/金属簇和有机配体，已合成出众多的 MOFs。这种多样性使 MOFs 的应用范围有可能超越传统多孔材料。金属离子与有机配体自组装的优势众多，包括快速实现合理的结构设计，以及通过调节合成条件来控制材料结构的能力。这种方法不仅有助于获得目标性能，还能深入了解结构、性能和表现之间的关系。

MOFs在电化学储能方面的应用也具有明显优势。首先，MOFs具有多孔纳米结构，孔隙率高且表面积大，有利于高电荷存储容量。其次，通过改变有机配体的长度来实现孔径的可调性，能够优化离子传输通道，从而有可能提高电化学效率。得益于其固有特性，MOFs基材料作为可充电电池的电极材料展现出巨大潜力。精确的后合成修饰，如热处理和离子交换，可优化MOFs，使其作为牺牲模板或前驱体，用于合成具有定制组成和结构形态的先进材料。

Yin等[34] 制备了三种不同配位程度的Mn-H_3BTC-MOFs（Mn-H_3BTC-2、Mn-H_3BTC-4和Mn-H_3BTC-6），并对其结构和性能进行表征。构建水系Zn/MOFs电池，测试不同样品的循环伏安、恒电流充放电等性能，研究其储能机制和电化学动力学。Mn-H_3BTC-4具有最佳的Zn^{2+}存储能力，100 mA/g电流密度下比容量为138 mA·h/g，3000 mA/g电流密度下循环1000次后容量保持率为93.5%。其优异性能归因于适当的不饱和配位程度，可提升电子/离子电导率。储能机制为充电时Mn^{2+}被Zn^{2+}取代，随后Mn^{2+}被氧化为MnO_2并形成$ZnMn_3O_7 \cdot 3H_2O$化合物。电化学动力学分析表明，MOFs储能为电容控制过程，Mn-H_3BTC-4中Zn^{2+}扩散系数较高，电荷转移电阻较低。

Gou等[35] 通过水解和阳离子交换法制备了钙-对苯二甲酸金属有机框架（Ca-PTA·$3H_2O$），并对其进行多种表征。将Ca-PTA·$3H_2O$作为AZIBs正极材料，在特定条件下进行循环伏安、恒电流充放电等测试，研究其电化学性能及锌存储机制。Ca-PTA·$3H_2O$结晶度和纯度高，具有层状结构，有利于Zn^{2+}扩散。作为正极材料，在50 mA/g电流密度下比容量达431 mA·h/g，500 mA/g电流密度下循环2700次后容量保持率约90%。锌存储机制研究表明，电池激活阶段提取Ca^{2+}形成$CaSO_4 \cdot 2H_2O$，生成的可逆放电产物$Zn_4SO_4(OH)_4 \cdot 4H_2O$和中间化合物$Zn_xMnO(OH)_y$共同作用使电池具有高可逆容量；稳定阶段主要是$Zn^{2+}$的可逆插入/脱出。

金属有机框架在磁性金属有机框架合成以及多相金属有机框架催化领域中，作为一种通用的框架结构来整合功能性客体分子的有效性[36]。然而在目前水系锌离子电池（AZIBs）领域的文献中，尚未反映出任何利用金属有机框架的多孔特性在其孔腔内承载具有电化学活性客体分子的实例。这种策略与金属有机框架中金属和有机成分的固有反应性无关，有可能大幅拓宽适用于水系锌离子电池的金属有机框架的范围。此外客体分子能够为金属有机框架的孔结构提供关键支撑，从而有可能降低在锌离子Zn^{2+}嵌入/脱嵌过程中结构降解的风险。金属有机框架的大量孔隙也可能避免具有电化学活性的客体分子发生聚集的风险。该创新概念为设计高性能MOFs基AZIBs正极材料开辟了新路径，有望推动技术突破。

3.6 金属有机配体衍生物正极材料

金属有机框架衍生物通过热解、化学转化等方法制备，具有独特的结构和性能，可分为碳基材料、金属化合物和复合材料三类，其设计策略包括调控前驱体组成和结构、控制合成条件和后处理方法。通过精心控制MOFs衍生碳材料和过渡金属化合物的合成，可以在原始MOFs结构属性的基础上调整其电化学性能。受这些优势的鼓舞，大量研究人员最近探索了MOFs和MOFs衍生的微/纳米材料作为水系锌离子电池（AZIBs）的正极材料，展示出良好的可逆性和高容量性能。这些衍生物可以保留 MOFs 前驱体的独特结构特征。

Deng 等[37] 通过溶剂热法制备 MIL-88B(V)，以 MIL-88B(V) 为前驱体经碳化和电化学诱导得到无定形 V_2O_5 与碳材料的复合电极材料（α-V_2O_5@C）。采用多种表征手段对材料的结构、形貌等进行分析，并通过组装电池测试其电化学性能，包括循环伏安曲线、恒电流充放电曲线、倍率性能、循环稳定性等，还利用多种测试方法研究其储能机制和动力学过程。α-V_2O_5@C 中 V_2O_5 为无定形，均匀分布于碳框架，具有高比表面积和分级多孔结构，能加速电子/离子传输。作为 AZIBs 正极，在 0.3 A/g 电流密度下放电比容量达 620.2 mA·h/g，1 A/g 和 10 A/g 电流密度下循环性能优异，倍率性能好，40 A/g 电流密度下循环 20000 次后容量保持率为 91.4%。储能机制为 Zn^{2+} 在无定形 V_2O_5 中扩散与 H_2O 扩散耦合，伴随钒的价态变化，过程可逆。

Zhang 等[38] 在此基础上，掺杂纳米银离子，采用 MOFs 辅助合成法制备新型分级多孔纺锤形 Ag-V_2O_5 异质结构材料，通过改变合成条件制备不同样品，并对材料进行多种表征。组装 AZIBs 电池，测试其电化学性能，包括循环伏安曲线、充放电曲线、循环性能、倍率性能、电化学阻抗谱等，还通过非原位表征和密度泛函理论（DFT）计算研究 Zn^{2+} 的存储机制和动力学过程。成功制备的 Ag-V_2O_5 异质结构材料，具有分级多孔结构，比表面积高，孔隙分布范围宽，Ag 纳米颗粒与 V_2O_5 形成异质结构，增强了导电性和结构稳定性。作为 AZIBs 正极，0.1 A/g 电流密度下可逆比容量为 426 mA·h/g，100 次循环后容量保持率为 96.5%；5.0 A/g 电流密度下，倍率性能优异，2000 次循环后容量保持率为 89.7%。异质结构促进电子转移，Zn^{2+} 存储过程为扩散控制和电容控制混合过程，电容控制占主导，DFT 计算表明异质结构有利于电子传输和 Zn^{2+} 扩散。

金属有机配体衍生物的大比表面积和稳定的纳米多孔结构被认为是非常有前途的水性锌离子电池正极材料[39]。这些因素可以提供丰富的氧化还原活性位点和出色的循环稳定性。然而钒基 MOFs 衍生物工作电压较低，锰基 MOFs 存在锰溶解和不可逆相变问题，其他类型的比容量不够理想，且对锌存储机制的理解仍不够全面深入。

参考文献

[1] 周世昊，吴贤文，向延鸿，等．水系锌离子电池锰基正极材料．化学进展，2021，33（04）：649-669.

[2] Xu C，Li B，Du H，et al. Energetic zinc ion chemistry：the rechargeable zinc ion battery. Angewandte Chemie International Edition，2012，51（4）：933-935.

[3] Alfaruqi M H，Mathew V，Gim J，et al. Electrochemically induced structural transformation in a γ-MnO_2 cathode of a high capacity zinc-ion battery system. Chemistry of Materials，2015，27（10）：3609-3620.

[4] Jiang B，Xu C，Wu C，et al. Manganese sesquioxide as cathode material for multivalent zinc ion battery with high capacity and long cycle life. Electrochimica Acta，2017，229：422-428.

[5] Hao J，Mou J，Zhang J，et al. Electrochemically induced spinel-layered phase transition of Mn_3O_4 in high performance neutral aqueous rechargeable zinc battery. Electrochimica Acta，2018，259：170-178.

[6] Li L，Yin C，Han R，et al. CNT composite β-MnO_2 with fiber cable shape as cathode materials for aqueous zinc-ion batteries. Inorganic Chemistry，2024，63（28）：13100-13109.

[7] Lee B，Yoon C S，Lee H R，et al. Electrochemically-induced reversible transition from the tunneled to layered polymorphs of manganese dioxide. Scientific Reports，2014，4（1）：6066.

[8] Islam S，Alfaruqi M H，Mathew V，et al. Facile synthesis and the exploration of the zinc storage mechanism of β-MnO_2 nanorods with exposed（101）planes as a novel cathode material for high performance eco-friendly zinc-ion bat-

teries. Journal of Materials Chemistry A, 2017, 5 (44): 23299-23309.

[9] Jiang B, Xu C, Wu C, et al. Manganese sesquioxide as cathode material for multivalent zinc ion battery with high capacity and long cycle life. Electrochimica Acta, 2017, 229: 422-428.

[10] Pan H, Shao Y, Yan P, et al. Reversible aqueous zinc/manganese oxide energy storage from conversion reactions. Nature Energy, 2016, 1 (5): 1-7.

[11] Sun W, Wang F, Hou S, et al. Zn/MnO_2 battery chemistry with H^+ and Zn^{2+} coinsertion. Journal of the American Chemical Society, 2017, 139 (29): 9775-9778.

[12] Guo X, Zhou J, Bai C, et al. Zn/MnO_2 battery chemistry with dissolution-deposition mechanism. Materials Today Energy, 2020, 16: 100396.

[13] Zhang N, Dong Y, Jia M, et al. Rechargeable aqueous Zn-V_2O_5 battery with high energy density and long cycle life. ACS Energy Letters, 2018, 3 (6): 1366-1372.

[14] Yan M, He P, Chen Y, et al. Water - lubricated intercalation in $V_2O_5 \cdot nH_2O$ for high - capacity and high - rate aqueous rechargeable zinc batteries. Advanced materials, 2018, 30 (1): 1703725.

[15] Yang Y, Tang Y, Liang S, et al. Transition metal ion-preintercalated V_2O_5 as high-performance aqueous zinc-ion battery cathode with broad temperature adaptability. Nano Energy, 2019, 61: 617-625.

[16] Park J S, Jo J H, Aniskevich Y, et al. Open-structured vanadium dioxide as an intercalation host for Zn ions: investigation by first-principles calculation and experiments. Chemistry of Materials, 2018, 30 (19): 6777-6787.

[17] Chen L, Yang Z, Huang Y. Monoclinic VO_2 (D) hollow nanospheres with super-long cycle life for aqueous zinc ion batteries. Nanoscale, 2019, 11 (27): 13032-13039.

[18] Zhang L, Miao L, Zhang B, et al. A durable VO_2 (M) /Zn battery with ultrahigh rate capability enabled by pseudocapacitive proton insertion. Journal of Materials Chemistry A, 2020, 8 (4): 1731-1740.

[19] Jia R, Yin C, Wang B, et al. Polyaniline-coated sodium vanadate nanorods cathode boosting zinc ion dynamics in aqueous zinc-ion batteries [J] . Chemical Engineering Journal, 2024, 500: 157587.

[20] Zhou J, Shan L, Wu Z, et al. Investigation of V_2O_5 as a low-cost rechargeable aqueous zinc ion battery cathode. Chemical Communications, 2018, 54 (35): 4457-4460.

[21] Kundu D, Adams B D, Duffort V, et al. A high-capacity and long-life aqueous rechargeable zinc battery using a metal oxide intercalation cathode. Nature Energy, 2016, 1 (10): 1-8.

[22] Qin H, Yang Z, Chen L, et al. A high-rate aqueous rechargeable zinc ion battery based on the VS_4@ rGO nanocomposite. Journal of Materials Chemistry A, 2018, 6 (46): 23757-23765.

[23] Chen L, Yang Z, Huang Y. Monoclinic VO_2 (D) hollow nanospheres with super-long cycle life for aqueous zinc ion batteries. Nanoscale, 2019, 11 (27): 13032-13039.

[24] Guo S, Fang G, Liang S, et al. Structural perspective on revealing energy storage behaviors of silver vanadate cathodes in aqueous zinc-ion batteries. Acta Materialia, 2019, 180: 51-59.

[25] Sun X, Wang J, Xing Y, et al. Hydrothermal synthesis of $Cu_3V_2O_7(OH)_2 \cdot 2H_2O$ hierarchical microspheres and their electrochemical properties. Materials Letters, 2010, 64 (18): 2019-2021.

[26] Zhang L, Chen L, Zhou X, et al. Towards high-voltage aqueous metal-ion batteries beyond 1.5 V: The zinc/zinc hexacyanoferrate system. Advanced Energy Materials, 2015, 5 (2): 1400930.

[27] Trócoli R, La Mantia F. An aqueous zinc - ion battery based on copper hexacyanoferrate. ChemSusChem, 2015, 8 (3): 481-485.

[28] Zhao Q, Huang W, Luo Z, et al. High-capacity aqueous zinc batteries using sustainable quinone electrodes. Science Advances, 2018, 4 (3): eaao1761.

[29] Guo Z, Ma Y, Dong X, et al. An environmentally friendly and flexible aqueous zinc battery using an organic cathode. Angewandte Chemie, 2018, 130 (36): 11911-11915.

[30] Lee M H, Kwon G, Lim H, et al. High-energy and long-lasting organic electrode for a rechargeable aqueous battery. ACS Energy Letters, 2022, 7 (10): 3637-3645.

[31] Khayum A, Ghosh M, Vijayakumar V, et al. Zinc ion interactions in a two-dimensional covalent organic framework based aqueous zinc ion battery. Chemical Science, 2019, 10 (38): 8889-8894.

[32] Wan F, Zhang L, Wang X, et al. An aqueous rechargeable zinc - organic battery with hybrid mechanism. Advanced Functional Materials, 2018, 28 (45): 1804975.

[33] Yan L, Zhu Q, Qi Y, et al. Towards high - performance aqueous zinc batteries via a semi - conductive bipolar - type polymer cathode. Angewandte Chemie International Edition, 2022, 61 (42): e202211107.

[34] Yin C, Pan C, Liao X, et al. Coordinately unsaturated manganese-based metal-organic frameworks as a high-performance cathode for aqueous zinc-ion batteries. ACS Applied Materials & Interfaces, 2021, 13 (30): 35837-35847.

[35] Gou W, Jiang T, Wang W, et al. Calcium-organic frameworks cathode for high-stable aqueous Zn/organic batteries. Chinese Chemical Letters, 2023, 34 (7): 107760.

[36] Zhang D, Wang W, Li S, et al. Design strategies and energy storage mechanisms of MOF-based aqueous zinc ion battery cathode materials. Energy Storage Materials, 2024: 103436.

[37] Deng S, Yuan Z, Tie Z, et al. Electrochemically induced metal-organic - framework - derived amorphous V_2O_5 for superior rate aqueous zinc - ion batteries. Angewandte Chemie International Edition, 2020, 59 (49): 22002-22006.

[38] Zhang Y, Li Z, Gong L, et al. Rational construction of Ag@ MIL-88B (V) -derived hierarchical porous Ag-V_2O_5 heterostructures with enhanced diffusion kinetics and cycling stability for aqueous zinc-ion batteries. Journal of Energy Chemistry, 2023, 77: 561-571.

[39] Guo P C, Ouyang S, Jiang H, et al. Application of Metal organic framework (MOFs) and their derivatives in the cathode materials of aqueous zinc-ion batteries. Journal of Materials Chemistry C, 2024, 12: 18591-18608.

第 4 章 水系锌离子电池负极材料

4.1 水系锌离子电池传统金属锌负极材料

水系锌离子电池作为一种具有潜力的新型电化学储能装置，其负极材料的性能对电池整体性能有着重要影响。

4.1.1 金属锌负极的特性

(1) 高理论比容量

具体数值体现优势：多篇文献提及金属锌具有较高的理论质量比容量（820 mA·h/g)和理论体积比容量（5855 $mA \cdot h/cm^3$）[1]，这使得锌在储能方面具备较大潜力，能够为电池提供相对较高的能量储存能力。

对比其他负极材料优势明显：与其他一些负极材料相比，这种高容量特性使其在能量密度方面具有一定优势，有助于提高电池的整体性能，满足不同应用场景对电池能量的需求[2]。

(2) 合适的电极电位

平衡电位利于电池反应：金属锌的平衡电位（−0.76 V *vs*. SHE）相对较低，在电池反应中具有重要意义。较低的平衡电位有利于提高电池的开路电压，为电池的正常运行提供了有利的电化学条件。

析氢电位高减少副反应：其析氢电位较高（1.2 V)，这意味着在水溶液中，锌发生析氢反应的可能性相对较低，从而减少了水的分解和氢气的产生，有助于维持电池体系的稳定性，降低因析氢反应导致的电池性能衰减风险[3]。

(3) 资源丰富、成本低且环境友好

资源储量丰富易于获取：锌在地壳中的含量较为丰富，在金属中位列第四，仅次于铝、铁和铜，其储量丰富为大规模应用提供了坚实的物质基础，且开采和加工相对容易，成本较低。

成本低廉经济实惠：相比锂等其他金属，锌的价格更为亲民，这使得以锌为负极的水系锌离子电池在成本方面具有显著优势，有利于降低电池的制造成本，提高其在市场上的竞争力，尤其适用于大规模储能系统等对成本敏感的应用领域。

环境友好可持续发展：锌金属本身及其化合物对环境友好，电池的生产、使用和废弃物处理过程对环境的污染较小，符合可持续发展的要求[4]，是一种相对环保的电池材料。

（4）良好的导电性

电阻率低促进电子传输：金属锌具有较好的导电性，电阻率为 5.91 $\mu\Omega\cdot cm$，这种低电阻率能够加快电子在电极中的传输速度，使得电池在充放电过程中电子能够快速地在电极和电解质之间转移。

提升电池充放电效率：良好的导电性有助于促进锌离子的沉积/溶解过程，减少电池内部的电阻损耗，从而提高电池的充放电效率，使电池能够更快速地响应外部电路的需求，实现高效的能量转换。

（5）稳定性高

在水溶液中稳定存在：金属锌在水中能够稳定存在，不易发生剧烈的化学反应，其表面会形成一层薄的氧化层，这层氧化层在一定程度上保护了锌金属内部，防止其进一步被氧化或腐蚀，有助于提高电池的安全性和稳定性[5]。

抗腐蚀性能良好：与一些其他金属相比，锌的抗腐蚀性能较好，在电池的长期使用过程中，锌能够保持较好的电极结构完整性，减少因腐蚀导致的电极材料损失和电池性能下降，从而延长电池的使用寿命。

4.1.2 金属锌负极面临的问题

（1）锌枝晶问题

1）影响因素

电场分布不均引发：由于“尖端效应”，电场不均匀分布，电子和离子浓度不均匀，在热点区域锌离子沉积集中，形成初始突起，进而增强“尖端效应”，最终生长为锌枝晶，电场分布对锌枝晶的形成有着关键作用。

电流密度影响生长：大电流密度会增加极化现象，有助于锌枝晶的形成和生长。在较高电流密度下，锌离子的沉积速度加快，更容易在局部形成不均匀的沉积，从而促使枝晶的形生和生长[6]。

2）产生的后果

刺破隔膜导致短路：锌枝晶生长到一定程度后，可能会刺破隔膜，使电池正负极直接接触，导致电池短路，这是锌枝晶问题对电池最直接和严重的危害，会使电池无法正常工作，甚至引发安全问题。

造成活性物质损失：部分锌枝晶可能会从电极表面脱落，形成“死锌”或“孤儿锌”，导致活性物质损失，降低电池的库仑效率，使电池的容量逐渐衰减，影响电池的循环寿命和整体性能。

（2）析氢反应（HER）问题

与锌沉积反应竞争：在不同 pH 条件下，析氢反应与锌沉积反应存在竞争关系。根据 Pourbaix 图，在 0 V(*vs.* SHE) 时，酸性电解液中易产生氢气，同时金属锌会发生腐蚀；在 −0.828 V（*vs.* SHE）时，中性条件下也会发生析氢反应。这会影响锌的沉积效率，降低电池的库仑效率，因为氢气的产生消耗了部分电子，使得用于锌沉积的电子减少。

导致电池内部变化：析氢反应消耗电解液中的氢离子，产生氢氧根离子，使局部 pH 升高，可能导致固体电解质界面（SEI）的形成，进一步影响电池性能，如消耗电解质中的水分产生气体压力，可能导致电池膨胀和电解液泄漏，还会引起锌负极腐蚀和局部 pH 值变化，从而改变电池内部的电化学环境，影响电池的稳定性和循环寿命。

与锌枝晶相互促进：HER 和锌枝晶形成密切相关，HER 产生的氢气会影响锌表面电场分布的均匀性，进而影响表面离子扩散，有利于锌枝晶的形成；同时，锌枝晶的存在会提供更高的局部电荷浓度和更多的活性位点，促进析氢反应的进行，形成恶性循环，加速电池性能的恶化[7]。

（3）腐蚀和钝化问题

1）腐蚀问题

自腐蚀和电化学腐蚀：在 Zn 基电池中存在自腐蚀和电化学腐蚀两种类型，自腐蚀主要发生在碱性环境中，而电化学腐蚀在充放电过程中导致锌负极不可逆消耗，腐蚀反应会使锌从电极脱落进入电解液，并形成副产物，如 $Zn_4SO_4(OH)_6 \cdot xH_2O$ 等，这些副产物会覆盖在锌负极表面，增加电荷转移电阻，降低库仑效率，限制电池的循环寿命。

影响电池性能和寿命：腐蚀反应不仅导致锌负极材料的损失，还会改变电极表面的状态，影响锌离子的沉积/溶解过程，使得电池的内阻增加，极化增大，从而降低电池的充放电效率和容量保持率，严重影响电池的性能和长期稳定性。

2）钝化问题

表面形成钝化层：在充电过程中，由于 HER 产生的过量氢氧根离子会与锌离子反应生成 ZnO，从而在锌负极表面形成钝化层，这会减少锌负极上的活性位点，阻碍锌离子的进一步反应，降低电池的反应活性。

缩短电池循环寿命：钝化层的存在会阻止电解液与新鲜锌的接触，影响锌离子的扩散和沉积，导致电池的极化增大，容量衰减加快，循环寿命缩短，使得电池在使用过程中性能逐渐下降，无法满足长期使用的需求（图 4-1）。

（4）锌离子溶剂化结构问题

溶剂化结构影响沉积行为：在水系电解液中，锌离子会与水分子形成溶剂化结构，如

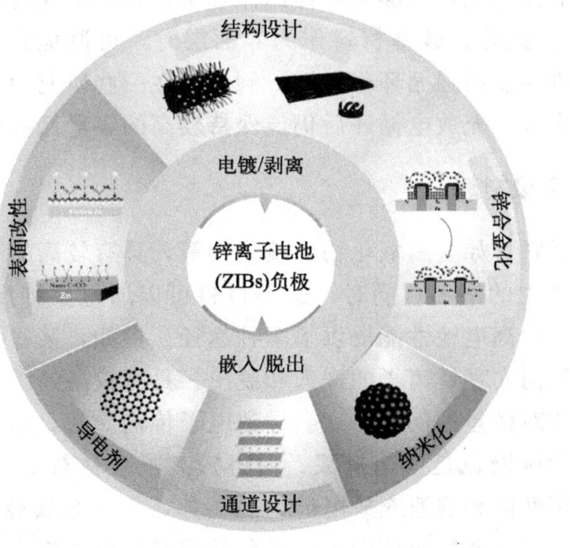

图 4-1　水系锌负极的类别、挑战和优化策略示意图

$[Zn(H_2O)_6]^{2+}$，这种溶剂化结构的稳定性、锌离子与溶剂分子的相互作用等因素，会影响锌离子在电极表面的沉积/溶解行为，溶剂化结构的变化可能影响锌离子的扩散速率和沉积位点的选择性，进而与锌枝晶的形成、电池的循环性能等相关。

相关机制有待深入研究：目前对于锌离子溶剂化结构在水系锌离子电池中的具体作用和影响机制，还需要进一步深入研究，包括不同电解质条件下溶剂化结构的变化规律、如何通过调控溶剂化结构来改善电池性能等方面，以更好地理解和解决金属锌负极面临的问题[8]。

4.2 替代型负极材料研究

水系锌离子电池因具有高安全性、低成本和环境友好等优点，在电化学储能领域备受关注。然而，传统锌金属负极存在枝晶生长、腐蚀和钝化等问题，严重影响电池的性能和循环寿命。为解决这些问题，替代型负极材料的研究成为当前的热点。以下将从碳基负极材料、金属化合物负极材料和有机聚合物负极材料三个层面进行详细分析。

4.2.1 碳基负极材料

碳基材料具有多种结构，如纳米碳材料中的碳纳米管（CNT）、石墨烯等。这些碳基材料具有优异的导电性，能够有效降低电池的内阻，促进电子传输。CNT 具有独特的一维结构，其高导电性可使电子快速传输，为锌离子的沉积提供良好的电子通道。还具有较高的比表面积，能够为锌离子的吸附和沉积提供更多的活性位点[9]。同时，其良好的化学稳定性使其在水系电解质中能够保持稳定，不易发生化学反应。石墨烯具有较大的比表面积，可使锌离子均匀分散在其表面，减少局部电流密度，抑制锌枝晶的生长[10]。

碳基材料在水系锌离子电池中对抑制锌枝晶生长具有显著效果。以 CNT 为例，当作为负极基底时，其独特的结构能够使电流密度均匀，诱导锌离子成核，使锌在沉积过程中形成均匀的形态，减少枝晶的产生。相关研究表明，Zn/CNT 电极在特定电流密度下，对称电池展现出低电压滞后和良好的循环稳定性，有效避免了锌枝晶导致的电池短路问题。石墨烯等碳材料通过与锌的晶格匹配，能够引导锌晶体外延生长，形成稳定的沉积结构，从而提高电池的循环稳定性[11]。此外，碳基材料作为界面层时，可避免锌金属与电解液直接接触，减少副反应的发生，进一步增强循环稳定性。例如，在一些研究中，使用石墨烯或碳纳米管修饰锌负极后，电池在多次充放电循环后仍能保持较高的容量保持率。

4.2.2 金属化合物负极材料

金属化合物负极材料，如金属氧化物、硫化物等，具有较高的理论容量，这使得它们在存储锌离子方面具有更大的潜力。同时，这类材料可以通过多种反应机制实现锌离子的存储，如转换反应等，为提高电池性能提供了多种途径。例如，某些金属氧化物在反应过程中能够发生结构转变，从而实现锌离子的嵌入和脱出，具有较高的能量存储能力。然而，这类材料普遍存在导电性相对较差的问题，这会导致电子传输受阻，影响电池的充放电效率[12]。此外，离子扩散动力学缓慢也是一个挑战，使得锌离子在材料中的嵌入和脱出过程不够顺畅，限制了电池的倍率性能和快速充放电能力。例如，一些金属硫化物虽然理论容量较高，但由于离子扩散速率低，在实际应用中无法充分发挥其性能优势[13]。

为了克服上述问题，目前的研究主要集中在对金属化合物负极材料进行改性和优化。例如，通过纳米化处理可以增加材料的比表面积，提高离子扩散速率；采用复合策略，将金属化合物与导电性能良好的材料（如碳材料）复合，以改善其整体导电性。这些方法在一定程度上提高了金属化合物负极材料的电化学性能，但仍需要进一步深入研究，以实现更显著的性能提升。如在一些研究中，将金属氧化物与石墨烯复合后，材料的导电性得到显著提高，电池的倍率性能和循环稳定性也得到了改善[14]。

4.2.3　有机聚合物负极材料

有机聚合物负极材料具有独特的结构可设计性，通过分子结构的调整可以优化其与锌离子的相互作用。同时，其良好的柔韧性使其适用于柔性电池等特殊应用场景，能够在电池弯曲或变形时保持较好的电化学性能，为可穿戴设备等领域的电池应用提供了可能。例如，某些含有特定官能团的有机聚合物可以通过化学修饰来调节其与锌离子的结合能力，从而实现更好的电化学性能。部分有机聚合物能够与锌离子发生可逆反应，实现锌离子的有效存储和释放，这为提高电池的容量和循环性能提供了基础。例如，一些聚合物分子中的特定官能团可以与锌离子形成化学键，在充放电过程中实现锌离子的嵌入和脱出，从而实现电池的储能功能，例如醌类化合物含有的羰基等官能团能够与锌离子发生可逆反应，具有一定的储锌能力[13]。

尽管有机聚合物负极材料具有一定优势，但也面临着导电性不足和在长期循环过程中结构易降解的问题。为了解决这些问题，研究人员正在探索多种方法，如引入导电添加剂（如碳纳米管、石墨烯等）来提高导电性，通过化学修饰或交联等手段增强聚合物的结构稳定性，以延长电池的循环寿命，提高其在水系锌离子电池中的实际应用价值。例如，将碳纳米管与有机聚合物复合后，材料的导电性得到明显改善，同时聚合物的结构稳定性也有所增强，电池的电化学性能得到了显著提升。

4.3　水系锌离子电池负极材料与其他组件的协同作用

目前来说，水系锌离子电池负极材料面临着诸多挑战，如锌枝晶生长、腐蚀和钝化等问题，严重影响了电池的性能和循环寿命。为解决这些问题，负极材料与正极材料、电解质及添加剂之间的协同作用成为研究的关键[15]。

4.3.1　与正极材料

水系锌离子电池中，负极材料与正极材料的协同作用对电池性能起着至关重要的作用。在理想情况下，负极和正极应具备良好的匹配性，以实现高效的电荷传输和稳定的电化学性能。

一方面，负极材料的特性会影响正极材料的性能发挥。例如，金属锌负极在充放电过程中的稳定性直接影响到正极材料的利用率。如果锌负极存在严重的枝晶生长、腐蚀等问题，会导致电池内部电阻增加，影响离子传输效率，进而使得正极材料无法充分发挥其储能能力。当锌枝晶穿透隔膜导致电池短路时，正极材料的正常充放电过程也会中断，无法持续提供电量[16]。另一方面，正极材料的选择和性能也会对负极材料产生影响。不同的正极材料具有不同的电位窗口和充放电特性，这就要求负极材料能够与之适配，以维持电池整体的电化学稳定性[17]。例如，一些高电位的正极材料在充放电过程中可能会对负极材料产生较大的压力，此时负极材料需要具备良好的结构稳定性和抗腐蚀能力，以避免在高压环境下发生不良反应。同时，正极材料的结构和组成也会影响电池内离子的传输路径和速率，进而影响负极材料表面离子的分布和沉积行为。如果正极材料的离子扩散速率较慢，可能会导致负极材料表面离子浓度不均匀，增加锌枝晶形成的风险[18]。

4.3.2 与电解质

负极材料与电解质之间存在着密切的相互作用和协同关系。电解质作为离子传输的媒介，其性质对负极材料的性能有着显著影响。

电解质的离子电导率直接决定了锌离子在电池内部的传输速率。如果电解质的离子电导率较低，锌离子在从正极传输到负极的过程中会受到阻碍，导致负极表面的离子供应不足，这可能会促使锌离子在局部区域过度沉积，从而加剧锌枝晶的生长。例如，在一些传统的水系电解质中，由于离子迁移速率有限，在高电流密度下充放电时，容易出现锌离子在负极表面堆积的现象。

电解质的成分也会影响负极材料的稳定性。某些电解质中的杂质或特定离子可能会与锌负极发生化学反应，加速锌的腐蚀或副反应的发生。例如，酸性较强的电解质会加速锌的溶解，产生氢气，导致电池的库仑效率降低，同时也会改变负极材料表面的微观结构，影响其电化学性能[19]。

此外，电解质的浓度和溶剂化结构也与负极材料密切相关。适宜的电解质浓度可以调节锌离子的溶剂化程度，影响锌离子在负极表面的沉积行为。过高或过低的浓度都可能导致溶剂化结构不稳定，进而影响锌离子的去溶剂化过程，增加枝晶形成的可能性[20]。

4.3.3 与添加剂

添加剂在水系锌离子电池中对负极材料性能的提升具有重要作用，它能够与负极材料协同作用，改善电池的多种性能。一些添加剂可以通过与锌离子的相互作用来调节锌离子的沉积行为，从而抑制锌枝晶的生长。例如，石墨烯量子点（GQDs）作为添加剂引入电解质中，其较低的电负性能够增加与锌离子的结合作用，促进锌的均匀沉积，有效抑制枝晶的形成。含有 GQDs 添加剂的锌对称电池在较低电流密度下展现出超长的循环寿命和较低的电压滞后。

某些添加剂还可以改善负极材料与电解质之间的界面稳定性。例如，一些有机添加剂可以在负极材料表面形成一层保护膜，阻止电解质与负极直接接触，减少副反应的发生。这层保护膜能够降低锌金属的腐蚀速率，提高电池的循环稳定性。同时，添加剂也可以调节电解质的性质，如提高电解质的离子电导率或改善其电化学稳定性窗口，间接地为负极材料提供更稳定的工作环境[21]。

添加剂的使用还可以影响锌离子的溶剂化结构，降低锌离子在去溶剂化过程中的能量障碍，促进离子的快速传输，进一步优化负极材料的电化学性能。

通过上述对水系锌离子电池负极材料与正极材料、电解质、添加剂之间协同作用的分析可知，各组件之间相互影响、相互制约，只有实现它们之间的良好协同，才能充分发挥水系锌离子电池的性能优势，提高电池的能量密度、循环寿命、充放电效率等关键性能指标，推动水系锌离子电池技术的不断发展和应用[22]。

4.4 负极材料的主要反应机理

4.4.1 副反应的种类和机理

4.4.1.1 氢气析出反应

在水系锌离子电池中，氢气析出反应（HER）是一个常见的副反应。由于锌的还原电位（−0.76 V *vs*. SHE）低于氢的还原电位，在充电过程中，锌离子在负极表面还原沉积的同时，水也可能在负极表面得到电子发生还原反应生成氢气。HER 的发生主要与锌离子的溶剂化结构以及负极表面的电化学环境有关。在酸性或中性电解质中，锌离子通常以水合离子$[Zn(H_2O)_6]^{2+}$的形式存在，这种溶剂化结构使得水在负极表面具有较高的反应活性，容易发生还原反应产生氢气。HER 会对电池性能产生多方面的负面影响。首先，氢气的析出会导致电池内部压力增加，可能引发电池外壳膨胀甚至破裂，严重影响电池的安全性[23]。其次，HER 会消耗电池中的活性物质锌，使锌离子在负极表面的沉积不均匀，导致电池容量下降。此外，HER 产生的氢氧根离子（OH^-）会使负极局部表面的 pH 值升高，与锌离子结合形成氢氧化锌等副产物，如 $Zn(OH)_2$、$Zn_4SO_4(OH)_6 \cdot xH_2O$ 等，这些副产物会覆盖在负极表面，阻碍锌离子的扩散和电子传输，增加电池内阻，降低电池的充放电效率和循环寿命。

4.4.1.2 腐蚀反应

锌金属在水系电解质中容易发生腐蚀反应，这主要是由于锌与水之间的化学反应以及电解质中的杂质等因素引起的。在中性或弱酸性电解质中，锌会与水发生反应生成氢氧化锌[$Zn + 2H_2O \longrightarrow Zn(OH)_2 + H_2\uparrow$]，氢氧化锌进一步分解为氧化锌[$Zn(OH)_2 \longrightarrow ZnO + H_2O$]。同时，电解质中的硫酸根离子（$SO_4^{2-}$）等成分也会参与反应，与锌离子和氢氧根离子结合形成碱式硫酸锌等副产物，如 $4Zn^{2+} + 6OH^- + SO_4^{2-} + xH_2O \longrightarrow Zn_4SO_4(OH)_6 \cdot xH_2O$。这些腐蚀产物会在负极表面形成一层疏松的覆盖层，降低锌负极的活性表面积，阻碍锌离子与电解质的直接接触，从而影响电池的性能。电解质的性质对锌腐蚀反应有显著影响。例如，酸性较强的电解质会加速锌的腐蚀反应，因为酸性环境提供了更多的氢离子（H^+），促进了锌的腐蚀反应。腐蚀反应不仅会导致负极材料的质量损失，减少电池中活性锌的含量，从而降低电池的容量，还会使负极表面变得粗糙，增加电池的内阻，导致电池的充放电性能下降，循环寿命缩短。此外，腐蚀产物的堆积可能会引发电池内部短路等安全问题，进一步降低电池的可靠性。

4.4.2 锌枝晶形成机理

在锌离子电池充电时，锌离子在电场作用下向负极迁移并沉积。然而，负极表面并非完全均匀，存在诸如表面缺陷、杂质等不均匀因素。这些因素会导致电场在负极表面分布不均匀，不均匀的电场使得锌离子更容易在电场强度较高的区域沉积，形成微小的凸起。同时，离子扩散速率的差异也会造成离子浓度分布不均匀，进一步加剧了沉积的不均匀性。随着充电过程的持续，初始形成的微小凸起会逐渐生长。由于枝晶具有较高的比表面积，其尖端处的局部电流密度会增大，这使得锌离子更倾向于在枝晶尖端沉积。这种现象形成了一个恶性循环，即枝晶尖端的沉积导致其生长，枝晶生长后又进一步增强了尖端的电场强度和电流密度，促使更多的锌离子在此沉积，从而使枝晶不断生长。枝晶生长到一定程度后，可能会穿透隔膜，导致正负极短路，使电池失效。此外，枝晶在生长过程中可能会断裂，断裂后的部分会与负极脱离，不再参与电化学反应，形成“死锌”，这也会导致电池容量的损失[24,25]。

锌离子在水溶液中通常以水合离子的形式存在。这种溶剂化结构会影响锌离子的扩散速率和沉积行为。溶剂化壳层的存在会增加锌离子在溶液中的扩散阻力，使得锌离子在向负极表面迁移过程中更容易发生不均匀沉积，从而促进枝晶的形成。当锌离子到达负极表面进行沉积时，需要先脱去溶剂化壳层，这一过程需要克服一定的能量壁垒。在不均匀沉积的情况下，局部高电场强度区域可能会加速锌离子的去溶剂化过程，使得锌离子更容易在这些区域沉积并生长为枝晶。

4.4.3 电化学反应机理

锌的沉积与溶解反应：锌离子在电解质中主要以水合离子$[Zn(H_2O)_6]^{2+}$的形式存在，在充电过程中，其在电场作用下向负极移动，到达负极表面后，水合锌离子先脱去溶剂化壳层，然后锌离子得到电子被还原为锌原子，沉积在负极表面（反应式为 $Zn^{2+}+2e^- \longrightarrow Zn$）。放电时，负极表面的锌金属作为还原剂失去电子发生氧化反应，锌原子变为锌离子溶解进入电解质中，电子通过外电路流向正极，为外部电路提供电能（反应式为 $Zn \longrightarrow Zn^{2+}+2e^-$）。

副反应对电化学反应的影响：氢气析出反应是水系锌离子电池中常见的副反应之一。在充电过程中，由于水的还原电位比锌离子的还原电位更接近 0 V，水在负极表面有一定概率获得电子发生还原反应生成氢气（反应式为 $2H_2O+2e^- \longrightarrow H_2\uparrow+2OH^-$）。氢气析出反应会消耗电池中的水分，导致电解质浓度变化，同时氢气的析出会使电池内部压力增加，影响电池的安全性[26]。此外，HER 产生的氢氧根离子会使局部 pH 值升高，可能导致锌离子与氢氧根离子结合形成氢氧化锌等副产物，如 $Zn^{2+}+2OH^- \longrightarrow Zn(OH)_2$，这些副产物会覆盖在负极表面，阻碍锌离子的扩散和电子传输，增加电池内阻，降低电池的充放电效率和循环寿命。锌金属在水系电解质中容易发生腐蚀反应。在中性或弱酸性电解质中，锌会与水发生反应生成氢氧化锌 $Zn+2H_2O \longrightarrow Zn(OH)_2+H_2\uparrow$，氢氧化锌进一步分解为氧化锌 $Zn(OH)_2 \longrightarrow ZnO+H_2O$。同时，电解质中的硫酸根离子等成分也会参与反应，与锌离子和氢氧根离子结合形成碱式硫酸锌等副产物，如 $4Zn^{2+}+6OH^-+SO_4^{2-}+xH_2O \longrightarrow Zn_4SO_4(OH)_6 \cdot xH_2O$。腐蚀反应会导致负极材料的质量损失，减少电池中活性锌的含量，从而降低电池的容量，并且腐蚀产物会覆盖在负极表面，增加电池内阻，影响电池的充放电性能和循环寿命。

4.4.4 锌离子的溶剂化结构

4.4.4.1 溶剂化结构的组成与特点

锌离子在水溶液中通常以水合离子$[Zn(H_2O)_6]^{2+}$的形式存在，即一个锌离子被六个水分子包围形成八面体结构。这种溶剂化结构使得锌离子在溶液中相对稳定，但也带来了一些对电池性能产生影响的特性（图 4-2）。从结构上看，水分子通过与锌离子的配位作用形成溶剂化壳层，该壳层在一定程度上保护着锌离子，但也增加了锌离子的体积和质量，进而对

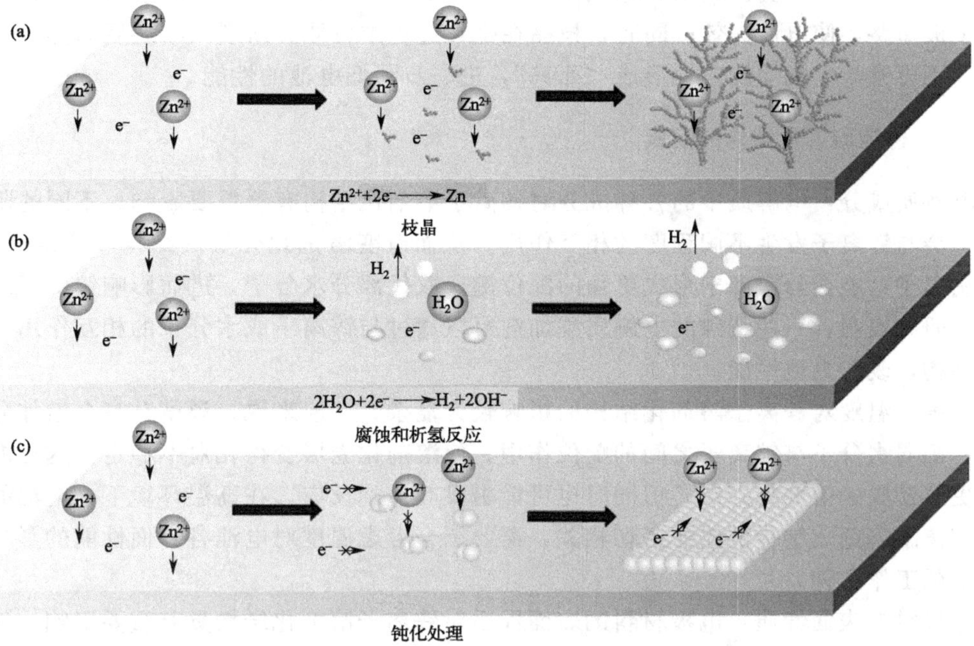

图 4-2　Zn 枝晶（a）、腐蚀和析氢反应（b）以及钝化过程（c）的示意图

其扩散速率产生显著影响。在离子迁移过程中，溶剂化壳层的存在使得锌离子需要克服水分子与锌离子之间的相互作用力以及水分子之间的氢键作用，这大大增加了离子扩散的阻力，导致其在溶液中的扩散速率降低。在电池充放电过程中，锌离子的扩散速率对反应速率和电池性能起着决定性作用，较低的扩散速率可能导致锌离子在负极表面供应不足，从而影响锌的沉积反应，使沉积不均匀，进而促进锌枝晶的形成[27]。

4.4.4.2　溶剂化结构对电池性能的影响

对离子扩散的影响：由于溶剂化壳层的存在，锌离子在溶液中需要带着水分子一起移动，这一过程受到多种因素的阻碍。一方面，水分子之间的氢键相互作用形成了相对稳定的结构，使得锌离子在迁移时需要额外的能量来打破这种结构，从而降低了其扩散速率。另一方面，溶剂化壳层与周围环境的相互作用，如与电解质中的其他离子或溶剂分子的相互作用，也会干扰锌离子的扩散路径，增加扩散的难度。在电池的实际运行中，特别是在高电流密度充放电条件下，快速的离子传输对于维持电池的性能至关重要。然而，锌离子溶剂化结构导致的低扩散速率成为限制电池性能提升的关键因素之一。例如，在快速充放电过程中，若锌离子不能及时到达负极表面参与反应，可能会导致局部电荷积累，引发电池极化现象，进而降低电池的充放电效率和循环寿命[28]。

对枝晶形成的影响：在锌离子向负极表面迁移并沉积的过程中，溶剂化结构对其沉积行为有着重要影响。当锌离子到达负极表面进行沉积时，需要先脱去溶剂化壳层，这一过程需要克服一定的能量壁垒。在不均匀沉积的情况下，局部高电场强度区域可能会加速锌离子的去溶剂化过程，使得锌离子更容易在这些区域沉积并生长为枝晶。此外，溶剂化结构中的水分子在电场作用下可能发生极化，影响锌离子的沉积方向和速率，进一步加剧枝晶的生长。枝晶的生长不仅会导致电池内部短路，降低电池的循环寿命，还会使负极表面的活性物质损失，减少电池容量。例如，随着电池循环次数的增加，枝晶可能会不断生长并穿透隔膜，导致正负极短路，使电池失效；同时，枝晶在生长过程中可能会断裂，断裂后的部分会与负极脱离，不再参与电化学反应，形成“死锌”，进一步降低电池的性能。

4.4.4.3 影响溶剂化结构的因素

电解质成分：电解质中的各种成分对锌离子溶剂化结构有着重要影响。不同的阴离子和阳离子会与锌离子发生不同程度的相互作用，从而改变溶剂化壳层的结构和稳定性。例如，某些阴离子可能会与锌离子形成更强的配位键，取代部分水分子，进而影响锌离子的溶剂化结构。研究表明，一些特殊的电解质添加剂可以通过与锌离子或水分子的相互作用，调节溶剂化结构，改善电池性能。

温度：温度对锌离子溶剂化结构的影响较为复杂。一般来说，温度升高会增加分子的热运动，削弱水分子与锌离子之间的配位作用，使溶剂化壳层变得相对不稳定。这可能导致锌离子更容易脱去溶剂化壳层，但同时也可能引发其他副反应。在高温环境下，电池的性能变化与锌离子溶剂化结构的改变密切相关，需要综合考虑温度对电池各方面性能的影响，以优化电池的工作条件。

电极材料表面性质：电极材料的表面性质对锌离子溶剂化结构具有重要影响，例如电极表面的化学组成、微观结构以及电荷分布等特征。电极材料表面的化学官能团能够与锌离子或溶剂化水分子产生特定的相互作用。例如，一些具有亲锌性的官能团（如含氧官能团）可以与锌离子形成较强的相互作用，吸引锌离子靠近电极表面，同时影响其周围溶剂化水分子的排列。这种相互作用可能会促使锌离子在电极表面的沉积过程发生改变，影响溶剂化壳层的稳定性和去溶剂化过程[29]。在具有粗糙表面结构的电极上，锌离子在沉积过程中可能会优先在表面的凸起或缺陷部位聚集，这些部位的电场分布不均匀，会影响锌离子溶剂化壳层的结构和去溶剂化行为。局部高电场强度区域可能会加速溶剂化壳层中水分子的脱离，使得锌离子更容易在这些区域沉积，但也可能导致沉积不均匀，进而促进锌枝晶的形成。电极材料的电荷分布也会对锌离子溶剂化结构产生影响。表面电荷密度较高的区域可能会吸引或排斥锌离子及其溶剂化壳层，改变其在电极表面附近的分布和运动轨迹。这种电荷相互作用在电池充放电过程中会不断变化，对锌离子的溶剂化结构和电池的电化学性能产生动态影响。

4.5 针对金属锌负极问题的改进策略

4.5.1 负极成分设计

4.5.1.1 合金化

将锌与其他金属合金化，如 Cu、Sn、Al 等，可改变锌的物理和化学性质，如机械强度、腐蚀抗性、导电性等。其作用有以下三点，抑制腐蚀：合金中的其他金属可以与锌形成固溶体或化合物，提高锌的腐蚀电位，减小锌的腐蚀速率；调节沉积行为：合金元素可以影响锌离子的沉积过程，促进均匀沉积，抑制枝晶生长；提高析氢反应的过电位：一些合金元素可以提高析氢反应的过电位，减少氢气的产生，提高电池的稳定性。

4.5.1.2 选择合适的锌基材料

锌箔和锌粉：传统的锌箔和锌粉是水系锌离子电池中常用的负极材料，它们具有较高的理论容量和较低的成本。然而，其表面性质较为活泼，容易发生腐蚀和形成枝晶，导致电池性能下降。

三维结构材料：如三维多孔碳材料、金属-有机框架（MOFs）材料和金属材料等，具有较大的比表面积和均匀的孔隙结构，能够提供更多的反应位点，促进锌离子的均匀沉积，抑制枝晶生长。

锌合金材料：除了上述合金外，还有一些其他的锌合金材料，如 ZnCu、ZnAl、ZnMn 等，也被用于水系锌离子电池中，以改善锌负极的性能。

4.5.2 表面修饰

(1) 人工界面层

致密人工界面层策略：通过在锌负极表面涂覆一层致密的薄膜，如 $Ti_3C_2T_x$ MXene、纳米 HfO_2、高产量碳点（CDs）、InF_3 等，来改变锌负极的表面性质，抑制枝晶生长和腐蚀。其作用有以下三点，调节表面电场：致密的界面层可以消除锌负极表面的电场差异，使锌离子在表面均匀沉积，从而抑制枝晶的形成；提供活性位点：界面层中的活性位点可以促进锌离子的还原反应，提高电池的反应活性；防止腐蚀：界面层可以作为屏障，防止电解液中的水和离子与锌负极直接接触，从而减少腐蚀的发生[30]。

(2) 多孔框架

多孔框架策略：在锌负极表面构建多孔框架材料，如 MOFs、COFs、金属有机骨架衍生材料等，来调控锌离子的传输和沉积行为。其作用有以下三点，分离锌离子：多孔框架材料可以提供分离的空间，阻止锌离子的聚集和枝晶的生长，同时促进离子的均匀分布；调节界面反应：多孔框架材料的表面具有丰富的官能团，可以与锌离子和电解液发生相互作用，调节界面反应的速率和选择性；增强导电性：多孔框架材料可以提高锌负极的导电性，促进电子的传输，提高电池的性能。

(3) 表面合金化

通过在锌表面进行合金化处理，如制备 $AgZn_3$、CuZn 等合金，来改变锌的表面性质，抑制枝晶生长和腐蚀。作用有以下三点，提高锌的亲水性：合金化可以改变锌的表面电子结构，提高锌的亲水性，从而促进锌离子的均匀沉积；提高析氢反应的过电位：合金元素可以提高析氢反应的过电位，减少氢气的产生，提高电池的稳定性；增强界面结合力：合金化可以改善锌与电解液之间的界面结合力，提高电池的循环稳定性[31]。

4.5.3 结构设计

(1) 三维结构设计策略

设计三维结构的锌负极，如三维多孔碳材料、MOFs 衍生材料、金属材料等，来增加锌负极的比表面积，使电流密度分布均匀，抑制枝晶生长。其作用有以下三点，使电流密度均匀分布：三维结构可以使电流在电极内部均匀分布，解决局部电流密度过高的问题，从而抑制枝晶生长；提供更多反应位点：较大的比表面积可以提供更多的反应位点，促进锌离子的均匀沉积，提高电池的容量和循环稳定性；增强结构稳定性：三维结构可以增强锌负极的结构稳定性，减少体积变化对电极性能的影响[32,33]。

（2）外延取向修饰策略

通过选择具有合适晶格结构的基底材料，如石墨烯、MoS_2 等，来实现锌离子的外延生长，控制锌的沉积行为，抑制枝晶生长。其作用有以下三点，控制晶体生长：外延取向修饰可以使锌离子在基底材料上沿着特定的晶体取向生长，形成均匀的晶体结构，抑制枝晶生长；提高界面相容性：基底材料与锌之间的良好相容性可以提高界面的稳定性，减少界面反应对电池性能的影响；增强电池性能：外延取向修饰可以提高电池的容量、循环稳定性和倍率性能[34]。

4.5.4 锌粉末负极

锌粉末负极作为一种在电池领域备受关注的负极材料，展现出了与传统锌箔负极截然不同的特性和优势。在当前对高性能电池的迫切需求下，深入研究锌粉末负极具有重要意义。与传统锌箔负极相比，锌粉末最大的优势在于其拥有更大的比表面积。从微观层面来看，这一特性使得锌粉末能够为电池反应提供数量众多的反应活性位点。在电池充放电过程中，这些丰富的活性位点如同密集的“能量交换站”，极大地方便了锌离子的存储和释放，为提升电池的充放电性能奠定了坚实基础。

大量的研究成果表明，锌粉末的粒径和形貌是影响其在电池中性能表现的关键因素。通过合理且精准地控制这两个因素，能够显著改善电池的性能。以粒径为例，当锌粉末的粒径达到纳米尺度时，其产生的效果尤为显著。在纳米尺度下，离子扩散路径会被显著缩短。这就好比在城市中，原本漫长的交通路线被大幅优化，车辆（离子）能够更快速、高效地抵达目的地。在电池中，这意味着锌离子可以更快地在电极材料中扩散，从而使电池在高倍率充放电条件下，也能保持良好的性能，大幅提升了电池的倍率性能[35]。

此外，将锌粉末与合适的添加剂或载体材料进行复合，是进一步优化其性能的有效途径。在众多可选择的载体材料中，碳纳米管因其独特的结构和优异的性能脱颖而出。当锌粉末与碳纳米管复合时，能够实现优势互补。碳纳米管具有出色的导电性，它的加入就像在电路中铺设了一条条高速“导线”，极大地增强了复合材料的整体导电性，为电子的传输提供了更顺畅的通道。同时，碳纳米管还能有效抑制锌在充放电过程中的团聚现象。在充放电过程中，锌原子容易相互聚集，就像一群人在拥挤的空间中逐渐聚集在一起，这会导致活性位点减少，电池性能下降。而碳纳米管的存在就像在人群中设置了一道道屏障，阻止了锌原子的过度聚集，使锌能够保持良好的分散状态，从而保证了足够的反应活性位点，进而提高了电池的循环稳定性[36]。

然而，锌粉末负极在展现出诸多优势的同时，也面临着一系列严峻的挑战。由于其较大的比表面积，锌粉末在电解液中会与更多的电解液成分接触，这使得副反应发生的概率大大增加。这些副反应不仅会消耗电池中的活性物质，还会导致电池的库仑效率降低，使得电池在充放电过程中的能量损失增大。更为严重的是，副反应的发生还可能引发电池的自放电问题，这意味着即使电池未处于使用状态，其电量也会逐渐减少，这对于电池的实际应用来说是一个极大的困扰[37]。

除此之外，在实际应用中，还存在一些亟待解决的关键问题。首先是如何实现锌粉末在电极中的均匀分布。如果锌粉末在电极中分布不均，就会导致电极各部分的反应活性不一致，从而影响电池的整体性能。就好比在一个团队中，如果成员的能力和工作分配不均衡，整个团队的效率就会受到影响。其次是如何保证锌粉末与集流体之间的良好接触。集流体就像是电池中的“能量运输枢纽”，负责将电极反应产生的电子收集并传输出去。如果锌粉末与集流体之间的接触不良，就会增加接触电阻，阻碍电子的传输，进而降低电池的性能。因此，解决这些问题对于推动锌粉末负极在电池领域的广泛应用至关重要[38]。

4.5.5　3D 打印锌负极

在当今电池技术不断追求突破与创新的时代背景下，3D 打印技术的出现为锌负极的制备开辟了全新的路径，成为创新解决传统制备方法诸多难题的方案。3D 打印技术凭借其独特的优势，能够以前所未有的精度对锌负极的微观结构和宏观形状进行控制，从而实现定制化设计，这一特性使得它能够完美契合不同电池应用场景的多样化需求。

在实际应用中，不同类型的电池对锌负极有着特定的性能要求。例如，用于电动汽车的电池需要具备高能量密度和长循环寿命，以满足车辆长时间行驶和多次充放电的需求；而用于可穿戴电子设备的电池，则更注重轻薄化和柔性，以适应设备的小巧便携和灵活使用。借助 3D 打印技术，就可以根据这些不同的用途，量身定制出具有特定孔隙率和孔径分布的锌负极结构。通过精确设计孔隙率和孔径分布，能够优化离子传输和电荷存储过程。较大的孔隙率可以提供更多的空间让离子自由穿梭，加快离子传输速度；而合适的孔径分布则能确保离子在电极材料中均匀扩散，避免局部离子浓度过高或过低的情况，从而提高电荷存储的效率和稳定性[39]。

通过 3D 打印制备的锌负极，其显著特点之一就是拥有独特的多孔结构。这种多孔结构就像是一个精心设计的“离子高速公路网络”，极大地增加了电极的比表面积。比表面积的增大意味着更多的反应活性位点得以暴露，这不仅有利于锌离子在电极表面的吸附和反应，还能使电流密度在电极内部的分布更加均匀。在传统的锌负极中，电流密度分布不均匀常常导致局部电流密度过高，这是引发枝晶生长的重要原因之一。而 3D 打印锌负极的电流密度均匀分布特性，能够有效抑制枝晶的生长，避免枝晶刺穿隔膜引发电池短路等问题，从而提高电池的安全性和稳定性[40]。

同时，这种多孔结构在缓解锌在充放电过程中的体积变化方面也发挥着重要作用。在电池充放电过程中，锌会发生体积膨胀和收缩，这一现象会对电极结构造成破坏，进而影响电池的性能和寿命。3D 打印锌负极的多孔结构就像一个具有弹性的“缓冲垫”，能够在一定程度上容纳锌的体积变化，减少因体积变化而产生的应力，提升电极的结构稳定性。研究数据显示，采用 3D 打印技术制备的锌负极，在经过多次充放电循环后，电极结构依然能够保持相对完整，这使得电池的循环稳定性得到显著提升，有效延长了电池的使用寿命[41]。

尽管 3D 打印锌负极展现出了诸多优势，但目前它在实际应用中仍面临一些限制。其中，成本问题是阻碍其大规模应用的主要因素之一。3D 打印设备本身价格昂贵，打印过程中所使用的材料成本也相对较高，这使得 3D 打印锌负极的生产成本居高不下。对于大规模的电池生产来说，高昂的成本无疑会增加产品的价格，降低其市场竞争力，从而限制了 3D 打印锌负极在市场上的广泛应用。

另外，打印过程中的工艺参数对锌负极的性能影响十分显著。这些工艺参数包括打印温度、打印速度、层厚、填充率等，每一个参数的微小变化都可能导致锌负极的结构和性能出现差异。例如，打印温度过高可能会导致锌材料的氧化，影响其电化学性能；而打印速度过快则可能造成结构不均匀，降低电极的稳定性。因此，如何精确控制这些工艺参数，实现高质量、一致性的生产，成为当前研究的重点方向。科研人员正在通过不断地实验和探索，结合先进的材料表征技术和数值模拟方法，深入研究工艺参数与锌负极性能之间的关系，力求找到最佳的工艺参数组合，以推动3D打印锌负极技术的进一步发展和应用。

4.5.6 电解液改性

（1）电解质盐

选择合适的电解质盐：不同的电解质盐对锌离子的溶剂化结构和迁移速率有不同的影响。选择合适的电解质盐可以改变锌离子的溶剂化结构，抑制水的分解，提高电池的稳定性。

浓度调节：调节电解质盐的浓度可以改变电解液的离子强度和黏度，从而影响锌离子的迁移速率和沉积行为。

（2）添加剂

1）有机添加剂

表面活性剂：如十六烷基三甲基溴化铵（CTAB）、十二烷基硫酸钠（SDS）等可以降低电解液的表面张力，提高电解液的润湿性，促进锌离子的沉积。螯合剂：如乙二胺四乙酸（EDTA）、2-羟基乙基乙二胺三乙酸（HEDTA）等，可以与锌离子形成稳定的配合物，调节锌离子的沉积行为，抑制枝晶生长。聚合物：如聚乙烯吡咯烷酮（PVP）、聚乙二醇（PEG）等，可以在锌负极表面形成稳定的吸附层，抑制锌离子的溶解和枝晶的生长。

2）无机添加剂

金属离子如 Ce^{3+}、La^{3+} 等，可以通过静电屏蔽和离子配位等作用，抑制锌离子的不均匀沉积和枝晶生长[42]。无机化合物如 ZnF_2、ZnS 等，可以在锌负极表面形成稳定的保护膜，抑制水的分解和腐蚀，提高电池的稳定性[43]。

（3）新型电解液

水-盐电解液：如高浓度的 $ZnCl_2$ 水溶液，具有较高的离子导电性和较低的水活性，能够抑制枝晶生长和腐蚀，提高电池的稳定性[44]。

离子液体电解液：离子液体具有良好的导电性、热稳定性和化学稳定性，能够在宽温度范围内使用。将离子液体作为电解液可以提高电池的性能和稳定性。

4.5.7 其他策略

（1）自修复策略

设计具有自修复功能的锌负极，如在锌表面制备具有自愈能力的材料，或利用材料的特性实现自修复功能。其作用是：①抑制枝晶生长：自修复策略可以在枝晶生长过程中及时修复电极表面的损伤，抑制枝晶的进一步生长；②提高电池稳定性：自修复策略可以减小电池在循环过程中的容量衰减和性能下降的程度，提高电池的稳定性和循环寿命[45]。

（2）智能调控策略

利用智能材料和传感器技术，对锌负极的状态进行实时监测和调控，实现电池的智能化管理。其作用是，优化电池性能：通过实时监测电池的状态，智能调控策略可以及时调整电池的工作条件，优化电池的性能；延长电池寿命：智能调控策略可以避免电池过充、过放等问题，延长电池的使用寿命[46]。

4.6　水系锌离子电池负极材料的研究挑战与未来展望

在全球能源转型的关键时期，可持续、高效的储能技术成为了研究焦点。水系锌离子电池（AZIBs）凭借安全性高、成本低、环境友好以及理论能量密度高等诸多显著优势，在众多储能技术中脱颖而出，被视作极具潜力的下一代储能技术，有望在大规模储能领域掀起一场变革。

锌元素在地壳中储量丰富，这使得锌离子电池的原材料成本相对较低，具备大规模应用的经济基础。与此同时，水系电解液相较于传统有机电解液，不存在易燃易爆的风险，极大地提升了电池的安全性，降低了使用过程中的安全隐患。此外，从环保角度来看，水系锌离子电池在生产、使用和废弃物处理过程中，对环境的影响较小，符合当下绿色发展的理念。其理论能量密度也具备一定竞争力，为满足日益增长的能源存储需求提供了可能。

然而，在锌离子电池的发展进程中，锌负极材料的研究却面临着一系列严峻挑战。首先是锌负极的枝晶生长问题。在充放电过程中，锌离子的沉积和溶解过程难以达到理想的均匀状态。这主要是因为电极表面的微观结构存在差异，如表面的粗糙度、晶格缺陷以及杂质等因素，都会导致锌离子在不同位置的沉积速率不同。随着时间的推移，这些初始的沉积点逐渐发展成为枝晶，穿透电池内部的隔膜，引发内部短路，降低电池的循环寿命，甚至带来严重的安全隐患。

除了枝晶生长，析氢反应也是锌负极面临的一大难题。在水系电解液的环境中，水的存在使得析氢反应成为不可忽视的副反应。从热力学角度分析，锌的标准还原电位低于析氢反应的电位，这使得析氢反应在热力学上更具优势，更容易发生。析氢反应产生的氢气会在电池内部积聚，导致电池内部压力增大，可能引发电池外壳膨胀甚至破裂。同时，析氢过程中产生的氢氧根会改变电极表面的 pH 值，加速锌负极的腐蚀，进一步加剧电池性能的衰退。

腐蚀问题同样对锌负极造成了严重影响。在碱性电解液中，锌会发生电化学腐蚀，与氢氧根离子发生反应，生成可溶性的锌酸盐，导致电极材料不断损耗。在中性或弱酸性电解液中，锌与水反应生成氢氧化锌等产物，这些产物会在电极表面形成一层疏松的钝化层，增加电极的内阻，阻碍离子的传输，降低电池的充放电效率。随着腐蚀的不断加剧，锌负极的活性物质逐渐减少，电池的容量也会下降，循环性能恶化，严重影响了电池的使用寿命和整体性能。

这些问题相互交织，不仅降低了电池的能量密度和循环稳定性，还大大增加了电池短路和失效的风险，成为水系锌离子电池商业化和大规模应用道路上的巨大阻碍。

为了攻克这些难题，全球的研究者进行了大量的探索和创新。在新型负极材料开发方面，取得了不少令人瞩目的成果。开发锌合金材料，通过将锌与其他金属元素合金化，能够改变锌的晶体结构和电子云分布，优化锌的沉积行为，抑制枝晶的生长。例如，通过在电解液中引入亲锌性添加剂，可以显著改变锌电极的表面生长，从而提高电池的充放电可逆性和循环稳定性。

复合材料的研发也是一个重要方向。将不同材料的优势结合起来，能够发挥协同效应，提升电池性能。例如，将碳材料与锌负极复合，碳材料具有高导电性和较大的比表面积，能够为锌离子的沉积提供更多的活性位点，促进锌离子的均匀沉积，同时还能增强电极的导电性，降低电池的内阻。近年来，锌与碳纳米管、石墨烯等碳材料复合后，在电池测试中展现出了更好的倍率性能和循环稳定性[47]。

此外，多孔结构设计也为解决锌负极问题提供了新思路。三维多孔锌负极通过其独特的结构优势，能够有效调控 Zn^{2+} 的沉积/剥离行为，从而抑制枝晶的生长，并提高电池的循环稳定性和安全性。例如，中国科学技术大学的谈鹏教授团队全面揭示了锌电极的电溶解机理，为提升锌电极的可逆性提供了新的研究方向[48,49]。

与此同时，界面设计策略也在不断优化。通过构建人工固体电解质界面（SEI）层或动态界面，可以有效调控锌负极的双电层结构，从而改变锌沉积/溶解反应的动力学，抑制水腐蚀，进而提高锌负极的可逆性。例如，东南大学郭新立教授团队通过介电效应构建自调节型双电层，实现了水系锌离子电池的超快充性能。

综上所述，水系锌离子电池负极材料的研究虽然面临诸多挑战，但由于技术的不断进步和新型材料的不断涌现，其应用前景依然广阔。未来的研究方向包括进一步优化材料的结构设计和性能调控，深入理解电池反应机理，以及探索更高效的界面设计策略。随着这些研究的不断深入，水系锌离子电池有望在可再生能源存储领域发挥越来越重要的作用，为全球能源转型和可持续发展提供有力支持。

参考文献

[1] Upreti B B，Kamboj N，Dey R S. Advancing zinc anodes：Strategies for enhanced performance in aqueous zinc-ion batteries. Small，**2025**，21 (7)：2408138.

[2] Nie C，Wang G，Wang D，Wang M，Gao X，Bai Z，Wang N，Yang J，Xing Z，Dou S. Recent progress on Zn anodes for advanced aqueous zinc-ion batteries. Advanced Energy Materials，**2023**，13 (28)：2300606.

[3] Li X，Zeng J，Yao H，Yuan D，Zhang L. Current advances on Zn anodes for aqueous zinc-ion batteries. ChemNanoMat，**2021**，7 (11)：1162-1176.

[4] Yu A，Zhang W，Joshi N，Yang Y. Recent advances in anode design for mild aqueous Zn-ion batteries. Energy Storage Materials，**2024**，64：103075.

[5] Yang S，Du H，Li Y，Wu X，Xiao B，He Z，Zhang Q，Wu X. Advances in the structure design of substrate materials for zinc anode of aqueous zinc ion batteries. Green Energy & Environment，**2023**，8 (6)：1531-1552.

[6] Ge X，Peng Z，Zhang Q，Zhu J，Zhao N，Zhang Z，Meng W，Li B，Wang L，Tian H，Dai L，He Z. Uniformly dispersed zinc-tin alloy as high-performance anode for aqueous zinc ion batteries. Journal of Materials Science & Technology，**2025**，219：10-18.

[7] Chu Y，Ren L，Hu Z，Huang C，Luo J. An in-depth understanding of improvement strategies and corresponding characterizations towards Zn anode in aqueous Zn-ions batteries. Green Energy & Environment，**2023**，8 (4)：1006-1042.

[8] Zhu C，Li P，Xu G，Cheng H，Gao G. Recent progress and challenges of Zn anode modification materials in aqueous Zn-ion batteries. Coordination Chemistry Reviews，**2023**，485：215142.

[9] Wang T，Li C，Xie X，Lu B，He Z，Liang S，Zhou J. Anode materials for aqueous zinc ion batteries：Mechanisms，properties，and perspectives. ACS Nano，**2020**，14 (12)：16321-16347.

[10] Zhu D，Zheng Y，Xiong Y，Cui C，Ren F，Liu Y. In situ growth of S-doped ZnO thin film enabling dendrite-free zinc anode for high-performance aqueous zinc-ion batteries. Journal of Alloys and Compounds，**2022**，918：165486.

[11] Li T C，Fang D，Zhang J，Pam M E，Leong Z Y，Yu J，Li X L，Yan D，Yang H Y. Recent progress in aqueous zinc-ion batteries：a deep insight into zinc metal anodes. Journal of Materials Chemistry A，**2021**，9 (10)：6013-6028.

[12] Zhu M，Li X，Shi C，Cai C，Zhang J. Recent research progress in the design and modification of zinc metal anodes for aqueous zinc ion batteries. Journal of Energy Storage，**2024**，101：113686.

[13] Meyer B K, Polity A, Farangis B, He Y, Hasselkamp D, Krämer T, Wang C. Structural properties and bandgap bowing of $ZnO_{1-x}S_x$ thin films deposited by reactive sputtering. Applied Physics Letters, **2004**, 85 (21): 4929-4931.

[14] Li Y, Guo Y-F, Li Z-X, Wang P-F, Xie Y, Yi T-F. Carbon-based nanomaterials for stabilizing zinc metal anodes towards high-performance aqueous zinc-ion batteries. Energy Storage Materials, **2024**, 67: 103300.

[15] Liu M, Yang L, Liu H, Amine A, Zhao Q, Song Y, Yang J, Wang K, Pan F. Artificial solid-electrolyte interface facilitating dendrite-free zinc metal anodes via nanowetting effect. ACS Applied Materials & Interfaces, **2019**, 11 (35): 32046-32051.

[16] Kittner N, Lill F, Kammen D M. Energy storage deployment and innovation for the clean energy transition. Nature Energy, **2017**, 2 (9): 17125.

[17] Zhou X, Li X, Pang J, Lei Z. Recent progress on modification strategies of both metal zinc anode and manganese dioxide cathode materials for high-performance aqueous zinc-ion batteries. Coordination Chemistry Reviews, **2025**, 523: 216255.

[18] Wang A, Zhou W, Huang A, Chen M, Chen J, Tian Q, Xu J. Modifying the Zn anode with carbon black coating and nanofibrillated cellulose binder: A strategy to realize dendrite-free Zn-MnO_2 batteries. Journal of Colloid and Interface Science, **2020**, 577: 256-264.

[19] Zhang J, Lei Q, Ren Z, Zhu X, Li J, Li Z, Liu S, Ding Y, Jiang Z, Li J, Huang Y, Li X, Zhou X, Wang Y, Zhu D, Zeng M, Fu L. A superlattice-stabilized layered CuS anode for high-performance aqueous zinc-ion batteries. ACS Nano, **2021**, 15 (11): 17748-17756.

[20] Cheng Y, Luo L, Zhong L, Chen J, Li B, Wang W, Mao S X, Wang C, Sprenkle V L, Li G, Liu J. Highly reversible zinc-ion intercalation into chevrel phase Mo_6S_8 nanocubes and applications for advanced zinc-ion batteries. ACS Applied Materials & Interfaces, **2016**, 8 (22): 13673-13677.

[21] Kang L, Cui M, Jiang F, Gao Y, Luo H, Liu J, Liang W, Zhi C. Nanoporous $CaCO_3$ coatings enabled uniform Zn stripping/plating for long-life zinc rechargeable aqueous batteries. Advanced Energy Materials, **2018**, 8 (25): 1801090.

[22] Chen X, Liu B, Zhong C, Liu Z, Liu J, Ma L, Deng Y, Han X, Wu T, Hu W, Lu J. Ultrathin Co_3O_4 layers with large contact area on carbon fibers as high-performance electrode for flexible zinc-air battery integrated with flexible display. Advanced Energy Materials, **2017**, 7 (18): 1700779.

[23] Li W, Wang K, Zhou M, Zhan H, Cheng S, Jiang K. Advanced low-cost, high-voltage, long-life aqueous hybrid sodium/zinc batteries enabled by a dendrite-free zinc anode and concentrated electrolyte. ACS Applied Materials & Interfaces, **2018**, 10 (26): 22059-22066.

[24] He X, Zhang H, Zhao X, Zhang P, Chen M, Zheng Z, Han Z, Zhu T, Tong Y, Lu X. Stabilized molybdenum trioxide nanowires as novel ultrahigh-capacity cathode for rechargeable zinc ion battery. Advanced Science, **2019**, 6 (14): 1900151.

[25] Mwemezi M, Prabakar S J R, Han S C, Park W B, Seo J Y, Sohn K-S, Pyo M. Zinc anodes modified by one-molecular-thick self-assembled monolayers for simultaneous suppression of side-reactions and dendrite-formation in aqueous zinc-ion batteries. Small, **2022**, 18 (21): 2201284.

[26] Liu Y, Liu Y, Wu X. Toward long-life aqueous zinc ion batteries by constructing stable zinc anodes. The Chemical Record, **2022**, 22 (10): e202200088.

[27] Laska C A, Auinger M, Biedermann P U, Iqbal D, Laska N, De Strycker J, Mayrhofer K J J. Effect of hydrogen carbonate and chloride on zinc corrosion investigated by a scanning flow cell system. Electrochimica Acta, **2015**, 159: 198-209.

[28] Wen Q, Fu H, Cui R-d, Chen H-Z, Ji R-H, Tang L-B, Yan C, Mao J, Dai K-H, Zhang X-H, Zheng J-C. Recent advances in interfacial modification of zinc anode for aqueous rechargeable zinc ion batteries. Journal of Energy Chemistry, **2023**, 83: 287-303.

[29] Xiao J, Yuan C, Xiang L, Li X, Zhu L, Zhan X. Design strategies toward high-utilization zinc anodes for practical zinc-metal batteries. Chemistry-A European Journal, **2024**, 30 (21): e202304149.

[30] Zhang Q, Luan J, Tang Y, Ji X, Wang H. Interfacial design of dendrite-free zinc anodes for aqueous zinc-ion batteries. Angewandte Chemie International Edition, **2020**, 59 (32): 13180-13191.

[31] Gopalakrishnan M, Ganesan S, Nguyen M T, Yonezawa T, Praserthdam S, Pornprasertsuk R, Kheawhom S. Critical roles of metal-organic frameworks in improving the Zn anode in aqueous zinc-ion batteries. Chemical Engineering Journal, **2023**, 457: 141334.

[32] Liao Y, Chen H-C, Yang C, Liu R, Peng Z, Cao H, Wang K. Unveiling performance evolution mechanisms of MnO_2 polymorphs for durable aqueous zinc-ion batteries. Energy Storage Materials, **2022**, 44: 508-516.

[33] Lu H, Liu L, Zhang J, Xu J. Highly durable aqueous Zn ion batteries based on a Zn anode coated by three-dimensional cross-linked and branch-liked bismuth-PVDF layer. Journal of Colloid and Interface Science, **2022**, 617: 422-429.

[34] Song M, Tan H, Chao D, Fan H J. Recent advances in Zn-ion batteries. Advanced Functional Materials, **2018**, 28 (41): 1802564.

[35] Cheng J, Zhao Y, Yu F, Tang Z, Chen Z, Ou Y. T-Nb_2O_5 surface coating enables a stable zinc anode. Energy Technology, **2024**, 12 (9): 2400624.

[36] Chen W, Tang J, Ji F, Sun J, Zhu Q, Liu B-T. A multifunctional gradient coating enables dendrite-free and side reaction-free zinc anodes for stable zinc-ion batteries. Cell Reports Physical Science, **2023**, 4 (4): 101344.

[37] Huang Y, Guo R, Li Z, Zhang J, Liu W, Kang F. Ultra-stable aqueous zinc anodes: Enabling high-performance zinc-ion batteries via a $ZnSiF_6$-derived protective interphase. Advanced Science, **2024**, 11 (44): 2407201.

[38] Xu P, Wang C, Zhao B, Zhou Y, Cheng H. An interfacial coating with high corrosion resistance based on halloysite nanotubes for anode protection of zinc-ion batteries. Journal of Colloid and Interface Science, **2021**, 602: 859-867.

[39] Ju J, Zhang Y, Zhang Y, Zhang Z, Chen S, Zhao C, Kang W. Robust zinc anode modification layer with hydrophobic-cation selectivity for stabilized aqueous zinc ion batteries. Chemical Engineering Journal, **2024**, 481: 148479.

[40] Abouali M, Adhami S, Haris S A, Yuksel R. On the dendrite-suppressing effect of laser-processed polylactic acid-derived carbon coated zinc anode in aqueous zinc ion batteries. Angewandte Chemie International Edition, **2024**, 63 (28): e202405048.

[41] Zhao C, Zhang Y, Gao J, Guo Z, Chen A, Liu N, Lu X, Zhang X, Zhang N. Zincophilic design and the electrode/electrolyte interface for aqueous zinc-ion batteries: A review. Batteries & Supercaps, **2023**, 6 (5): e202200478.

[42] Zhao L-L, Zhao S, Zhang N, Wang P-F, Liu Z-L, Xie Y, Shu J, Yi T-F. Construction of stable Zn metal anode by inorganic functional protective layer toward long-life aqueous Zn-ion battery. Energy Storage Materials, **2024**, 71: 103628.

[43] Liu Z, Li X, Li Z, Ma L, Wang Y, Ye C, Ye M, Shen J. Stable dendrite-free Zn anode with Janus MXene-Ag interfacial bifunctional protective layer for aqueous zinc-ion batteries. Chemical Engineering Journal, **2024**, 479: 147412.

[44] Xue L, Gao H, Li Y, Goodenough J B. Cathode dependence of liquid-alloy Na-K anodes. Journal of the American Chemical Society, **2018**, 140 (9): 3292-3298.

[45] Chen L, An Q, Mai L. Recent advances and prospects of cathode materials for rechargeable aqueous zinc-ion batteries. Advanced Materials Interfaces, **2019**, 6 (17): 1900387.

[46] Feng Z, Feng Y, Fan F, Deng D, Dong H, Liu S, Kang L, Jun S C, Wang L, Zhu J, Dai L, He Z. Functionalization design of zinc anode for advanced aqueous zinc-ion batteries. SusMat, **2024**, 4 (2): e184.

[47] Ma G, Chen K, Qiao H, Liu J, Dong H, Gao Y. Porous V_2CT_x MXene as a high stability zinc anode protective coating. Nano Letters, **2024**, 24 (46): 14552-14558.

[48] Xu S, Sun Z, Wei D, Shao L, Wang M, Wang Z, Zhang J, Zhang T, Liu G, Cui J, Wei M, Dong Y. Polypyrrole functionalized cellulose/polypropylene composite membrane with zinc inducing and dendrite resistance for robust zinc-ion batteries. Journal of Membrane Science, **2024**, 712: 123230.

[49] Hu Y, Du H, Lu J, Li Z, Ma Y, Song S. Achieving dendrite-free and long cyclic stability of zinc anode via CeO_2 doped PEO interface modification. Fuel, **2023**, 354: 129417.

第 5 章 水系锌离子电池电解液

电解质溶液（简称电解液）是指化合物以离子形式存在的溶解态系统，分为溶质和溶剂，若水为溶剂则称之为水系电解液[1]。对于水系锌离子电池，电解液对电荷和电子在正极和负极之间的转移有着非常关键的作用。因此，了解电解液的相关知识对于了解水系锌离子电池是很有必要的。

5.1 水系电解液电化学基础

5.1.1 水系电解液热力学和动力学基础

5.1.1.1 水系电解液热力学基础[2]

（1）离子的平均活度、平均活度因子

由于电解质溶液中正、负离子之间存在属于长程力的静电引力，因此电解质溶液并不遵循理想溶液的亨利定律和拉乌尔定律，此时需要通过引入离子平均活度和离子平均活度因子来讨论其中的平衡问题。

① 化学势

当温度和压强一定时，将在一定组成溶液中，由于某种离子物质的量改变而引起的吉布斯自由能的变化定义为化学势，其定义式为

$$\mu_i \xlongequal{\text{def}} \left(\frac{\partial G}{\partial n_i}\right)_{T,P,n_i} \tag{5-1}$$

式中，μ_i 为电解液中正离子和负离子的化学势，可以写作 μ_+ 和 μ_-；G 为溶液吉布斯函数；n_i 为物质的量。由于在实验中不可能向电解液中单独添加正离子或负离子，故式(5-1) 只是离子化学势理论定义，并无实际意义。

电解液中溶质（即电解质）的化学势 μ_B 与正、负离子的化学势 μ_+、μ_-之间的关系为

$$\mu_B = \nu_+\mu_+ + \nu_-\mu_- \tag{5-2}$$

式中，ν_+、ν_-表示正、负离子的化学计量数。

② 活度和活度因子

将电解液中的电解质和其电离出的正、负离子的活度定义为

$$\mu_i=\mu_i^{\ominus}+RT\ln a_i \tag{5-3}$$

式中，a_i 表示活度，电解液中的电解质和其电离出的正、负离子的活度可以分别写作 a_B 和 a_+、a_-；$\mu_i^{\ominus}$ 表示标准化学势。

如果将式(5-2) 和式(5-3) 联立，可以得到式子

$$\mu_B^{\ominus}+RT\ln a_B=\nu_+\mu_+^{\ominus}+\nu_-\mu_-^{\ominus}+RT\ln a_+^{\nu_+}a_-^{\nu_-}$$

由上式可以得到电解液中电解质活度与其电离出的正、负离子活度之间的关系：

$$a_B=a_+^{\nu_+}a_-^{\nu_-} \tag{5-4}$$

将电解液中离子的活度因子定义为

$$\gamma_i=\frac{a_i}{b_i/b^{\ominus}} \tag{5-5}$$

式中，b_i 为离子的质量摩尔浓度；$b^{\ominus}$ 为 1 mol/kg。当电解质完全电解时，$b_i=\nu_i b$，其中 b 为电解质的质量摩尔浓度。

③ 离子的平均活度和平均活度因子

实际情况下，电解液中的正、负离子同时存在，个别离子的活度和活度因子并不能单独测出，但是可以测出平均值，进而引入平均活度 $a_\pm$ 和平均活度因子 $\gamma_\pm$ 的概念。

$$a_\pm \overset{\text{def}}{=\!=\!=} (a_+^{\nu_+}a_-^{\nu_-})^{1/\nu};\gamma_\pm \overset{\text{def}}{=\!=\!=} \gamma_+^{\nu_+}\gamma_-^{\nu_-})^{1/\nu} \tag{5-6}$$

其中，$\nu=\nu^++\nu^-$。

(2) 电解液离子强度

当温度一定时，溶液很稀的情况下，电解质的平均活度因子与浓度有关。路易斯(Lewis) 提出离子强度的概念，将其定义为

$$I=\frac{1}{2}\sum b_B z_B^2 \tag{5-7}$$

式中，I 表示离子强度，mol/kg；b_B 表示离子 B 的质量摩尔浓度；z_B 表示离子 B 的价态。

Lewis 也总结了出离子强度 $I<0.01$ mol/kg 时和离子平均活度因子 $\gamma_\pm$ 有以下关系：

$$\ln\gamma_\pm=-C\sqrt{I/b^{\ominus}} \tag{5-8}$$

式中，C 表示常数。

5.1.1.2 水系电解液动力学基础[3]

(1) 离子的迁移数和迁移率

① 电迁移　电解液中的正、负离子在电场力的作用下分别做定向运动称为电迁移。

② 离子迁移数与离子迁移率　电解液中不同离子的浓度不同，导电能力通常也会有很大差异。为表示电解液中一种离子所承担导电份额的大小，提出了迁移数的概念，即离子所运载的电流与总电流之比。

$$t_i=\frac{I_i}{I} \tag{5-9}$$

式中，t_i 表示离子的迁移数；I_i 表示离子运载的电流；I 表示总电流。

当电解液中的离子存在两种以上时，其中一种离子的迁移数可以如下计算：

$$t_i=\frac{q_i}{q}=\frac{q_i}{\sum_i q_i}=\frac{I_i}{I}=\frac{I_i}{\sum I_+ + \sum I_-} \tag{5-10}$$

式中，q 为输送电量。在实验中，温度、离子浓度以及电解液中其他离子都会影响离子的迁移数。同时也可以通过改变外加电场和正、负电极之间的距离影响离子迁移数，对此可以引入离子迁移率的概念：指在外加电场 E 是 1 V/m 时，离子在溶液中的移动速度。离子迁移率又被称为离子淌度。

(2) 电导、电导率、摩尔电导率

① 电导

用电阻的倒数来表征电解液的导电能力，将其定义为电导，定义式如下：

$$G=\frac{1}{R}=\frac{I}{U}=\frac{1}{\rho}\times\frac{A}{l}=\kappa\frac{A}{l} \tag{5-11}$$

式中，G 表示电导，S，1 S=1 Ω^{-1}；R 表示电阻，Ω；I 表示电流，A；U 表示电压，V；ρ 表示电阻率，Ω·m；A 表示导体截面积，m^2；l 表示导体长度，m；κ 表示电导率。

② 电导率

由式(5-11) 可知，电导率是电阻率的倒数。

$$\kappa=\frac{1}{\rho}=G\frac{l}{A} \tag{5-12}$$

式中，电导率 κ 的单位为 S/m，也可以为 $(\Omega\cdot m)^{-1}$。从式(5-12) 可以看出，电导率是当两个电极距离为 1 m、电极面积为 1 m^2 时电解液的电导，所以也可以将电导率称为比电导。影响电导率的因素有浓度、温度以及电解质的种类。

③ 摩尔电导率　电解液的电导率会随着电解质浓度的改变而改变，为了能更好地比较不同种类、不同浓度的电解液电导率，引入摩尔电导率的概念，即单位电解质溶液浓度的电导率。

$$\Lambda_m=\frac{\kappa}{c} \tag{5-13}$$

式中，Λ_m 表示摩尔电导率，$S\cdot m^2/mol$；c 表示电解质溶液的浓度，mol/m^3。

5.1.1.3　离子氛模型[4]

电解液中的正、负离子之间存在同性相斥异性相吸的库仑力，使得正、负离子趋于一定的规则排列，但是由于离子存在热运动，正、负离子又均匀分散。库仑力和热运动的相互作用使得在一定的时间、空间内，任意离子的周围存在的异性离子的数量大于同性离子，将这个离子定义为中心离子。

假设中心离子周围有一层异性电荷，并且总的异性电荷数等于中心离子的电荷数，将包裹中心离子的电荷所围成的球体称作离子氛。如图 5-1 所示。中心离子可以是任意一个离子，电解液中任意一个离子的周围都形成离子氛，任意一个离子既是中心离子，也参与组成其他离子氛。

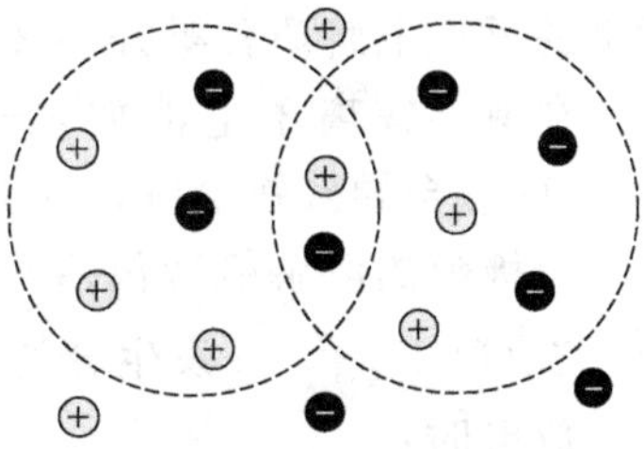

图 5-1　离子氛示意图

5.1.2　水系电解液的电化学稳定窗口

(1) 电化学稳定窗口

即电解质在不发生显著的氧化反应或者还原反应的前提下能够稳定存在的电位范围，或者称之为电解质能够承受的最大正电位和最小负电位之间的差值。

（2）影响因素

水分解反应：纯水因热力学分解产生氢气和氧气的电化学稳定窗口为 1.23 V，限制了水系电解液的电化学稳定窗口。

电解液 pH：pH 影响水的析氢反应和吸氧反应进而影响电化学稳定窗口，并且，不同的电极材料在不同的 pH 值下表现出不同的电化学性能，故电解液的 pH 值影响水系电解液的电化学稳定窗口。

电解质添加剂：电解质添加剂可以改变电解液的性质，从而影响水系电解液的电化学稳定窗口。

多组分电解液：多组分电解液可以通过形成复合溶剂鞘和促进均匀固体电解质界面（SEI）层的生成来拓宽电化学稳定窗口，提高水系电解液的稳定性。

高浓度电解质：高浓度电解质可以降低水的活度，提高水的分解活化能，从而拓宽水系电解液的电化学稳定窗口。

5.2 电解液类型

理想的电解质溶液应该具有良好的电绝缘性、离子导电性和界面动力学，以及宽电化学稳定窗口、热稳定性、无毒无害、对环境友好和较低的成本等优良特性[5]。目前应用于水系锌离子电池的电解质溶液种类繁多，根据电解质的组成和性质可以将其分为无机盐电解液和有机盐电解液。

5.2.1 无机盐电解液

水系锌离子电池中的无机盐电解液根据其 pH 可以分为两大类，分别是碱性电解液和中性/弱酸性电解液。中性/弱酸性电解液比碱性电解液更加适合水系锌离子电池。

5.2.1.1 碱性电解液

20 世纪 50 年代，碱性电解液首次应用于锌基电池，原电池市场中碱性锌锰电池开始占主导地位。20 世纪中叶早期，开发出使用 KOH 电解质和 NaOH 电解质的锌-银电池和锌-空气电池。20 世纪后期，碱性锌基电池成为研究的焦点，并开始广泛商业化。

碱性锌离子电池的电化学稳定窗口可以达到 1.7～1.8 V，大于水的电化学稳定窗口 1.23 V，具有良好的发展前景。如今，碱性电解液已经在锌-银电池、锌-空气电池、锌-二氧化锰电池和锌-镍电池中进行很多实验。但是由于可溶性碱盐的数量有限，故可用于水系溶剂的碱性电解质种类并不多，常用的碱性电解质有 KOH、NaOH 和 LiOH 等。

在碱性锌离子电池放电过程中，正极有水参与发生还原反应产生 OH^-，负极锌与 OH^- 反应会导致锌溶解，反应机理如图 5-2 所示。

负极锌的溶解机理包括两个步骤，即锌先和电解液中的 OH^- 反应生成 $[Zn(OH)_4]^{2-}$，而 $[Zn(OH)_4]^{2-}$ 又发生分解反应生成 ZnO，具体反应方程式如下。

放电时：

$$Zn+4OH^- \longrightarrow [Zn(OH)_4]^{2-}+2e^-$$

$$[Zn(OH)_4]^{2-} \longrightarrow ZnO+H_2O+2OH^-$$

总反应式：$Zn+2OH^{-} \longrightarrow ZnO+H_2O+2e^{-}$

充电时：

$ZnO+H_2O+2OH^{-} \longrightarrow [Zn(OH)_4]^{2-}$

$[Zn(OH)_4]^{2-}+2e^{-} \longrightarrow Zn+4OH^{-}$

总反应式：$ZnO+H_2O+2e^{-} \longrightarrow Zn+2OH^{-}$

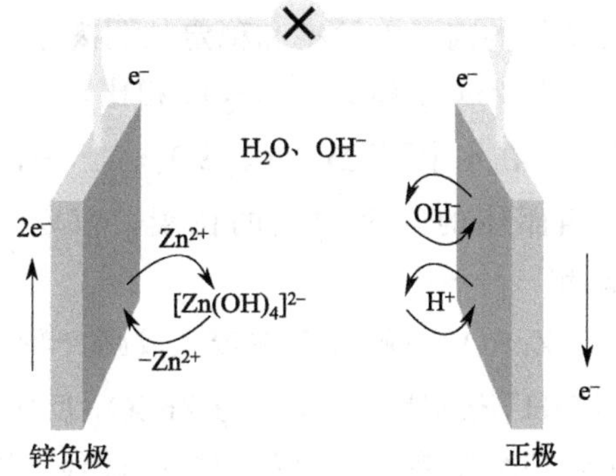

图 5-2　水系锌离子电池碱性电解液电化学原理

在 KOH、NaOH 和 LiOH 中，三个不同的阳离子 K^{+}、Na^{+}、Li^{+} 的离子电导率分别为 73.5 S/m、50.11 S/m 和 38.7 S/m，并且 KOH 拥有更快的动力学和更高的溶解度，这表明 KOH 是三者中比较有前途的碱性盐电解质[6]。目前市面上的水系锌离子电池中，锌-锰电池、锌-空气电池和锌-镍电池的电解质都为 KOH。高浓度的电解质可以提高碱性电解液的电子电导率，并且降低电解质的离子电导率以抑制锌枝晶的形成，所以 KOH 水系电解液的常用浓度为 6 mol/L。

需要注意的是，纯 LiOH 电解质会引起 Zn 的钝化进而在短时间内引起电池短路，故在实际的应用过程中 LiOH 需要与其他电解质一起使用。含 LiOH 电解质的电解液可以减少 Zn^{2+} 的嵌入，并且饱和 LiOH 电解液可以形成固体电解质界面，减少副产物的形成[7]。

具有二价性质的 Zn^{2+} 会和周围的电子供体产生强的相互作用。而在碱性电解液中，存在大量的 OH^{-}，并且 OH^{-} 具有静电相互作用，电解液中游离的 Zn^{2+} 可以和 OH^{-} 结合成更稳定的溶剂化结构—— $[Zn(OH)_4]^{2-}$，溶剂化的 Zn^{2+} 参与电化学反应中的离子传输和电荷转移，影响水系锌离子电池的电化学性能。

5.2.1.2　中性/弱酸性电解液

到 20 世纪 70～80 年代，开始尝试将中性电解质 $ZnSO_4$ 用在锌-二氧化锰电池中，但是当时并没有受到广泛关注。直到 21 世纪 10 年代初期，随着锂离子电池中性电解质的研究兴起，也出现了大量的中性/弱酸性电解质应用于锌离子电池。和本就种类不多的碱性电解质相比，目前常见的中性电解质有 $ZnSO_4$、$ZnCl_2$、$Zn(NO_3)_2$ 和 $Zn(ClO_4)_2$。

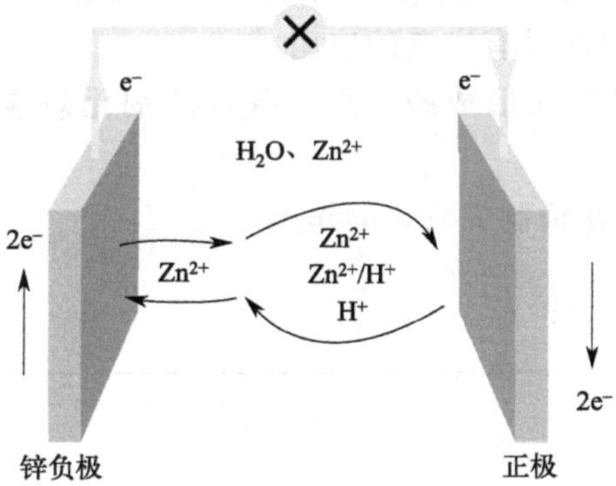

图 5-3　水系锌离子电池中性/弱酸性电解液电化学原理

中性/弱酸性电解液具有一定的优点：减少锌负极腐蚀，增加长期循环的稳定性；抑制锌枝晶的形成，提高库仑效率；比有机电解液具有更高的安全性、更低的成本和较高离子电导率。

与碱性电解液相比，中性/酸性电解液中并没有大量的 OH^{-}，水系锌离子电池的锌负极在中性/酸性电解液中只生成 $Zn(OH)_2$ 并沉积而不会溶解，反应机理如图 5-3 所示。具体反应方程式如下。

放电时：

$Zn \longrightarrow Zn^{2+}+2e^{-}$

充电时：

$Zn^{2+}+2e^{-} \longrightarrow Zn$

由于中性电解质是金属锌盐，电解质组成在理论上会更稳定，这种特性会减少电化学反应过程中副产物的形成，在锌-锰电池的电解液中占据一定的地位。其中，$ZnSO_4$ 凭借其具有良好的离子电导率和稳定的阴离子结构等优点在过去被广泛应用。

与 $ZnCl_2$ 和 $Zn(NO_3)_2$ 相比，$ZnSO_4$ 在 Zn/V_2O_5 电池中的电化学性能最好，这是因为 SO_4^{2-} 在水中更稳定[8]。SO_4^{2-} 是一个四面体结构，其中 S 原子位于中心位置，而 O 原子位于四面体的四个顶点的位置，SO_4^{2-} 中有四个类似的 S—O 键，因此 SO_4^{2-} 拥有稳定的结构[9]。

$ZnSO_4$ 电解液存在着生成副产物、负极锌的腐蚀及析氢反应的问题。在电解液中的局部 OH^- 聚集区，OH^- 与 $ZnSO_4$ 反应生成 $Zn_4(OH)_6SO_4 \cdot xH_2O$（碱性水合硫酸锌），这种物质会影响 Zn 的嵌入/脱出过程，进而加剧锌枝晶的生成。但是锌负极在 $ZnSO_4$ 电解液中出现低腐蚀、弱锌枝晶生长和快速沉积/溶解的现象。

$Zn(NO_3)_2$ 和 $Zn(ClO_4)_2$ 的成本较低，但 NO_3^- 和 ClO_4^- 具有强氧化性，在锌-锰电池中并不能完全溶解于水溶液。同时 NO_3^- 和 ClO_4^- 会发生氧化分解反应，腐蚀锌负极并形成致密的钝化层。

中性电解液中的水分子的氧原子有两个孤对电子，具有较强的供电子效应，可以将 Zn^{2+} 进行偶极水分子溶剂化，形成 $[Zn(H_2O)_6]^{2+}$ 的溶剂化结构。

5.2.2 有机盐电解液

与碱性无机盐电解质相同，可选择的有机盐电解质也很少，不过无机盐电解质存在电化学稳定窗口小、库仑效率较差等缺点，有机盐电解质在水系锌离子电池中依旧有一定的发展空间。常用的有机盐电解质有 $Zn(OAc)_2$、$Zn(OTf)_2$、$Zn(TFSI)_2$ 和 $Zn(BF_4)_2$ {其中 AcO^- 指的是 CH_3COO^-，TfO^- 指的是 $CF_3SO_3^-$，$TFSI^-$ 指的是 $[N(SO_2CF_3)_2]^-$}。

与 $ZnSO_4$ 相比，$Zn(OTf)_2$ 的离子电导率更高，可以增大 Zn^{2+} 的迁移率，抑制锌枝晶的形成。并且 OTf^- 尺寸较大，这有利于减少 Zn^{2+} 周围的水分子，抑制锌的溶剂化效应。但是 $Zn(OTf)_2$ 的成本过高，并不能广泛商业化应用。

与无机盐电解质 $ZnSO_4$ 相似，$Zn(OAc)_2$ 同样会与水反应生成碱性水合物，但是此种水合物在一定条件下可以进行可逆的氧化还原反应[10]。并且 $Zn(OAc)_2$ 在日常生活中可以作为食品添加剂，无毒无害，但是没有特色的性能，故而没有广泛的应用。

$Zn(TFSI)_2$ 中 $TFSI^-$ 具有疏水性，可以在锌负极表面形成疏水层，降低溶剂化效应，抑制水解反应，提高电化学稳定窗口。

$Zn(BF_4)_2$ 是新型的有机电解质，呈现弱酸性，存在抑制锌氧化的作用[11]。

5.3 水系电解液的优化

5.3.1 优化目标

水系电解液优化的目标主要是提高水系电池的性能，以满足不同应用场景的需求。以下是对水系电解液优化目标的详细阐述。

(1) 提高能量密度

水系电池的能量密度通常低于二次电池，因此提高能量密度是水系电解液优化的重要目标之一。

电极材料设计与电解液协同：通过设计高性能的电极材料，并与优化后的电解液协同作用，可以提高水系电池的能量密度。

拓宽电化学稳定窗口：水系电解液狭窄的电化学稳定窗口限制了能量密度的提高。通过优化电解液的组成和结构，可以拓宽电化学稳定窗口。

(2) 提高离子电导率

高离子电导率可以提高电池的充放电速率和功率密度。

调节电解液浓度：适当降低电解液浓度可以在一定程度上提高离子电导率。

选择合适的溶剂：选择具有良好离子导电性能的溶剂可以提高电解液的离子电导率。例如，在中性水系碱金属硫酸盐电解液的研究中，室温下 K_2SO_4 电解液由于阳离子尺寸最小和电导率最高，获得了最大的功率密度和能量密度。

(3) 改善低温性能

对于一些应用场景，如寒冷地区的储能系统，需要水系电池在低温下具有良好的性能。

了解电解液的抗冻机制：了解水系电解液中氢键的行为和抗冻机制的基本原理，通过优化电解液的组成和结构，提高其在低温下的性能。例如，在低温水系电池的研究中，讨论了水系可充电电池在低温下的行为，并提出了优化电解液的策略，以提高其在低温下的性能[12]。

使用混合电解液或加入添加剂：通过使用混合电解液或添加特定的添加剂，可以拓宽水系电池的工作温度范围。

(4) 提高循环稳定性

长循环稳定性是水系电池实际应用的关键要求之一。

抑制电极副反应：通过优化电解液的组成和结构，可以抑制电极上的副反应，如枝晶生长、腐蚀和氢气析出等，从而提高循环稳定性。例如，在水系锌离子电池的研究中，总结了库仑效率低和循环性能差是锌负极现阶段面临的挑战，主要是由锌枝晶生长和腐蚀现象引起的。通过对锌负极自身设计和电解液优化，可以改善锌负极的性能，提高循环稳定性。

构建稳定的电极/电解液界面：构建稳定的电极/电解液界面可以提高电池的循环稳定性。例如，在水系锌离子电池的研究中，通过优化电解液结构、精确调控锌成核层、构建原位人工负极界面、优化和设计固体电解质界面（SEI）保护层等策略，可以优化水系锌离子电池中电解液与锌负极之间的界面结构，提高电池的整体性能[13]。

(5) 确保安全性和环保性

水系电解液具有经济环保、安全等优点，在优化过程中需要确保这些优点不被削弱。

选择环保的电解液成分：选择环保的电解液成分可以减少对环境的影响。例如，中性水系碱金属硫酸盐电解液具有环境友好的特点，可以用于开发环保型水系锌离子电池。

提高电池的安全性：通过优化电解液的组成和结构，可以提高电池的安全性。例如，水系锌离子电池由于安全性高、资源丰富、成本低等优点，被认为是非常有潜力的储能系统，在优化水系锌离子电池的电解液时，需要确保其安全性不被降低。

5.3.2 高浓度电解液

受到水系锂离子电池的启发，“盐包水”的高浓度电解液也同样可以用于提高水系锌离子电池的电化学性能[14]。

电解液的浓度会通过影响电解质的离子迁移率、黏度和离子电导率进而影响电极反应，最终影响电池整体的电化学性能。但是，电池的电化学性能并不总是随着电解液浓度的增加而提高，还取决于正/负极的相容性和电解液中阴离子的化学性质。电解液中的阴离子和阳离子具有复杂的化学性质，无论是过高或者过低的浓度都会影响电池的整体电化学性能的发展。并且，电解液中电解质的浓度会通过影响电解质阴/阳离子和水分子的比例影响溶剂化效应。当电解液中电解质的浓度增加时，电解液中水的浓度就会降低，进而 H_2O/H_2 的平衡电位也会降低，H_2 的逸出减少[15]；电解质通过与水分子产生静电相互作用来削弱水分子中的氢键作用，进而抑制水分子的活性[16]。

由于 Zn^{2+} 存在溶剂化效应，会在锌表面形成溶剂化壳层，这限制了 Zn^{2+} 的迁移速率。离子电导率几乎由阴离子提供，但是阴离子难以溶剂化，导致电解质的有效电导率显著降低。溶剂化效应还会导致阴离子在正极表面聚集并且形成浓度梯度，从而产生浓差极化和较大的过电位，进而限制了水系锌离子电池的功率密度和能量密度。

5.3.3 功能添加剂

传统的水系电解液存在一些缺陷：析氢/吸氧反应、正/负极腐蚀和副反应产生的副产物。可以通过在电解液中添加其他物质影响电解液性质来减少上述问题的发生，根据添加物质的性质将添加剂分为无机添加剂和有机添加剂。

5.3.3.1 无机添加剂

根据“同离子效应”，当在电解液中添加和电池正极相同的阳离子时，正极材料的溶解可以得到抑制。常用的是在 $ZnSO_4$ 电解液中添加 $MnSO_4$，通过抑制 Mn^{2+} 的歧化反应来减少正极材料 MnO_2 中 Mn^{2+} 的溶解。但是添加剂的量也是影响电池电化学性能的重要因素，这在高浓度电解液中论述过。添加剂的量过少时调控效果不明显，而添加剂的量过多时不仅增加成本，并且电池的能量密度会降低。根据已经报道出来的结果，典型比例为 0.1 mol/L $MnSO_4$ 和 1 mol/L $ZnSO_4$。

与之类似，在以 NaV_3O_8 作正极、$ZnSO_4$ 作电解质的锌-镍电池电解液中添加 Na_2SO_4，添加的 Na^+ 可以移动 NaV_3O_8 中 Na^+ 的溶解平衡，进而减少 NaV_3O_8 的损失。在添加了 Na_2SO_4 的 $ZnSO_4$ 电解液中，除了“同离子效应”之外还存在“静电屏蔽效应”，Na^+ 的还原电位比 Zn^{2+} 更低，可以在锌枝晶凸起部分的周围产生静电屏蔽效应，阻碍锌枝晶的尖端沉积，进而抑制锌枝晶的进一步生长。

除了上述两种添加剂之外，在 $ZnSO_4$ 作电解质的锌-钴电池水系电解液中添加 $CoSO_4$ 可以对正极 Co_3O_4 产生作用。在未添加 $CoSO_4$ 时的纯 $ZnSO_4$ 电解液中，正极 Co_3O_4 中的 Co 发生溶解，这种现象造成电池在循环的初期发生容量损失。但是当 $CoSO_4$ 和 $ZnSO_4$ 混合后，Co^{2+} 使 Co_3O_4 正极的溶解平衡发生移动，可以提高循环的稳定性。

在 $Zn(OAc)_2$ 电解液中添加的适量 I_2 可以作为 Zn^{2+} 的介质以改善电解液的反应动力

学。在电化学反应过程中，I_2 作为 Zn^{2+} 的载体可以降低反应势能。在锌-硫电池中，添加 I_2 后 $Zn(OAc)_2$ 电解液的滞后电压减小，并且容量进一步增加，这是因为 I_2 以活性材料的身份参与反应。在现有的实验研究中，添加 0.05%的 I_2 减小滞后电压的效果更好。

此外，无机添加剂还可以是氧化物，如氧化钒、氧化锌、氧化铅、氧化锡、氧化铋等。

5.3.3.2　有机添加剂

有机添加剂主要作用于 Zn^{2+}，有机添加剂的配位能力比 H_2O 强，这种特性使得有机分子可以取代水参与 Zn^{2+} 的溶剂化结构形成，进而影响水系锌离子电池电化学反应过程中 Zn^{2+} 的脱出/嵌入和沉积过程[17]。

有机添加剂根据其性质可分为离子型、小分子型、有机酸、聚合物和表面活性剂五大类。

离子型主要是指咪唑类离子液体，如 1-乙基-3-甲基咪唑六氟磷酸盐（EMI-PF_6）、EMI-Cl、EMI-TFSA 和 EMI-DCA 等，主要影响锌负极的成核过电位，极化程度可以通过调节阴离子的种类来控制。

小分子型有乙醚、硫脲（TU）、亚苄基丙酮（BA）、乙醇、咪唑、萘、氯苄、氯苯、苯胺、尿素等，其作用主要是改变锌负极的表面形貌和反应动力学。

有机酸主要有酒石酸、琥珀酸、柠檬酸等，这可以增加氢过电位并且抑制锌枝晶生长。考虑到 NH_4^+ 的动态静电屏蔽层和 AcO^- 的界面 pH 缓冲效应，低成本的醋酸铵（NH_4OAc）添加剂可用于 $ZnSO_4$ 水系电解液[18]。在该电解液中建立了一个自调节的电极/电解液界面，其中 NH_4^+ 优先吸附在 Zn 负极上，抑制了 Zn 的团聚沉积，而 AcO^- 通过 HOAc/AcO^- 缓冲对监控 H^+/OH^- 浓度。添加 NH_4OAc 的电解液的 pH 值（pH＝5.14）比无添加剂电解液的 pH 值（pH＝4.10）更适宜，从而抑制了副反应（HER、Zn 枝晶和不溶性副产物的形成）的发生，使循环性能更稳定。

聚合物的主要类型有聚乙二醇（PEG）、聚丙烯酰胺（PAM）、支化聚乙烯亚胺（BPEI）、聚乙烯亚胺（PEI）、明胶。它们的主要作用是改变锌负极沉积的过电位，抑制枝晶生长和腐蚀。其中聚乙烯亚胺倾向于吸附在基底的表面上，促使电流分布均匀并抑制锌沉积，有利于锌的成核而不是生长[19]。因此，沉积的 Zn 的形态从层状六方大晶体变为致密层，而没有优先生长，产生均匀的锌沉积。

表面活性剂可分为三类：阳离子表面活性剂，如十六烷基三甲氧基硅烷、十六烷基三甲基溴化铵（CTAB）和四丁基硫酸铵（TBA_2SO_4），其可以使锌沉积更致密并抑制枝晶生长；阴离子表面活性剂，如十二烷基硫酸钠（SDS）和十二烷基苯磺酸钠（SDBS），可以增加锌负极的放电容量并抑制表面钝化；非离子表面活性剂，可以抑制枝晶生长。其中十二烷基硫酸钠（SDS）表面活性剂对聚丙烯酰胺（PAM）的改性效果明显[20]。润湿角实验表明，SDS 的亲水基团吸附在电极表面，而疏水基团朝向电解质。正极侧上的有机层可通过阻挡水与正极材料接触抑制溶解。此外，水穿过致密疏水层到达电极表面需要高能量势垒，从而导致 HER 和 OER 需要更高的过电位以及更宽的电化学稳定窗口（2.5 V）。具有不同官能团和共价键单元的聚合物和螯合剂与 Zn 负极、Zn^{2+} 和水分子具有不同的相互作用[21]。

总之，有机添加剂会影响负极、正极和电解质的性能。特别是表面活性剂类型，由于表面张力的影响而容易吸附在电极和电解质之间的界面上，其影响水溶剂与电极之间的接触能垒、溶质的去溶剂化过程和锌离子的沉积过程。

5.4 电解液调控策略

5.4.1 正极调控策略

5.4.1.1 调控策略

电解液调控策略对水系锌离子电池正极材料电化学性能有着显著的提升作用。以下将详细介绍不同的电解液调控策略及其具体的提升效果。

（1）通过优化电解液抑制正极材料溶解

在水系锌离子电解液中添加聚乙二醇（PEG）和碘化钾[22]，聚乙二醇可以和碘发生配位反应，抑制单质碘和碘离子生成碘三离子（I_3^-），进而抑制碘溶解。这种策略使得水系锌离子电池在 1 mA/cm^2 的电流密度下，首圈比容量可达到 1.62 mA·h/cm^2，参与氧化还原反应的碘占据该电池电解液中碘质量的 47.52%，库仑效率为 93%；而在 7 mA/cm^2 的高电流密度下，库仑效率可以达到 98%左右，在循环 1200 圈之后，循环效率保持率为 58.33%。

（2）调节电解液的组成和结构

调节溶剂化结构：如引入二甘醇单乙醚（DG）作为电解质添加剂，可增强锌在宽温度范围（−35～65 ℃）内的性能[23]。原位同步辐射傅里叶变换红外光谱分析结合分子动力学模拟揭示，DG 的引入破坏了水电解质的初始氢键网络，重建 Zn^{2+} 周围的溶剂化结构，减轻了水引起的寄生反应。添加 DG 降低了水电解质的凝固点，同时又不损害其不燃性。此外，带耗散监测的电化学石英晶体微天平（EQCM-D）和 X 射线光电子能谱表明，配位的 DG 和 TfO^- 经历还原分解，形成包含无机/有机 ZnF_2-ZnS 的自愈合固体电解质界面，可有效抑制副反应并引导均匀的锌沉积。因此，Zn/Zn 对称电池在 25 ℃、1 mA/cm^2 下表现出 3500 h 的出色循环稳定性，在 −35 ℃和 65 ℃、1 mA/cm^2 下也能稳定循环 1000 h。含有 DG 的电解质的全电池在 2 A/g 下表现出 5000 次循环的长寿命。

构建人工界面层：调控丙二醇电解液的溶剂化结构及键的相互作用，可有效抑制锌枝晶和副反应。丙二醇具有较高的电子云密度和给体数（donor number，DN），可以破坏水分子间和水分子与 Zn^{2+} 间的相互作用，从而提高 H—O 共价键的强度，降低水活性和冰点，改变 Zn^{2+} 的溶剂化结构。制备的电池器件表现出高的循环稳定性（Zn/Zn 电池循环超过 1000 h），高可逆性（库仑效率达到 98.9%），高储锌性能（在 5 A/g 下比容量为 225 mA·h/g，循环 5000 圈容量保持率为 92.6%）和优异的防冻性能（在 −20 ℃下循环 500 圈后比容量为 190 mA·h/g）。

（3）客体离子或分子预嵌正极宿主结构

大量研究表明，客体离子或分子预嵌正极宿主结构可以有效缓解正极材料在电池循环过程中面临的结构坍塌、组分溶解、衍生副反应、反应动力学缓慢等问题，提升水系锌离子电池正极材料的电化学性能[24]。

（4）新型有机正极材料与电解液协同作用

5,7,12,14-四氮杂-6,13-并五苯醌（TAPQ）作为一种易合成的有机正极材料，具有新型醌/吡嗪杂化结构，用于水系可充电锌离子电池（ARZBs）[25]。由于含有多个 C═O 和

C═N 键，TAPQ 具有 515 mA·h/g 的理论比容量（基于六电子反应）和在 0.1～1.6 V（*vs*. Zn^{2+}/Zn）范围内实际可逆比容量为 443 mA·h/g，这两项均为 ARZBs 中有机正极材料的新纪录。通过各种电化学测试和 DFT 计算等详细研究证实了 H^+ 作为主要参与者的 H^+/Zn^{2+} 共插入机制。基于清晰的机制理解，采用 0.5～1.6 V 的改进电压范围，同时实现了高能量密度（270 mA·h/g×0.84 V = 227 W·h/g）和出色的循环稳定性（在 50 mA/g 下 250 次循环后容量保持率为 92%，平均库仑效率为 99.96%）。此外，还仔细研究了 TAPQ 电极结构在循环过程中的演变机制，以揭示容量下降的原因。这种新型有机正极材料的分子结构、易合成性、优异的电化学性能以及更深入的机制理解为研究人员在 ARZBs 中有机正极材料的实际应用发展方面提供了重要的见解。

5.4.1.2　局限性

电解液调控策略在水系锌离子电池正极材料的应用中虽然取得了显著的成果，但也存在一些局限性。

（1）不同调控策略的局限性

通过改变阴离子可以破坏和重建 Zn^{2+} 的溶剂化结构，减少溶剂化结构中的水分子数量，降低自由水的活性。然而，寻找合适的阴离子并非易事，不同阴离子对正极材料的影响差异较大，且其作用效果往往受到多种因素的制约。例如，某些阴离子可能会与正极材料发生副反应，影响电池的性能和稳定性。此外，改变阴离子的过程可能需要复杂的合成方法和条件，增加了生产成本和工艺难度。

高浓度电解液可以减少水分子的活性，拓宽电化学稳定窗口，提高电池的工作电压，抑制界面副反应。高浓度电解液通常具有较高的黏度，这会降低离子的迁移速率，影响电池的倍率性能[26]。高浓度电解液还可能导致电极材料的润湿性变差，降低电极与电解液之间的接触面积，从而影响电荷转移效率。

添加剂可以改变电解液的 pH 值，建立正极与电解液之间的溶解平衡，从而抑制正极材料的溶解。添加剂的选择需要谨慎，不合适的添加剂可能会对电池性能产生负面影响。某些添加剂可能会与正极材料或负极材料发生反应，降低电池的容量和循环寿命。添加剂的作用效果也可能受到温度、浓度等因素的影响，其稳定性和可靠性需要进一步验证。

有机/无机复合电解质可以获得有机电解质和无机电解质的优点，提高电池的性能。复合电解质的制备过程通常比较复杂，需要精确控制各组分的比例和结构。复合电解质的稳定性和兼容性也需要进一步研究，以确保其能在电池中的长期使用。

（2）整体局限性

成本问题：一些电解液调控策略可能需要使用昂贵的材料或复杂的制备工艺，这会增加电池的成本，限制其在大规模储能领域的应用。高浓度电解液通常需要使用大量的盐，而某些添加剂的价格也比较高。

环境影响：水系锌离子电池本身具有环境友好的特点，但电解液调控策略中使用的一些材料可能会对环境产生一定的影响。某些有机溶剂可能具有毒性或挥发性，在生产和使用过程中可能会对环境和人体健康造成危害。

性能稳定性：电解液调控策略对电池性能的改善往往存在一定的局限性，难以完全解决正极材料的溶解、结构坍塌和界面副反应等问题。在长期循环过程中，电池的性能可能会逐渐下降，影响其使用寿命和可靠性。

电解液调控策略在解决水系锌离子电池正极材料问题方面虽然具有重要的作用，但也存在一些局限性。未来的研究需要进一步探索更加有效的电解液调控策略，以克服这些局限性，提高水系锌离子电池的性能和稳定性。

5.4.1.3 未来发展方向

水系锌离子电池由于安全性高、成本低、环境友好等优点，在大规模储能领域具有广阔的应用前景。而电解液体系在提升水系锌离子电池正极材料电化学性能方面起着至关重要的作用。未来电解液体系在这方面的发展方向主要有以下几个方面。

（1）开发新型电解液

高离子电导率电解液：目前常用的水系电解液离子电导率相对较低，限制了电池的充放电速度。未来可以开发具有更高离子电导率的电解液，例如通过引入新型的离子传输机制，提高离子在电解液中的迁移速度。

宽电化学稳定窗口电解液：水系电解液的电化学稳定窗口较窄，限制了电池的工作电压和能量密度。开发宽电化学稳定窗口的电解液可以提高电池的性能。例如可以通过添加氧化还原穿梭剂、表面活性剂等添加剂，或者采用新型的电解质体系，如离子液体、聚合物电解质等，拓宽电解液的电化学稳定窗口[27]。

（2）优化电解液组成

调控离子浓度：通过调控电解液中的离子浓度，可以影响正极材料的电化学性能。例如，增加锌离子的浓度可以提高电池的容量，但过高的浓度可能会导致正极材料的溶解和结构被破坏。未来可以通过优化离子浓度，实现正极材料电化学性能的提升。

添加功能性添加剂：在电解液中添加功能性添加剂可以改善正极材料的性能。添加缓蚀剂可以抑制正极材料的溶解和腐蚀，添加表面活性剂可以改善电极/电解液界面的润湿性和稳定性，添加氧化还原穿梭剂可以提高电池的循环寿命和能量密度[26]。

（3）设计新型电解液结构

凝胶电解液：凝胶电解液具有较高的离子电导率和良好的机械稳定性，可以有效抑制正极材料的溶解和结构坍塌。未来可以设计具有更高性能的凝胶电解液，例如通过优化凝胶的组成和结构，提高凝胶的离子电导率和机械强度[28]。

固态电解质：固态电解质具有较高的安全性和稳定性，可以有效避免电解液泄漏和燃烧等问题。未来可以开发适用于水系锌离子电池的固态电解质，例如通过优化固态电解质的组成和结构，提高固态电解质的离子电导率和稳定性[22]。

（4）与正极材料协同设计

匹配正极材料的离子传输机制：不同的正极材料具有不同的离子传输机制，电解液体系需要与正极材料的离子传输机制相匹配，才能实现最佳的电化学性能。未来可以通过深入研究正极材料的离子传输机制，设计与之相匹配的电解液体系。

协同抑制副反应：电解液体系和正极材料之间的副反应会影响电池的性能和寿命。未来可以通过协同设计电解液体系和正极材料，抑制副反应的发生，提高电池的性能和寿命。

综上所述，未来电解液体系在提升水系锌离子电池正极材料电化学性能方面的发展方向主要包括开发新型电解液、优化电解液组成、设计新型电解液结构和与正极材料协同设计等方面。通过不断地探索和创新，有望实现水系锌离子电池性能的进一步提升，为大规模储能领域提供更加安全、高效、环保的储能解决方案。

5.4.2 负极调控策略

5.4.2.1 调控策略

（1）水系锌离子电池负极材料面临的问题

水系锌离子电池的锌负极在实际应用中面临着重重挑战。一方面，因锌离子的不均匀沉积生成的锌枝晶会刺穿隔膜，导致电池短路，严重影响电池的循环寿命。另一方面，在负极和电解液界面处的腐蚀和析氢等副反应会不可逆地消耗锌和电解液，降低负极的利用率，并使电池鼓胀，发生电解液泄漏等安全隐患[29]。

（2）电解液调控策略提升负极材料电化学性能的方法

改变溶剂化结构：如乙二醇甲醚（MECS）作为电解质添加剂，可减少配位 H_2O 分子的数量，打破水的氢键网络并重建 Zn^{2+} 的溶剂化结构，从而抑制副产物和锌枝晶的生成[30]。二亚乙基二醇单乙醚（DG）作为电解质添加剂，可破坏水系电解质的初始氢键网络，重建 Zn^{2+} 周围的溶剂化结构，减轻水引起的寄生反应[23]。

形成自修复固体电解质界面（SEI）相：添加 DG 后，配位的 DG 和 TfO^- 会发生还原分解，形成包含无机/有机 ZnF_2-ZnS 的自愈合 SEI，可有效抑制不良副反应，引导均匀的 Zn 沉积。

抑制析氢反应：将 L-赖氨酸添加到 2 mol/L 硫酸锌溶液中作为水系锌离子电池的电解液，L-赖氨酸可通过与 H_2O 之间的强相互作用降低水的活性，抑制析氢反应。添加剂改变锌离子溶剂化结构，促进锌离子传输，提高反应动力学。L-赖氨酸还能调节电解液的 pH 值，增强了负极在电解液中的稳定性[31]。

优化盐浓度：通过调整电解液中的盐浓度，可以影响锌离子的传输和沉积行为。但是目前关于盐浓度对水系锌离子电池负极材料电化学性能的具体影响机制还需要进一步深入研究。

添加聚合物添加剂：全氟磺酸基聚合物作为电解液添加剂，由于其侧链的磺酸基团与锌之间具有较强的亲和力，所以全氟磺酸基分子可以进入锌离子的溶剂鞘中，改变锌离子的配位环境。同时，全氟磺酸基分子可以吸附在锌负极表面，为锌离子提供丰富的成核位点，引导锌离子的均匀沉积，提升锌负极的循环寿命[32]。

5.4.2.2 添加剂的作用和差异

电解质添加剂对水系锌离子电池负极材料电化学性能的影响存在多种差异。以下将详细阐述不同添加剂的作用及差异。

（1）乙二醇甲醚

作用机理：乙二醇甲醚可以减少配位水分子的数量，打破水的氢键网络并重建 Zn^{2+} 的溶剂化结构。通过实验以及理论计算表明，这种作用能够抑制副产物和锌枝晶的生成[30]。

对电池性能的影响：含有乙二醇甲醚的混合电解液可使 Zn//Zn 对称电池在 10 mA/cm^2 及 15 mA·h/cm^2 的测试条件下稳定循环 450 h，并且放电深度（DODZn）达到了 54%。即使在高电流密度的测试条件（10 mA/cm^2，1 mA·h/cm^2）下，Zn/Ti 半电池的平均库仑效率（CE）也达到了 99.39%。此外，利用乙二醇甲醚电解液添加剂所组装的 Zn//$V_6O_{13}\cdot H_2O$ 全电池表现出优异的倍率性能和循环性能。

（2）阿拉伯胶

作用机理：锌离子与阿拉伯胶（GA）的极性官能团强结合，可削弱 Zn^{2+} 与水的溶剂化作用，从而抑制水的分解。同时，羟基可扩展电解质的氢键网络，进一步限制水分子的活性。此外，醛基可消耗产生的氢气，净化电解质环境[33]。

对电池性能的影响：在阿拉伯胶的作用下，Zn//Zn 对称电池实现了 3600 h 的稳定运行（2.5 mA/cm^2、0.5 $mA·h/cm^2$），Zn//Cu 不对称电池在平均库仑效率为 99.1% 的情况下实现了高达 500 次循环（0.5 mA/cm^2、0.5 $mA·h/cm^2$）。此外，Zn//V_2O_5 全电池也显示出优越的容量保持率和倍率性能，远远超过使用纯 $ZnSO_4$ 电解质的电池。

（3）肌醇

作用机理：将具有六个羟基的天然无毒肌醇添加剂添加到 2 mol/L $ZnSO_4$ 水溶液基线电解质中，通过核磁共振的 ^2H 化学位移证明，肌醇分子与 Zn^{2+} 强烈配位，改变其溶剂化结构，显著减少在锌负极表面还原沉积过程中释放的水分子数量，从而有效抑制析氢反应、腐蚀和副产物的形成。此外，根据密度泛函理论计算和接触角实验结果，肌醇分子对锌负极更具润湿性，可限制 Zn^{2+} 的二维扩散，避免团聚和锌枝晶生长[29]。

对电池性能的影响：采用 2 mol/L $ZnSO_4$ 水溶液作电解质并添加 200 mmol/L 肌醇添加剂的 Zn//V_2O_5 电池呈现出的最高放电比容量为 213 mA·h/g，在 1.0 A/g 电流密度下经过 1800 次循环后仍保持 99 mA·h/g 的高可逆比容量。

（4）异山梨醇

作用机理：异山梨醇具有丰富的极性含氧官能团，能够有效地覆盖在锌负极表面的尖端处，使锌离子在负极表面上均匀沉积，从而抑制锌枝晶的生成[34]。

对电池性能的影响：用含 0.1 mol/L 异山梨醇添加剂的电解液所组装的 Zn//Zn 对称电池在 3 mA/cm^2 的高电流密度下可稳定循环超过 400 h。当电流密度达到 10 mA/cm^2，面积比容量为 10 $mA·h/cm^2$ 时，添加异山梨醇添加剂的电池仍然表现出优异的倍率性能。

（5）聚乙烯亚胺和羧甲基纤维素

作用机理：亲水性的聚乙烯亚胺（PEI）作为电解液添加剂，通过增大负极附近 Zn^{2+} 沉积扩散层厚度，抑制锌枝晶的生成，保证沉积层紧密平整。羧甲基纤维素（CMC）作为添加剂在锌负极表面会加快反应动力学促进电荷均匀分布，阻碍电极表面析氢和腐蚀反应的发生，同时诱导锌离子均匀沉积。

对电池性能的影响：对于聚乙烯亚胺，当添加剂含量为 0.1 g/L 时循环寿命和库仑效率提升效果最明显，循环 600 圈库仑效率接近 100%。含添加剂对称电池在 0.5 mA/cm^2、1 mA/cm^2 条件下可以循环 1800 h，以 MnO_2、$NH_4V_4O_{10}$ 为正极的全电池容量均提高了一倍。

5.5 水凝胶电解质

5.5.1 交联水凝胶电解质

（1）物理交联水凝胶电解质

水凝胶电解质由聚合物网络和大量的盐溶液构成。在这些水凝胶电解质体系中，亲水基团与水分子结合，宏观上表现为独立的固体，分子尺度上表现为液体。物理交联通过分子间力（如氢键、离子键、范德华力或结晶区）形成网络结构，无需化学键形成，具有可逆性和对外界条件（温度、pH）的敏感性。

聚乙烯醇（PVA）和聚丙烯酸（PAA）的水凝胶是合成均聚物最常用的水凝胶，其含有丰富的亲水性官能团，如酰胺基、羧基和羟基。醇解度和聚合度的差异使 PVA 表现出高凝胶强度、无毒和高亲水性的物理特性。在 $Zn(CF_3SO_3)_2$/PVA 水凝胶电解质的水系锌离子电池中，这种物理交联的水凝胶电解质可以通过简单冻融方法制备，并且通过氢键结合而无需任何外部刺激就可自愈。与聚乙烯醇基电解质相比，聚丙烯酸基电解质可机械拉伸至 600%并自愈合。由于聚丙烯酸由氢键交联而成，聚丙烯酸基水凝胶电解质具有超过 3700%的优异拉伸性能和优异的自修复能力。在高拉伸下，在释放和拉伸的扫描电镜图像上没有观察到裂纹。因此，当聚乙烯醇和聚丙烯酸物理交联时，氢键促进凝胶电解质的自愈特性。在此，它们为制造各种柔性可修复集成电池和超级电容器作为可穿戴电子设备中的便携式能量存储设备带来了广阔的前景。

（2）化学交联水凝胶电解质

通常，物理交联难以获得高的力学性能。因此，具有更稳定网络结构的化学交联水凝胶被提出来缓解该问题。化学交联通过共价键或化学交联剂（如引发剂、交联剂）形成稳定的三维网络结构，具有不可逆性及更高的机械强度和热稳定性。

一般来说，化学交联聚乙烯醇适用于 Zn-Ni、Zn-MnO_2 和 Zn-Co 电池。例如，$Zn(CF_3SO_3)_2$ 和聚乙烯醇作为柔性电解质混合在新型 Zn-MnO_2 电缆电池中，其具有 360 W·h/kg 的能量密度。类似地，以 PVA-KOH 作为电解质的柔性锌镍电池可以提供 323.3 W·h/kg 的能量密度（相当于 7.76 mW·h/cm^3），这比许多广泛报道的系统（例如 Co_3O_4/Zn 电池）高得多。

（3）物理交联和化学交联的区别

物理交联与化学交联水凝胶电解质在水系锌离子电池中各有优劣。物理交联适用于柔性、可降解场景，而化学交联更适合高稳定性和长寿命需求。未来研究趋势包括结合两者优势（如双重交联网络）或开发新型动态共价交联体系以平衡性能与可回收性。具体区别可详见表 5-1。

表 5-1　物理交联和化学交联的区别

特性	物理交联	化学交联
交联方式	非共价相互作用（氢键、结晶区等）	共价键或化学交联剂（如引发剂）
可逆性	可逆（随温度、pH 值变化）	不可逆
机械强度	较低，依赖材料本征特性	较高，网络结构稳定
制备条件	温和（如冷冻解冻、自然成胶）	需热/光引发或交联剂参与
应用场景	柔性电池、短期循环稳定性要求不高	高倍率充放电、长循环寿命需求

5.5.2　生物相容性水凝胶电解质

5.5.2.1　性能

天然多糖制备的水凝胶电解质由于其来源的多样性和独特的化学结构，在性能上存在着多种差异。以下将从离子电导率、力学性能、保水能力以及环境适应性等方面进行详细阐述。

（1）离子电导率

羧化壳聚糖基凝胶电解质：以羧化壳聚糖为基体材料制备的可再生凝胶电解质膜具有较高的离子电导率。将羧化壳聚糖作为基体材料，*N*-羟甲基丙烯酰胺为单体，通过双交联的方法制备的凝胶电解质膜离子电导率为 3.52×10^{-2} S/cm^2；以羧化壳聚糖作基体材料、丙烯酰胺为单体，引入保湿剂甘油和无机盐氯化锂，通过自由基聚合的方法制备的凝胶电解质膜离子电导率为 2.59×10^{-2} S/cm^2；选择羧化壳聚糖、羧甲基纤维素钠、单宁酸，以物理交联的方法制备的全天然高分子基凝胶电解质膜离子电导率是 1.43×10^{-2} S/cm^2[35]。

天然多糖基水凝胶电解质：自然衍生的水凝胶源自丰富的天然多糖，作为生物聚合物水凝胶界面，用于无枝晶水系锌离子电池。这种水凝胶界面能引导 Zn^{2+} 均匀地剥离/电镀，实现无枝晶的均匀锌沉积，并有效避免活性水性电解质与锌负极的直接接触，抑制析氢反应等寄生副反应。该水凝胶界面具有高离子电导率，与仅使用水凝胶电解质的先前 ZIBs 相比，显著降低了电池电阻[36]。

(2) 力学性能

羧化壳聚糖基凝胶电解质：以羧化壳聚糖为基体材料制备的凝胶电解质膜具有一定的力学性能。如以羧化壳聚糖作基体材料、丙烯酰胺为单体，引入保湿剂甘油和无机盐氯化锂制备的凝胶电解质膜拉伸强度高达 0.8 MPa，伸长率为 51%；选择羧化壳聚糖、羧甲基纤维素钠、单宁酸，以物理交联的方法制备的全天然高分子基凝胶电解质膜拉伸强度高达 2.8 MPa，伸长率为 35%[35]。

壳聚糖/海藻酸钠复合水凝胶电解质膜：由壳聚糖（CS）和海藻酸钠（SA）两种等分子量的天然多糖制备的聚电解质复合（PEC）物理水凝胶膜，由于 CS-CS 分子间氢键和 CS-SA 静电相互作用，拉伸应力高达 12.3 MPa[37]。

(3) 保水能力

羧化壳聚糖基凝胶电解质：以羧化壳聚糖作基体材料、丙烯酰胺为单体，引入保湿剂甘油和无机盐氯化锂制备的凝胶电解质膜保水能力为 55%。

天然多糖基水凝胶：水溶性多糖羧甲基壳聚糖为基体制备的水凝胶能够吸收大量水分子并保持结构稳定，水凝胶的溶胀比高达 21.8。此外，以泊洛沙姆与多糖海藻酸钠复合制备的温敏性海藻酸钠/泊洛沙姆复合水凝胶具有温敏性，其溶胶-凝胶转变温度为 25.7～43.2 ℃，凝胶化时间为 84～476 s，药物释放时间可达 72 h[38]。

(4) 环境适应性

羧化壳聚糖基凝胶电解质：以羧化壳聚糖作基体材料、丙烯酰胺为单体，引入保湿剂甘油和无机盐氯化锂制备的凝胶电解质膜具有良好的环境适应性，探索了超级电容器能够运行的工作温度范围是从−11 ℃到 70 ℃。

5.5.2.2 不同添加剂影响

高分子水凝胶电解质由于良好的力学性能、弯曲性能和安全性能等优势，在柔性储能器件中逐渐受到广泛关注。其中，不同的添加剂对其性能有着重要的影响。

(1) 对离子电导率的影响

纤维素提取的物质：以纤维素提取的物质为主要成分，加入明胶、聚丙烯酸（PAA）和氢氧化钾（KOH）等添加剂合成新型聚合物凝胶电解质。研究发现，随着添加剂的变化，水凝胶的稳定性和结晶度发生变化，其中该体系的平均最佳离子电导率为 96.89 mS/cm[39]。

(2) 对充放电性能的影响

PS-PEO-PS（聚苯乙烯-聚环氧乙烷-聚苯乙烯）三嵌段共聚物：在 2*C* 充放电时，交联凝胶聚合物电解质（e-CGPE）5% 放电比容量仍可达 83.5 mA·h/g。在 0.1*C* 循环 100 次后，e-CGPE 5% 的放电容量保持率高达 99.7%。

离子液体凝胶聚合物电解质：以 1-乙基-3-甲基咪唑六氟磷酸盐（$EMIPF_6$）、六氟磷酸锂（$LiPF_6$）和偏氟乙烯-六氟丙烯共聚物［P(VdF-HFP)］为原料制得 P(VdF-HFP)-$EMIPF_6$-$LiPF_6$ 体系离子液体凝胶聚合物电解质，选取碳酸甲乙酯（EMC）、碳酸二甲酯（DMC）、碳酸二乙酯（DEC）以及碳酸乙烯酯（EC）和碳酸丙烯酯（PC）混合物（EC-PC）作为添加剂。结果表明，加入 EC-PC 的电解质膜电化学性能较好，而 DEC、DMC、EMC 对电解质膜的电化学稳定性、锂离子迁移数存在不良影响，对离子电导率的提高不明显。正极材料 $LiCoO_2$ 在 P(VdF-HFP)-$EMIPF_6$-$LiPF_6$＋EC-PC 电解质中的充放电循环性能良好，首次放电比容量达到 116.5 mA·h/g,充放电 20 次后，电池容量没有明显衰减[40]。

(3) 对凝胶电解效率的影响

使用羧甲基纤维素钠制备高分子水凝胶，研究影响羧甲基纤维钠凝胶电解效率的因素，包括凝胶浓度、电解质种类、电流密度、电极距离、pH 和电解质浓度等。结果显示，最优参数为：凝胶浓度为 10%，电解质为 NaCl，电极距离为 1.5 cm，电流密度为 0.05 A/cm^2，pH 为 7，电解质浓度为 200 g/L[41]。

(4) 对壳聚糖基聚合物电解质性能的影响

以壳聚糖为原料制备凝胶电解质，在壳聚糖中加入不同量的聚乙烯醇（PVA），发现 C/P 为 0.2（即壳聚糖与 PVA 比例 C/P 为 0.2 时）的平均最佳离子电导率为 0.0068 S/cm。将 C/P 为 0.2 样品浸泡在不同浓度的 KOH、$ZnCl_2$ 和 $ZnSO_4$ 中进行溶胀和 pH 研究。结果表明，对于所有样品，在浸泡 45 min 内观察到最高的溶胀系数，之后溶胀系数保持恒定。其中，C/P 为 0.2 样品浸泡在 6 mol/L KOH 中 45 min 时溶胀系数最高为 2.1，1 mol/L $ZnCl_2$ 为 1.97，1 mol/L $ZnSO_4$ 为 2。对于 KOH ，离子电导率在其浓度达到 5 mol/L 之前随浓度增加而增加，之后降低，最高离子电导率为 0.916 S/cm；对于 $ZnCl_2$ 和 $ZnSO_4$，从一开始离子电导率就降低，最高分别为 0.004913 S/cm 和 0.019183 S/cm。同时发现浸泡在 $ZnCl_2$ 中的样品变得脆且不灵活，可能是盐结晶导致离子迁移能力降低，最低离子电导率值也证实了这一点。分析 pH 和溶胀研究发现，在较低酸度（$ZnCl_2$ 的 pH 为 6 和 $ZnSO_4$ 的 pH 为 5.5）溶液中样品具有最大的溶胀性，在较高碱度（KOH 的 pH 为 13.5）溶液中也有类似现象。并且较高的溶胀性意味着较高的离子电导率[42]。

5.5.2.3　优化方向

生物相容性水凝胶电解质在高性能储能系统中具有巨大的潜力，但仍有一些方面可以进一步优化以更好地满足需求，以下是一些可能的优化方向。

(1) 提高离子电导率

离子电导率是衡量水凝胶电解质性能的重要指标之一。提高离子电导率可以从以下几个方面入手。

选择合适的聚合物基体：不同的聚合物基体对离子的传输能力不同。例如，聚乙烯醇（PVA）具有良好的成膜性和生物相容性，但离子电导率相对较低。可以通过与其他聚合物共混或接枝改性来提高其离子电导率。例如，将聚乙烯醇（PVA）与离子导电聚合物如聚环氧乙烷（PEO）共混，可以增加离子传输通道，提高离子电导率。

添加离子添加剂：在水凝胶电解质中添加离子添加剂可以显著提高离子电导率。常见的离子添加剂有氯化钠、氯化钾等。这些离子添加剂可以提供更多的离子源，促进离子的传输。例如，在聚乙烯醇（PVA）水凝胶电解质中添加 NaCl，可以将离子电导率提高几个数量级。

优化水凝胶的结构：水凝胶的结构对离子电导率也有很大的影响。具有三维网络结构的水凝胶可以提供更多的离子传输通道，从而提高离子电导率。此外，通过调控水凝胶的孔隙大小和分布，可以进一步优化离子传输性能。例如，采用纳米纤维素增强的水凝胶电解质，纳米纤维素的高比表面积和良好的吸水性可以有效提高水凝胶的离子电导率。

（2）增强力学性能

在高性能储能系统中，水凝胶电解质需要具备良好的力学性能，以承受充放电过程中的体积变化和机械应力。以下是一些增强力学性能的方法。

构建互穿网络结构：互穿网络结构可以有效地增强水凝胶的力学性能。例如，在仿贻贝两性离子聚电解质水凝胶中，通过将改性天然高分子季铵化壳聚糖（QCS）以互穿的方式掺入主体网络中，形成互穿网络结构，协同增强了水凝胶的力学性能。

添加纳米填料：纳米填料如纳米纤维素、石墨烯等可以显著提高水凝胶的机械强度和韧性。这些纳米填料可以通过物理或化学作用与水凝胶基体结合，形成复合结构，从而提高水凝胶的力学性能。例如，在水凝胶电解质中添加纳米纤维素，可以提高水凝胶的拉伸强度和断裂伸长率。

优化交联方式：水凝胶的交联方式对其力学性能也有很大的影响。化学交联可以提供较高的机械强度，但可能会影响水凝胶的生物相容性和离子传输性能。物理交联则可以保持水凝胶的生物相容性和离子传输性能，但机械强度相对较低。因此，可以采用物理-化学混合交联的方式，结合两者的优点，提高水凝胶的力学性能。例如，在超强两性离子聚电解质水凝胶中，采用物理-化学混合交联方式，形成静电作用、氢键和 π 键等非共价物理交联，同时主体网络以化学交联方式形成共价键，协同增强了水凝胶的力学性能。

（3）提高稳定性

水凝胶电解质的稳定性对于高性能储能系统的长期运行至关重要。以下是一些提高稳定性的方法。

防止水的蒸发：水凝胶电解质中的水分容易蒸发，水分蒸发导致电解质的性能下降。可以通过添加保湿剂如甘油、聚乙二醇等，或者采用封装技术，将水凝胶电解质封装在聚合物薄膜中，防止水分的蒸发。

提高抗冻性能：在低温环境下，水凝胶电解质容易冻结，影响离子的传输性能。可以通过添加抗冻剂如乙二醇、丙二醇等，或者采用聚合物共混的方法，提高水凝胶电解质的抗冻性能。

增强抗氧化性能：在充放电过程中，水凝胶电解质可能会受到氧化作用的影响，导致性能下降。可以通过添加抗氧化剂如维生素 C、维生素 E 等，或者采用聚合物改性的方法，提高水凝胶电解质的抗氧化性能。

（4）优化生物相容性

生物相容性是水凝胶电解质在高性能储能系统中应用的关键因素之一。以下是一些优化生物相容性的方法。

选择生物相容性好的材料：在制备水凝胶电解质时，应选择生物相容性好的材料，例如天然高分子材料如壳聚糖、海藻酸钠等，或者生物可降解材料如聚乳酸、聚己内酯等。这些材料具有良好的生物相容性和生物降解性，可以减少对生物体的刺激和损伤。

调控表面性质：水凝胶电解质的表面性质对其生物相容性也有很大的影响。可以通过表面修饰的方法，如接枝生物活性分子、涂覆生物相容性涂层等，调控水凝胶电解质的表面性质，提高其生物相容性。

进行生物学评价：在应用水凝胶电解质之前，应进行生物学评价，如细胞毒性测试、组织相容性测试等，确保其生物相容性符合要求。

参考文献

[1] 高鹏，朱永明，于元春．电化学基础教程．北京：化学工业出版社，2019.

[2] 田东旭，石川，傅玉普．物理化学简明教程．4 版．大连：大连理工大学出版社，2021.

[3] 谢德明，童少平，曹江林．应用电化学基础．北京：化学工业出版社，2013.

[4] 天津大学物理化学教研室．物理化学：下册．6 版．北京：高等教育出版社，2017.

[5] Chen S，Zhang M，Zou P，et al. Historical development and novel concepts on electrolytes for aqueous rechargeable batteries. Energy & Environmental Science，2022，15（5）：1805-1839.

[6] Mainar A R，Leonet O，Bengoechea M，et al. Alkaline aqueous electrolytes for secondary zinc-air batteries：an overview. International Journal of Energy Research，2016，40（8）：1032-1049.

[7] Manickam M，Singh P，Issa T B，et al. Lithium insertion into manganese dioxide electrode in MnO_2/Zn aqueous battery：Part I. A preliminary study. Journal of Power Sources，2004，130（1-2）：254-259.

[8] Zhou J，Shan L，Wu Z，et al. Investigation of V_2O_5 as a low-cost rechargeable aqueous zinc ion battery cathode. Chemical Communications，2018，54（35）：4457-4460.

[9] Zhang N，Cheng F，Liu Y，et al. Cation-deficient spinel $ZnMn_2O_4$ cathode in $Zn(CF_3SO_3)_2$ electrolyte for rechargeable aqueous Zn-ion battery. Journal of the American Chemical Society，2016，138（39）：12894-12901.

[10] Sun W，Küpers V，Wang F，et al. A non-alkaline electrolyte for electrically rechargeable zinc-air batteries with long-term operation stability in ambient air. Angewandte Chemie International Edition，2022，61（38）：7347-7353.

[11] Häupler B，Rössel C，Schwenke A M，et al. Aqueous zinc-organic polymer battery with a high rate performance and long lifetime. NPG Asia Materials，2016，8（7）：e283.

[12] Wang Y，Wei H，Li Z，et al. Optimization strategies of electrolytes for low-temperature aqueous batteries. The Chemical Record，2022，22（10）：114-132.

[13] Li Y，Liu X，Zhang M，et al. Optimization strategy of surface and interface in electrolyte structure of aqueous zinc-ion battery. ACS Materials Letters，2024，6（5）：1938-1960.

[14] Suo L，Borodin O，Gao T，et al. "Water-in-salt" electrolyte enables high-voltage aqueous lithium-ion chemistries. Science，2015，350（6263）：938-943.

[15] Yi Z，Chen G，Hou F，et al. Zinc-ion batteries：Strategies for the stabilization of Zn metal anodes for Zn-ion batteries（Adv. Energy Mater. 1/2021）. Advanced Energy Materials，2021，11（1）：2170001.

[16] Glatz H，Tervoort E，Kundu D. Unveiling critical insight into the Zn metal anode cyclability in mildly acidic aqueous electrolytes：Implications for aqueous zinc batteries. ACS Applied Materials & Interfaces，2020，12（3）：3522-3530.

[17] Luo M，Wang C，Lu H，et al. Dendrite-free zinc anode enabled by zinc-chelating chemistry. Energy Storage Materials，2021，41：515-521.

[18] Han D，Wang Z，Lu H，et al. A self-regulated interface toward highly reversible aqueous zinc batteries. Advanced Energy Materials，2022，12（9）：2102982.

[19] Bani Hashemi A，Kasiri G，La Mantia F. The effect of polyethyleneimine as an electrolyte additive on zinc electrodeposition mechanism in aqueous zinc-ion batteries. Electrochimica Acta，2017，258：703-708.

[20] Hou Z，Zhang X，Li X，et al. Surfactant widens the electrochemical window of an aqueous electrolyte for better rechargeable aqueous sodium/zinc battery. Journal of Materials Chemistry A，2016，5（2）：730-738.

[21] Meng C, He W, Jiang L, et al. Ultra-stable aqueous zinc batteries enabled by β-cyclodextrin: Preferred zinc deposition and suppressed parasitic reactions. Advanced Functional Materials, 2022, 32 (47): 2207732.

[22] 屈小峰,唐宇婷,何鑫程,等. PEG水系电解液用于高性能锌碘双离子电池. 电化学,2023,29 (11):211026.

[23] Wang R, Ma Q, Zhang L, et al. An aqueous electrolyte regulator for highly stable zinc anode under −35 to 65 ℃. Advanced Energy Materials, 2023, 13 (40): 2302543.

[24] Huang J, Zhou J, Liang S. Guest pre-intercalation strategy to boost the electrochemical performance of aqueous zinc-ion battery cathodes. Acta Physico-Chimica Sinica, 2021, 37 (3): 2005020.

[25] Gao Y, Li G, Wang F, et al. A high-performance aqueous rechargeable zinc battery based on organic cathode integrating quinone and pyrazine. Energy Storage Materials, 2021, 40: 31-40.

[26] Qi Y, Xia Y. Electrolyte regulation strategies for improving the electrochemical performance of aqueous zinc-ion battery cathodes. ACTA Physico-Chimica Sinica, 2023, 39 (2): 2205045.

[27] 刘晨帆. 水系锌离子电池 $NH_4V_4O_{10}$ 正极材料的制备及电化学性能研究. 乌鲁木齐:新疆大学,2023.

[28] Li R, Guan C, Bian X, et al. NaV_6O_{15} microflowers as a stable cathode material for high-performance aqueous zinc-ion batteries. RSC Advances, 2020, 10 (12): 6807-6813.

[29] Ji H, Han Z, Lin Y, et al. Stabilizing zinc anode for high-performance aqueous zinc ion batteries via employing a novel inositol additive. Journal of Alloys and Compounds, 2022, 914: 165231.

[30] 孙永鑫,曹金,张露露,等. 乙二醇甲醚电解液添加剂对水系锌离子电池电化学性能的影响. 硅酸盐学报,2024,52:2264-2274.

[31] 王欣. 水系锌离子电池负极设计和电解液改性的研究. 长春:吉林大学,2023.

[32] 杜福凯. 水系锌离子电池锌负极的界面调控及其性能研究. 杭州:浙江工业大学,2023.

[33] Zheng H, Huang Y, Xiao J, et al. Multi-protection of zinc anode via employing a natural additive in aqueous zinc ion batteries. Chemical Engineering Journal, 2023, 468: 43834.

[34] 刘增华,张倩,马鼎璇,等. 异山梨醇电解液添加剂对水系锌离子电池电化学性能的影响. 山东化工,2022,51:58-61.

[35] 张倩倩. 天然多糖基凝胶电解质膜的制备及在超级电容器中的应用研究. 兰州:兰州理工大学,2022.

[36] Park J H, Park S H, Joung D, et al. Sustainable biopolymeric hydrogel interphase for dendrite-free aqueous zinc-ion batteries. Chemical Engineering Journal, 2021, 433: 133532.

[37] Li X, Shang L, Li D, et al. High-strength, strong-adhesion, and antibacterial polyelectrolyte complex hydrogel films from natural polysaccharides. Polymer Testing, 2022, 109: 107547.

[38] 侯冰娜. 天然多糖水凝胶的制备及其性能研究. 天津:天津科技大学,2021.

[39] Poosapati A, Jang E, Madan D, et al. Cellulose hydrogel as a flexible gel electrolyte layer. MRS Communications, 2019, 9 (1): 122-128.

[40] 杨培霞,崔闻宇,邢东军,等. 添加剂对离子液体凝胶聚合物电解质电化学性能的影响. 无机化学学报,2011,27 (11):2143-2149.

[41] 吴凯霖,凌新,边朝阳,等. 羧甲基纤维素钠凝胶的制备及电解效率的研究. 化工技术与开发 2022,51:43-45,31.

[42] Poosapati A, Negrete K, Madan D. pH and swelling study of chitosan-based polymer electrolytes with various salt additives. ECS Meeting Abstracts, 2020, MA2020-01 (4): 572.

第 6 章 水系锌离子电池储能机理

前几章详细介绍了水系锌离子电池的概念、组成和测试等相关方面的知识，相似地，在水系锌离子电池探究的初期，研究主要集中在改善电化学性能，如开发先进的正/负极材料和高效的电解液等，而不是探索电荷存储机理。但储能机理的研究工作是具有指导性和决定性的因素，因此，本章将围绕目前已报道的水系锌离子电池储能机理进行详细阐述。

6.1 纯 Zn^{2+} 嵌入/脱出机理

与其他储能电池类似，水系锌离子电池也具有传统的金属离子嵌入机制，即锌离子在正极中简单地嵌入和脱出，正极材料可以在锌离子脱出后恢复其原始状态。从整体的水系锌离子电池的放电过程可以对纯 Zn^{2+} 嵌入/脱出机理过程进行进一步研究[1,2]。

在放电过程中，锌负极发生氧化反应，释放出锌离子（Zn^{2+}），此时锌离子进入电解液，并通过电解质迁移至正极，同时转移电子（e^-），反应如下（图 6-1）：

$$x\mathrm{Zn} \longrightarrow x\mathrm{Zn}^{2+} + 2x\mathrm{e}^-$$

锌离子通过电解质迁移到正极材料中嵌入，并通过还原反应接收电子。这个过程取决于正极材料的具体化学性质，正极材料如氧化锰（MnO_2）、氧化钒（V_2O_5）、普鲁士蓝（Prussian blue）类似物等材料[3-7]，锌离子可以通过插层反应进入材料结构。值得注意的是，上述的反应过程是可逆的，能够在充放电循环中反复进行。为了更好地理解水系锌离子电池储能机理，举例说明具体的反应情况：

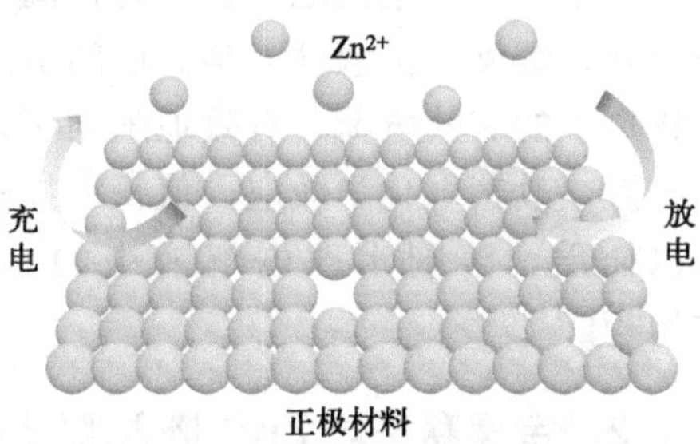

图 6-1 纯 Zn^{2+} 嵌入/脱出储锌机理示意图

由于锰含有丰富的价态（+2、+3 和+4），锰的氧化物/氢氧化物矿物呈现出原子结构和价态的显著多样性，所以常被用于水系锌离子电池正极材料的制备。对于 MnO_2 来说，其具有不同的隧道构型（α，β，γ 和 δ 型），只考虑锌离子的嵌入，理论上相应的具有更大隧道尺寸的构型更有利于存储锌离子，从而导致初始放电容量高低趋势为 δ-MnO_2 > α-

$MnO_2>\gamma\text{-}MnO_2>\beta\text{-}MnO_2$[8-10]，这一推论与实验结果相符。而不同隧道构型的 MnO_2 只是晶体结构的差异使得能够储存的锌离子数量有所差异，相应的反应过程是一致的。在放电过程中，锌离子嵌入 MnO_2 中，将 Mn^{4+} 还原为 Mn^{3+}，生成新相 $ZnMn_2O_4$；在充电过程中，锌离子从 MnO_2 中脱离出来，与此同时，Mn^{3+} 发生了氧化反应，$ZnMn_2O_4$ 逐渐恢复到 MnO_2 的初始状态，反应完全可逆（图 6-2）[11]。总反应方程式如下：

$$x\mathrm{Zn}^{2+}+2x\mathrm{e}^{-}+2\mathrm{MnO}_2 \longrightarrow \mathrm{Zn}_x\mathrm{Mn}_2\mathrm{O}_4$$

该机理的最重要过程是锌离子在正极材料中的嵌入和脱出。然而，由于多价离子与基质晶格之间的强静电相互作用，锌离子的动力学性能较差。此外，反应过程中锌离子较大的体积变化破坏了正极材料结构的原有稳定性。因此，改善锌离子在电池中的嵌入和脱出、扩散动力学，提高正极材料的结构稳定性是该机理有效发挥作用的关键所在。

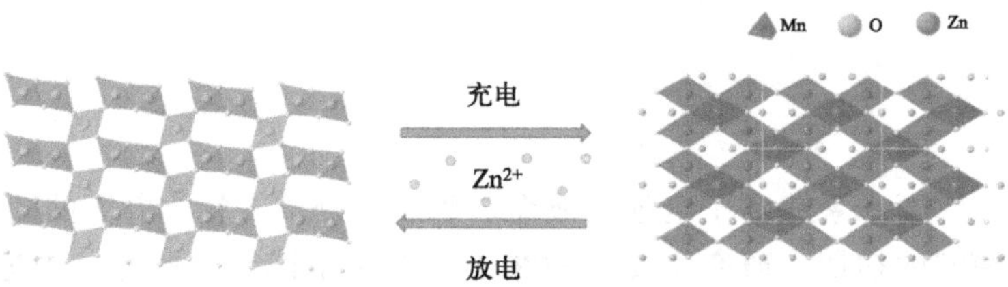

图 6-2　MnO_2 正极的储锌机理示意图

6.1.1　结构水对 Zn^{2+} 嵌入/脱出的影响

在对纯 Zn^{2+} 嵌入/脱出机理了解后，不难发现锌离子在正极材料结构内的存储和移动决定了电化学性能的优劣。因此，正极材料氧化层间的结构水在锌离子的嵌入过程中发挥关键作用。一方面，由于结构水的预插层可以有效地增大材料的层间距，从而获得更大的隧道尺寸，这对于具有大半径的锌离子传输和存储更具有优势[12-14]。另一方面，基于裸露氧化物正极水系锌离子电池通常会因为锌离子的大的电荷与质量之间的比率所产生的强静电排斥作用而导致缓慢的扩散动力学。层间引入的结构水可以充当“润滑剂”，通过溶剂化作用降低了锌离子的有效电荷，有效地削弱了锌离子与氧化物的静电相互作用，以实现更快速的锌离子扩散，改善电化学效应。值得一提的是，在水系锌离子电池电化学过程中，不仅仅结构水可以插层，溶剂水即电解液中的水分子也可以插入正极材料，起到类似于结构水的作用[15,16]。

6.1.2　金属离子对 Zn^{2+} 嵌入/脱出的影响

在单纯的锌离子嵌入/脱出理论中，正极材料的结构对水系锌离子电池的比容量大小和循环稳定性至关重要。充放电过程中，电池内部可逆反应的进行，锌离子反复嵌入/脱出正极材料，在长时间工作的情况下会严重地破坏正极材料的结构稳定性，导致结构的塌陷和变形，阻碍下一步反应的进行。这一理论普遍出现在水系锌离子电池正极研究中，也解释了大多数正极材料在高次数循环后容量急速衰减的现象。因此，预先插入碱金属（例如 Li^+、Na^+、K^+ 等）[17-22]、过渡金属（例如 Fe^{2+}、Co^{2+}、Ni^{2+}、Cu^{2+}、Zn^{2+}、Mn^{2+} 等）[23-27] 或其他金属（如 Ag^+、Mg^{2+}、Ca^{2+}、La^{3+} 等）[28-31] 充当层状钒或锰氧化物层间的“柱子”，以增强原有结构的稳定性，防止在锌离子重复嵌入/脱出时层结构的崩溃。此外，由于插入的金属离子具有较大的半径特征，亦可以扩大原本正极材料的层间距，从而增强充放电过程中的离子扩散性能。需要注意的是，金属离子的预插入也有可能会抑制锌离子的存储能力，这是由于插入的相似金属阳离子会占据锌离子的活性位点，致使储锌位点减少。不仅如此，在研究中还发现部分金属离子会与锌离子发生置换反应，使锌离子嵌入置换的位点，但是此时的锌离子不同于正常的储锌情况，该锌离子位于“死锌位点”，在充电过程中不能脱出，与预插入的金属一样作为正极材料的“支柱”[32-34]。综上所述，金属离子对 Zn^{2+} 嵌入/脱出的影响情况是复杂的，并非都有利于锌离子扩散与传输，需要根据不同的金属进行单独探究。

6.1.3　有机分子对 Zn^{2+} 嵌入/脱出的影响

除了结构水与金属离子以外，许多有机聚合物也被用作层间改性剂预插入到层状正极材料中。如聚苯胺（PANI）、聚吡咯（PPy）、聚噻吩（PEDOT）等有机聚合物常见于正极材料的改性报道中[35-39]。使用有机聚合物预插层的思路和前面介绍的结构水和金属离子类似，通过增大层间距和强化结构稳定性实现锌离子的快速扩散和稳定嵌入/脱出。不同的是，由于导电聚合物的独特 p-π 共轭结构可以有效地限制主体框架和插入的锌离子之间的静电相互作用，进一步促进了离子的快速扩散，同时导电聚合物自身具有极低的电阻，可以使电子进行快速转移。但是受限于有机分子自身体积和诱导聚合位点的不确定性，实验结果并没有理想状态优异。

6.2　双离子共嵌机理

考虑到锌离子在大尺寸水合物中的缓慢嵌入和二价离子的强静电排斥作用，理论上允许正极材料同时插入具有更强扩散动力学的其他离子，双离子共嵌机理的概念由此产生。其中除了锌离子外，另一种离子（通常是氢离子 H^+ 或其他小离子）也参与了电池的充放电过程。双离子共嵌机理的基本思想是通过引入另一种离子参与电池的充放电过程，促进离子在电极中的迁移与嵌入，同时，帮助锌离子在负极上的分散沉积，降低锌枝晶的形成风险，从而提高电池的整体性能。如图 6-3 所示，在放电过程中双离子共嵌机理的负极反应与纯 Zn^{2+} 嵌入/脱出机理一致，即负极锌箔中的锌单质发生氧化反应释放锌离子进入电解质中，而正极反应则是由锌离子和另一种离子共同嵌入正极材料的晶格或层状结构中，从而实现储能。

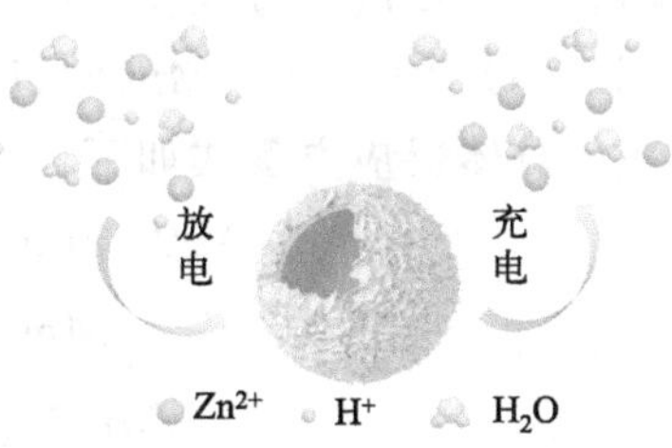

图 6-3　双离子共嵌的储锌机理示意图

6.2.1　连续的 Zn^{2+} 和 H^+ 共插入机理

在进行电化学检测中对 GCD 曲线进行分析常会发现两个明显的放电平台，在双离子共嵌机理下就需要探究是否是双离子分步嵌入正极材料产生此种特殊现象的。其中，有研究人员认为，第一步放电过程是小分子的锌离子和氢离子快速插入产生的，而第二步放电过程是大分子的锌离子和氢离子缓慢插入产生的。即认为虽然显现出两个放电平台，但放电过程中的反应是持续进行的，没有明确的间隔划分成严格意义上的两段反应。依据这种推测随后设计了 MnO_2 正极分别在不含锌离子或氢离子的电解液中的探究实验，结果表明，显著不同的电化学行为为该推论提供了支持，锌离子的缺失导致第二个放电平台的消失，而第一个放电平台仍然存在。因此，连续的 Zn^{2+} 和 H^+ 共插入机理被广泛应用于相关水系锌离子电池正极机理分析的报道中，尤其是以锰氧化物作为正极材料[40,41]。

6.2.2 两步进行的 Zn^{2+} 和 H^+ 插入机理

在连续的 Zn^{2+} 和 H^+ 共插入机理提出后，进一步的研究也表明不同的观念，研究人员认为两步放电过程的反应是间隔进行的，此外还对每步放电过程是由何种分子主导的做出了不同的阐述，分为氢离子主导第一步放电反应，锌离子主导第一步放电反应和锌/氢离子共同主导第一步放电反应三种机理推测[14]。

第一步放电反应以氢离子插入为主，而第二步放电反应则涉及锌离子和氢离子共同插入的机理推测是通过对聚苯胺（PANI）互结层状 MnO_2 的正极进行非原位 XRD 和 SEM 测试，研究该正极在放电和充电时的相和形貌演变，由于第一步放电反应中没有观察到新相和明显的形貌变化，而在第二步放电反应中出现了大量的单质锌和氢氧化锌硫酸盐（ZHS）薄片结构。这是因为第一步放电反应积累的 OH^- 不足以引发 ZHS 沉淀，而第二步放电反应持续消耗 H^+ 后留下的高浓度 OH^- 则引发了 ZHS 片的形成和进一步生长。因此可以有力地证明第一步放电反应是由氢离子单独主导的，锌离子参与的是第二步放电反应。

与上一种的观点相反，本观点认为第一步放电反应和第二步放电反应分别由锌离子和锌/氢离子共同主导，即是在理论意义上的反向电荷存储。以相似的实验思路，研究人员以沉积法制备了 MnO_2 正极材料，通过电化学测量显示，两步氧化还原反应涉及第一步放电过程的均相反应和第二步放电过程的非均相反应。结合 XRD 和 TEM 的测量结果，可以分析出在第一步放电过程在正极材料中发生了锌离子的插入，而第二步放电过程涉及氢离子插入到 MnO_2 中以产生 MnOOH，从而形成 ZHS 副产物，以及 MnO_2 转化为 Mn_2O_3 的转化反应。具体反应方程式如下：

$$MnO_2 + xZn^{2+} + 2xe^- \longrightarrow Zn_xMnO_2\text{（1.4 V 以上）}$$

$$MnO_2 + H^+ + e^- \longrightarrow MnOOH\text{（1.3 ～ 1.0 V）}$$

$$2MnO_2 + 2H^+ + 2e^- \longrightarrow Mn_2O_3 + H_2O\text{（1.3 ～ 1.0 V）}$$

与上述观点都不相同的是，锌/氢离子共同主导两步放电反应理论认为，出现两步不同且不连续的反应并不是简单地由于某个离子先主导第一步反应，而是锌、氢离子都参与了反应，但两步放电过程的反应原理是不相同的。这两种类型反应的显著不同是动力学速率差异导致的。第一步放电过程的共嵌入反应具有小的能垒，而第二步放电过程的转化反应由于其较低的速率常数和较高的电荷转移电阻而表现出较高的活化能垒，使其受到动力学限制。在低电流密度下的快速容量衰减是由于第二步放电过程的动力学限制和不可逆转化反应。相比之下，在高电流密度下，动力学限制特性显著抑制低电压转化反应，导致高容量保持率和循环稳定性。

6.2.3 Zn^{2+} 和其他离子共插入机理

除了目前探究较为广泛的 Zn^{2+} 和 H^+ 共插入机理，从理论上分析静电斥力弱于锌离子的其他离子是允许参与反应过程的同时嵌入至正极材料中的，插层离子（如 Li^+、Na^+ 等）可以促进主体结构中活性位点的有效利用，从而增强水系锌离子电池的性能。通过在电解液中添加另一种盐，可以在水系锌离子电池中引入一种新的离子插入。如在 4 mol/L $ZnSO_4$ 电解液中掺入 3 mol/L Li_2SO_4 溶液，以引入的锂离子作为共插入离子。使用以 V_2O_5 为正极的电池，对此电解液进行电化学测试，XRD 和拉曼光谱分析表明，除了锌离子的嵌入/脱出反应外，锂化/脱锂反应也是可逆的。特别地，由于锌离子在放电过程中的共插入，水溶液混合电池中的 V_2O_5 电极比非水溶液锂离子电池中的电极具有更好的结构稳定性[42]。相应地，此理论在普鲁士蓝类似物为正极的电池体系中也有所应用，六氰合铁酸铁（FeHCF）中的碳配位铁可以通过高压操作活化，同时在基于 FeHCF 的水溶液混合离子电池中揭示了锌离子和锂离子的共嵌入。FeHCF 的晶体结构在放电状态下随着锌离子和锂离子的插入而显示出显著的变形，而这些离子可以在充电时被提取而恢复晶体结构，呈现可逆反应的特征[43-45]。

6.3 化学转化反应机理

化学转化反应（chemical conversion reaction）是一种复杂且高效的电化学过程，通常涉及材料在充放电过程中发生的化学反应，特别是多个电子的转移和产物的显著化学变化（图 6-4）。在这一反应过程中，电池的活性物质与电解液中的离子（如锂离子、钠离子等）发生反应，形成新的化合物或结构发生变化，通常伴随着原始材料的结构转化。例如，金属氧化物（如 Fe_2O_3、CuO）[46,47] 或硫化物（如 Li_2S）[48] 等电池中的活性物质，在电化学反应过程中，电极材料会经历深度的结构变化，化学键会断裂并重新形成，从而产生新的物质相。在放电过程中，这些材料会被还原为金属或低氧化态的化合物，而在充电时，金属或低氧化态的化合物再次被氧化为更高氧化态的金属氧化物或其他化合物。与插层化学不同，化学转化反应不仅仅是简单的离子插入或脱出，而是伴随着较为复杂的化学反应过程，这一过程中涉及多个电子的转移，从而大幅提高了能量存储能力。例如，在铁氧化物（Fe_2O_3）电池中，锂离子与铁氧化物发生反应，最终形成铁金属和锂氧化物的复合物。在这一过程中，涉及多个电子的交换，导致每个反应提供的容量大大超过插层反应。此外，由于化学转化反应伴随着结构变化，电极材料能够以更高的原子密度和更多的化学反应方式存储能量，从而实现了比插层反应更高的理论容量。这种复杂的反应机制使得化学转化反应成为高容量电池技术的重要组成部分。然而，虽然化学转化反应能够显著提高容量，但是它也面临着一些挑战，特别是反应过程中电极材料的结构变化较大，可能导致电极材料的膨胀或崩解，从而影响电池的循环稳定性和效率。

6.3.1 阳离子和阴离子氧化还原反应机理

阳离子和阴离子氧化还原反应是电化学过程中重要的组成部分之一，由于其反应过程中涉及元素价态变化而形成新的物质，所以将该机理归类到化学转化反应。其反应具体涉及阳离子和阴离子在电极上发生的电子转移反应。在阳离子的氧化还原反应中，阳离子通常会在电极上被还原或氧化，阳离子的还原反应是指阳离子在电极上获得电子，转化为金属或更低价态的离子，而阳离子的氧化反应则表现为金属或低价金属离子失去电子，转化为金属离子或更高价态的离子。阴离子的氧化还原反应则是阴离子在电极上发生氧化或还原反应，阴离子的还原反应较为少见，但在某些高电压条件下，阴离子也可能被还原为其他物质。研究表明，在以 $VOPO_4$ 为正极的水系锌离子电池体系中，在 0.8～1.8 V 的低电压区域，锌离子

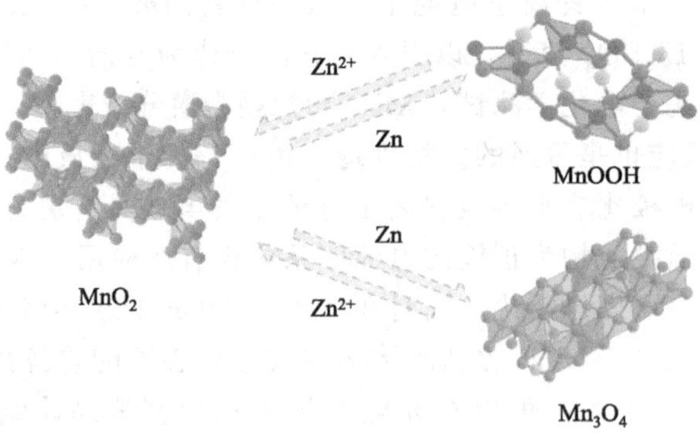

图 6-4 化学转化反应的储锌机理示意图

插入/脱出和钒氧化还原反应（V^{5+}/V^{4+}转换）在 $ZnVOPO_4$ 中占主导地位。然而，当电压窗口拓宽到 2.1 V 时，晶格氧氧化还原反应（V^{5+}/V^{4+}转换）在 1.8～2.1 V 发生。在高电压范围内，氧气氧化还原反应在 $Zn/VOPO_4$ 电池中贡献了约 27%的容量，并将平均工作电压从 1.47 V 提高到 1.56 V。除氧气外，阴离子 N 也是氧化还原活性位点[49]。

6.3.2 化学反应溶解-沉积机理

溶解-沉积是电化学反应中的一种典型过程，广泛存在于金属电极与电解液的交界面，涉及金属的氧化和还原反应。这一过程的基本机理是：在电化学反应中，金属电极上的金属原子会失去电子，进入溶液中形成金属离子，而电解液中的金属离子在电极表面上获得电子还原成固体金属沉积。溶解-沉积过程通常涉及两种主要反应：在负极发生的氧化反应和在正极发生的还原反应。具体来说，当金属处于电解液中时，外加电压会驱使金属电极上的金属原子失去电子，形成金属离子并溶解到溶液中。在负极发生的氧化反应可以表示为 $M(s) \longrightarrow M^{n+}(aq)+ne^-$，其中 M 是金属元素，$n$ 是金属离子带的电荷数。溶解到溶液中的金属离子会通过电解液的传导性移动，向着正极迁移。在正极上，溶液中的金属离子会通过获得电子还原回金属态，沉积在电极表面。例如，锰会以二价锰离子的形式溶解到溶液中，并在另一个电极上通过还原反应重新沉积为锰单质或者氧化锰。这个还原反应通常表示为 $M^{n+}(aq)+ne^- \longrightarrow M(s)$，即金属离子在正极上获得电子后沉积为金属。这一过程在电化学反应中是一个典型的氧化还原循环，金属离子和金属不断发生动态的溶解和沉积。除了在正极上以固体锰氧化物的形式直接沉积锰离子外，还提出了充电时“锰离子沉积”的不同观点[50,51]。副产物 ZHS 可与锰离子反应，将正极降解或电解质添加剂中的可溶性锰离子固定在正极表面。ZHS 正极在水系锌离子电池中的电化学行为证实了 ZHS 在锰离子沉积中的活性作用。使用不含锰离子添加剂的 $ZnSO_4$ 电解液时，观察到 ZHS 正极的容量可忽略不计。然而，在含锰离子的电解液中首次充电后，电极显示出相当大的容量，远高于相同条件下的空白正极。在其他研究中也发现了类似的行为，其中不存在锰离子或 ZHS 会导致完全放电，MnO_2 正极的充电容量低于同时存在锰离子和 ZHS 的充电容量。这些结果揭示了 ZHS 在正极上锰沉积中的关键作用。考虑到锰基正极不能避免锰离子溶解，ZHS 与锰离子之间的反应可能通过补偿锰溶解造成的容量损失而有助于正极可逆性。这些发现为研究水系锌离子电池的储能机理提供了新的思路。

6.3.3　反应副产物对储能的影响

在水系锌离子电池的工作过程中，由于电压变化和复杂的反应过程，不可避免地会出现副产物，副产物由于不参与氧化还原反应且占据反应位点和消耗能量，是影响水系锌离子电池储能效率、容量和寿命的关键因素。氢气副产物的生成是水系锌离子电池中常见的问题之一。当锌电池在充电或放电过程中，特别是在过充或高电压情况下，电解液中的水分子会发生电解反应，产生氢气和氧气。氢气的生成会消耗一部分电池的电能，降低电池的能量效率。与此同时，氢气气泡的积累可能对电池的电极表面和电解液的离子传导性产生不利影响。氢气气泡可能阻碍电极反应的进行，增加电池的内阻，降低电池的放电效率。此外，气泡的积累可能导致电池内部压力升高，影响电池的稳定性。锌枝晶的形成是另一个严重的副产物。锌电池的锌负极在充电过程中，会通过电化学反应沉积锌金属。然而，在高电流密度和不适当的电池操作条件下，锌可能会以枝晶的形式沉积。锌枝晶是一种具有尖锐形状的结构，容易穿透隔膜或电池的电解液分隔层，导致电池发生短路现象。短路不仅会迅速降低电池的输出电压，还可能引发电池过热，严重时甚至可能导致电池的燃烧或爆炸。锌枝晶的形成是水系锌离子电池稳定性和安全性的一大隐患，因此，减少锌枝晶的生成是设计高效水系锌离子电池的一个重要方向。除了氢气和锌枝晶，锌电池中的锌氧化物或锌盐也是不容忽视的副产物。在锌电池的充放电过程中，锌的溶解和沉积是一个动态平衡过程，但在某些条件下，尤其是高温或过充状态下，锌负极表面可能会发生氧化反应，形成锌氧化物（如 ZnO）或与电解液中的其他成分反应生成锌盐。锌氧化物的生成不仅会降低锌的有效沉积效率，还可能阻塞电极表面，影响电池的反应活性和电池的能量传输。锌盐（如 $ZnSO_4$、$ZnCl_2$ 等）的形成会改变电解液的成分，进而影响电池的电导率和整体性能。特别是在电池长期使用后，锌氧化物和锌盐的积累可能会使电池的放电容量逐渐下降，缩短其使用寿命。另外，锌电池的电解液也是副产物生成的关键因素之一。电解液的成分和 pH 值对副产物的形成有着重要影响。在酸性或中性电解液中，锌的溶解速率较快，但电解液的酸性环境容易促进氢气的生成。而在碱性电解液中，虽然氢气生成的风险较低，但可能会促进锌枝晶的形成。因此，优化电解液的成分，调控其 pH 值是减少副产物生成的有效手段。总的来说，水系锌离子电池中的副产物如氢气、锌枝晶、锌氧化物和锌盐会对电池的储能性能产生显著影响。副产物不仅会消耗电池的有效能量，增加电池内阻，降低能量密度，还可能引发电池的安全隐患（如短路和爆炸）。因此，通过研究减少副产物生成对水系锌离子电池整体性能的提升是非常必要的，尤其是在储能方面。

6.4　有机配位机理与杂化化学机理

（1）有机配位机理

与常见的层状、隧道型或三维开放骨架材料不同，有机聚合物中含有丰富的锌离子键合位点，是一种很有前途的水系锌离子电池正极材料。尽管材料的化学组成多种多样，但有机正极主要通过配位反应储存锌离子。金属有机骨架（MOFs），特别是导电 MOFs，由于其独特的可调形貌、丰富的活性中心和多功能性，近年来在储能领域受到越来越多的关注。类似地，预先设计的对称有机构建单元整合并通过 p-p 堆叠自组装的 2D 共价有机框架（COFs）被赋予可调结构和明确定义的孔隙率，其也被探索作为水系锌离子电池的潜在正极材料。除此之外还有醌类化合物和其他有机聚合物也被广泛应用于水系锌离子电池正极材料的研究中。这些有机物作为正极的水系锌离子电池体系中，除了涉及上文中提及的锌离子嵌入/脱出、化学转化反应机理，由于有机物自身位点的特征，可以提供更多的锌离子键合位点，通过配位的方式将锌离子储存在正极材料中，再通过低电阻的特性快速转移电荷，实现锌离子在正极上的可逆过程。有机聚合物正极材料由于其结构和功能的高度可调性，在水系锌离子电池领域中占有越来越重要的地位。这些材料的机理主要是通过与锌离子在特定的电负性位点上的配位反应来实现的，例如醌型结构、相邻的C=O位点、氨基官能团。通过调节可配位基团的距离以适应锌离子的大小，聚合物将被开发或改性为水系锌离子电池的可行正极材料。此外，在聚合物正极材料的设计中，具有较低的库仑排斥力和较高的与有机基团的结合力的氢离子很可能会插入到正极中，从而在放电过程中提供额外的容量。

（2）杂化化学机理

不同于前面介绍的各种储能机理，杂化化学机理是由于将新的水系锌离子电池组合而衍生出的理论。具体来说，将金属锌负极与适合于存储其他离子的正极材料组合成混合电池，以改善锌离子传输慢、静电斥力大等缺点。锌离子不再作为主导离子嵌入正极材料的主要位点中，相应替代它的是一价金属阳离子，如 Li^+、Na^+ 和 K^+，被认为是可以容纳到各种正极材料中的有效电荷载体。与常规水系锌离子电池（其中锌离子在正极和负极之间作为传输主导）相比，混合电池涉及锌离子和其他电荷载体控制不同的电化学过程，包括负极中的锌离子溶解-沉积和正极中的单价或多价金属离子的插入/提取。这种储能机理类似于上文中所提到的 Zn^{2+} 和其他离子共插入机理，但与之不同的是杂化化学机理的反应过程更加复杂，仍需要进一步的探究。

参考文献

[1] Liu C, Neale Z, Zheng J, et al. Expanded hydrated vanadate for high-performance aqueous zinc-ion batteries. Energy Environ. Sci., 2019, 12: 2273-2285.

[2] Tang B, Shan L, Liang S, et al. Issues and opportunities facing aqueous zinc-ion batteries. Energy Environ. Sci., 2019, 12: 3288-3304.

[3] Ma Y, Ma Y, Diemant T, et al. Unveiling the intricate intercalation mechanism in manganese sesquioxide as positive electrode in aqueous Zn-metal battery. Adv. Energy Mater., 2021, 11: 2100962.

[4] Zhang N, Wang J C, Guo Y F, et al. Insights on rational design and energy storage mechanism of Mn-based cathode materials towards high performance aqueous zinc-ion batteries. Coord. Chem. Rev., 2023, 479: 215009.

[5] Liu Y Y, Lv T T, Wang H, et al. Nsutite-type VO_2 microcrystals as highly durable cathode materials for aqueous zinc-Ion batteries. Chem. Eng. J., 2021, 417: 128408.

[6] Yang G, Liang Z, Li Q, et al. Epitaxial core-shell MnFe prussian blue cathode for highly stable aqueous zinc batteries. ACS Energy Lett., 2023, 8: 4085-4095.

[7] Zeng Y, Lu X F, Zhang S L, et al. Construction of Co-Mn prussian blue analog hollow spheres for efficient aqueous Zn-ion batteries. Angew. Chem. Int. Ed., 2021, 60: 22189-22194.

[8] Wang D, Wang L, Liang G, et al. A superior δ-MnO_2 cathode and a self-healing Zn-δ-MnO_2 battery. ACS Nano, 2019, 13 (9): 10643-10652.

[9] Wan F, Niu Z. Design strategies for vanadium-based aqueous zinc-ion batteries. Angew Chem Int Ed, 2019, 131 (46): 16508-16517.

[10] Alfaruqi M H, Mathew V, Gim J, et al. Electrochemically induced structural transformation in a γ-MnO_2 cathode of

a high capacity zinc-ion battery system. Chem. Mater.，2015，27：3609-3620.

[11] Alfaruqi M H，Gim J，Kim S，et al. Enhanced reversible divalent zinc storage in a structurally stable a-MnO_2 nanorod electrode. J. Power Sources，2015，288 (15)：320-327.

[12] Lv T，Zhu G，Dong S，et al. Co-intercalation of dual charge carriers in metal-ion-confining layered vanadium oxide nanobelts for aqueous zinc-ion batteries. Angew. Chem. Int. Ed.，2023，62：e202216089.

[13] Lv Z，Tan Y，Kang Y，et al. Non-desolvation Zn^{2+} storage mechanism enables MoS_2 anode with enhanced interfacial charge-transfer kinetics for low temperature zinc-ion batteries. Sci. China Chem.，2023，66：1537-1548.

[14] Sun Q，Cheng H，Yuan Y，et al. Uncovering the fundamental role of interlayer water in charge storage for bilayered $V_2O_5 \cdot nH_2O$ xerogel cathode materials. Adv. Energy Mater.，2023，13：2202515.

[15] Zhang W，Dong M，Jiang K，et al. Self-repairing interphase reconstructed in each cycle for highly reversible aqueous zinc batteries. Nat. Commun.，2022，13：5348.

[16] Li S，Huang C，Gao L，et al. Unveiling the "proton lubricant" chemistry in aqueous zinc-MoS_2 batteries. Angew. Chem. Int. Ed.，2022，61：e202211478.

[17] Hu P，Zhu T，Wang X，et al. Highly durable $Na_2V_6O_{16} \cdot 1.63H_2O$ nanowire cathode for aqueous zinc-ion battery. Nano Lett.，2018，18：1758-1763.

[18] Singh D，Hu Y，Meena S S，et al. Iron-based fluorophosphate Na_2FePO_4F as a cathode for aqueous zinc-ion batteries. Chem. Commun.，2023，59：14391-14394.

[19] Cai Y，Liu F，Luo Z，et al. Pilotaxitic $Na_{1.1}V_3O_{7.9}$ nanoribbons/graphene as high-performance sodium ion battery and aqueous zinc ion battery cathode. Energy Storage Mater.，2018，13：168-174.

[20] Chou S-L，Wang J-Z，Liu H-K，et al. Rapid synthesis of $Li_4Ti_5O_{12}$ microspheres as anode materials and its binder effect for lithium-ion battery. J. Phys. Chem. C，2011，115：16220-16227.

[21] Yuan S，Liu Y，Xu D，et al. Pure single-crystalline $Na_{1.1}V_3O_{7.9}$ nanobelts as superior cathode materials for rechargeable sodium-ion batteries. Adv. Sci.，2015，2：1400018.

[22] Liu S，Zhu H，Zhang B，et al. Tuning the kinetics of zinc-ion insertion/extraction in V_2O_5 by in situ polyaniline intercalation enables improved aqueous zinc-ion storage performance. Adv. Mater.，2020，32：2001113.

[23] Son J-M，Oh S，Bae S-H，et al. A pair of $NiCo_2O_4$ and V_2O_5 nanowires directly grown on carbon fabric for highly bendable lithium-ion batteries. Adv. Energy Mater.，2019，9：1900477.

[24] El-Sayed A-R，Mohran H-S，Abd El-Lateef H M. Corrosion study of zinc，nickel，and zinc-nickel alloys in alkaline solutions by tafel plot and impedance techniques. Metall. Mater. Trans. A，2012，43：619-632.

[25] Lu Y，Nai J，Lou X W (David). Formation of $NiCo_2V_2O_8$ yolk-double shell spheres with enhanced lithium storage properties. Angew. Chem. Int. Ed.，2018，57：2899-2903.

[26] Du J，Liu G，Li F，et al. Iron-salen complex and Co^{2+} ion-derived cobalt-iron hydroxide/carbon nanohybrid as an efficient oxygen evolution electrocatalyst. Adv. Sci.，2019，6：1900117.

[27] Zhao Y，Zhu Y，Jiang F，et al. Vacancy modulating $Co_3Sn_2S_2$ topological semimetal for aqueous zinc-ion batteries. Angewandte Chemie，2022，134 (2)：e202111826.

[28] Jian R，Zhang Z，Mashhadian A，et al. Synergistic functionalization and Cu substitution in Mn-based Prussian blue analogues for high-voltage and high-capacity aqueous zinc-ion battery cathodes. Mater. Lett.，2025，383：138013.

[29] Zhou J，Shan L，Wu Z，et al. Investigation of V_2O_5 as a low-cost rechargeable aqueous zinc ion battery cathode. Chem. Commun.，2018，54：4457-4460.

[30] Pan Q，Dong R，Lv H，et al. Fundamental understanding of the proton and zinc storage in vanadium oxide for aqueous zinc-ion batteries. Chem. Eng. J.，2021，419：129491.

[31] Liu G，Fan B，Qi Y，et al. Ultrahigh-current-density tribovoltaic nanogenerators based on hydrogen bond-activated flexible organic semiconductor textiles. ACS Nano，2025，19 (7)：6771-6783.

[32] Wu Z，Zou J，Li Y，et al. Regulating zinc nucleation sites and electric field distribution to achieve high-performance zinc metal anode via surface texturing. Small，2023，19：2206634.

[33] Tan Y，Li S，Zhao X，et al. Unexpected role of the interlayer "dead Zn^{2+}" in strengthening the nanostructures of VS_2 cathodes for high-performance aqueous Zn-ion storage. Adv. Energy Mater.，2022，12：2104001.

[34] Lee H, Kang J, Kang H W, et al. A hydrophilic Janus-faced separator with functionalized nanocarbon for stable cycling of aqueous Zn-metal batteries. J. Mater. Chem. A, 2024, 12: 3623-3632.

[35] Sun Q, Chang L, Liu Y, et al. Chrysanthemum-like polyaniline-anchored $PANI_{0.22}\cdot V_2O_5\cdot 0.88H_2O$-hybridized cathode for high-stable aqueous zinc-ion batteries. ACS Applied Energy Materials, 2023, 6 (5): 3102-3112.

[36] Cai Y, Sun L, Zhang Y, et al. Introducing PANI into a manganese-based cathode material to improve the energy storage performance of aqueous zinc-ion batteries by generating dual redox reactions. ACS Applied Energy Materials, 2024, 7 (17): 7362-7372.

[37] Han R, Pan Y, Yin C, et al. Proton-self-doped PANI@CC as the cathode for high-performance aqueous zinc-ion battery. J. Colloid Interface Sci., 2023, 650: 322-329.

[38] Zeng Y, Han Y, Zhao Y, et al. Advanced Ti-doped Fe_2O_3@PEDOT core/shell anode for high-energy asymmetric supercapacitors. Adv. Energy Mater, 2015, 5: 1402176.

[39] Bi W, Gao G, Wu G, et al. Sodium vanadate/PEDOT nanocables rich with oxygen vacancies for high energy conversion efficiency zinc-ion batteries. Energy Storage Mater, 2021, 40: 209-218.

[40] Xu Y, Zhu J, Feng J, et al. A rechargeable aqueous zinc/sodium manganese oxides battery with robust performance enabled by Na_2SO_4 electrolyte additive. Energy Storage Mater., 2021, 38: 299-308.

[41] Xu Y, Dai S, Gong M, et al. Preferred orientation deposition via multifunctional gel electrolyte with molecular anchor enabling highly reversible Zn anode. Small, 2024, 20: 2304463.

[42] Batyrbekuly D, Cajoly S, Laïk B, et al. Mechanistic investigation of a hybrid Zn/V_2O_5 rechargeable battery with a binary Li^+/Zn^{2+} aqueous electrolyte. ChemSusChem, 2020, 13: 724-731.

[43] Jing F, Lv C, Xu L, et al. An amorphous manganese iron oxide hollow nanocube cathode for aqueous zinc ion batteries. J. Energy Chem., 2023, 87: 314-321.

[44] Puthiyaveetil P P, Nair A, Dilwale S, et al. Insights on prussian blue analogue cathode material engineered with polypyrrole surface protection layer for aqueous rechargeable zinc metal battery. Small, 2025, 21 (4): 2409947.

[45] Li Y, Zhao J, Hu Q, et al. Prussian blue analogs cathodes for aqueous zinc ion batteries. Mater. Today Energy, 2022, 29: 101095.

[46] Tian G, Ling D, Chen Z, et al. Effective CuO/Cu_7S_4 nanospheres heterostructures for advanced "rocking-chair" zinc-ion battery. J. Colloid Interface Sci., 2025, 679: 334-343.

[47] Guan X, Zhang J, Zhu E, et al. Electron distribution regulation of nanoparticle assembled hollow structured Fe_3O_4@$ZnFe_2O_4$@NC/$Mo_2TiC_2T_x$ for high-performance aqueous zinc-ion batteries. Adv. Funct. Mater., 2025: 2418960.

[48] Li M, Chen Z, Wu T, et al. Li_2S-or S-based lithium-ion batteries. Adv. Mater., 2018, 30: 1801190.

[49] Zhao D, Pu X, Tang S, et al. δ-$VOPO_4$ as a high-voltage cathode material for aqueous zinc-ion batteries. Chem. Sci., 2023, 14: 8206-8213.

[50] Lee B, Seo H R, Lee H R, et al. Critical role of pH evolution of electrolyte in the reaction mechanism for rechargeable zinc batteries. ChemSusChem, 2016, 9: 2948-2956.

[51] Islam S, Alfaruqi M H, Mathew V, et al. Facile synthesis and the exploration of the zinc storage mechanism of β-MnO_2 nanorods with exposed (101) planes as a novel cathode material for high performance eco-friendly zinc-ion batteries. J. Mater. Chem. A, 2017, 5: 23299-23309.

第 7 章 生物相容性水系锌离子电池

7.1 生物相容性基本概念

生物相容性（biocompatibility）是指材料与生物体接触时，能够与生物系统和组织和谐共存的能力，且不会引起免疫反应、毒性反应、过敏反应或其他不良生物学效应，根据国际标准化组织（International Standards Organization，ISO）会议的解释，也可定义为生命体组织对非活性材料产生反应的一种性能，一般是指材料与宿主之间的相容性。换句话说，生物相容性强调的是材料在体内或体外环境中的安全性以及是否能够与生物体正常功能和结构进行有效互动[1,2]。随着医学和生物技术的快速发展，生物相容性在许多领域都显得尤为重要，尤其在植入性医疗器械、组织工程、药物释放系统等方面，生物相容性要求更为严格。例如，人工关节、心脏起搏器、血管支架、药物传递系统等都是直接与人体组织接触的产品，这些材料的生物相容性决定了它们是否能长期安全使用[3-5]。评价生物相容性的过程通常包括多方面的测试和实验，最常见的是细胞毒性测试、免疫反应测试、局部反应测试以及生物降解性测试。细胞毒性测试主要用来评估材料是否对细胞造成损害或杀伤作用；免疫反应测试则是为了确定材料是否会引发免疫系统的排斥反应；局部反应测试关注材料是否会引起局部的炎症、过敏或其他不适反应；生物降解性测试主要是评估一些可降解材料在体内的降解速度和降解产物是否安全。材料的生物相容性不仅与其化学成分和分子结构有关，还受到物理性质（如表面形态、尺寸、粗糙度等）以及与生物体接触时的相互作用影响。材料的表面粗糙度、孔隙结构、亲水性或疏水性等都会影响细胞的附着、生长和功能，进而影响材料的生物相容性。因此，设计时必须考虑这些因素，确保材料既能发挥预期的功能，又不会对人体产生负面影响[6,7]。

生物相容性电子产品如今被引入现代生活方式的各个方面，如服装和纺织品、智能设备、传感器和柔性显示器（图 7-1）[8-12]。在生物相容性电子产品的广泛应用中，医疗应用应该是最重要的领域之一。可穿戴和可植入生物相容性电子器件都可用于医疗场景。一般来说，可穿戴医疗设备是指可以穿戴在人体上并进行医学数据分析的小型电子设备，通常由可充电电池供电。由于可穿戴设备在广泛的生理和临床应用中的巨大潜力，可穿戴设备在健康状况监测中的应用越来越多。用于医疗应用的典型可穿戴设备包括：心脏监测、脉搏监测、健康记录和可以监测伤口状况的智能绷带等。植入式医疗器械通过侵入性手术植入体内，以进行医学治疗或监测健康状态，包括心脏起搏器、心律转复除颤器、全人工心脏、植入式神经刺激器、耳蜗植入物、植入式骨生长刺激器和植入式药物泵等。最广为人知的植入式医疗器械的例子是用于心脏治疗的植入物。在美国现如今超过300万患者植入了心脏植入式电子设备，如起搏器或植入式心律转复除颤器[13]。

电能为电子设备运行的基本条件，电能储存部件是电子设备不可或缺的一部分，因此在生物相容性电子设备的设计中，对电能储存部件有着特殊的要求，例如尺寸的小巧以便减少对植入物的侵占、设备材料不能产生生物毒性和能够进行快速的充放电等。除此之外，还必须确保其在与生物体接触时不会引发任何有害的生物学反应，如免疫排斥、细胞毒性或长期的器官损伤。因此，这类电池必须具有高的安全性、稳定性、耐腐蚀性和低的毒性。为了实现这一目标，生物相容性电池通常采用一些特殊的材料和设计，例如使用不会释放有害物质的电解液或固态电解质，以及采用符合生物兼容要求的外壳材料。外壳材料通常会选择生物相容性强、抗腐蚀且能耐受长期体内环境变化的材料，如钛合金、陶瓷或某些高性能塑料等。电池组件的化学成分必须仔细选择，避免使用可能对人体产生毒性反应的金属或化学物质，例如铅、镉等有害元素，同时还要确保电池在体内的长期稳定性，不会由于电池的逐渐降解而释放出有害的物质。生物相容性电池的另一个关键因素是其能够适应人体内的复杂环境，包括体内的温度、pH值、电导率等，且在整个使用过程中，电池必须能够稳定提供足量的电能。为了保证电池在植入后不会引发感染或刺激，电池外壳的设计还需要考虑到体内组织的接触问题，这通常涉及对材料的表面性质进行优化，比如提高表面光滑度或调整表面能量，以促进细胞的正常生长并防止不必要的免疫反应。与此同时，随着新型生物降解材料的发展，某些生物相容性电池还可能采用可降解材料，这样的电池在完成其功能后可以在体内自然降解，避免了传统电池需要取出的麻烦，减少对患者的伤害。这类降解型电池的挑战在于，如何确保电池在使用期间的稳定性，同时又能在使用期结束后迅速而安全地降解，而不对身体造成任何不良影响。生物相容性电池的研究不仅要考虑电池的性能，还需要结合细胞生物学、免疫学和生物材料学等多学科的知识进行深入分析。电池的设计需要关注与人体组织的长期相互作用，并确保电池的降解产物是无害的，不会对身体造成积累性的负面影响。

水系锌离子电池是目前用于解决生物相容性电池问题的方案之一，主要得益于其在多个方面的独特优势，尤其是在安全性、环境友好性和生物相容性方面的优越性[14-18]。首先，水系锌离子电池的电解液是水基的，避免了有毒、有害的有机溶剂的使用，这使得它在生物体内的应用具有天然的安全性。相比于传统的锂离子电池或其他类型的电池，水系锌离子电池的电解液不会释放出易燃的有机化学物质，这对于与人体接触的植入设备而言，极大地降低了发生自燃或爆炸的风险。此外，水系电池通常使用的是硫酸锌等常见的无毒化学物质，这些物质与生物体的相容性较高，不易引发生物学反应，这使得水系锌离子电池具备较好的生物相容性，能够在体内使用而不会对人体造成损害。其次，锌作为水系锌离子电池的核心活性金属，其本身是一种生物相容性较强的元素。锌是人体所需的微量元素，参与多种生理过程，且其在适当浓度下不会对人体产生毒性作用。再者，水系锌离子电池的构造相对简单，使用的材料多为环境友好的金属、氧化物等，这些材料在植入后不会对生物体产生长期积累的毒害作用，因此具有较长的使用寿命和良好的生物降解性。最后，水系锌离子电池的工作温度范围较为宽泛，能够在人体温度下稳定运行，且其电化学性能稳定，不容易发生电池漏液、腐蚀等问题。水系锌离子电池在稳定性上的表现也使得它能够满足生物医学设备长期稳定工作的需求，减少了因电池性能衰退带来的潜在风险。此外，水系锌离子电池具有较高的能量密度和较长的循环寿命，这对于植入式医疗设备尤为重要，可以减少患者频繁更换电池的困扰，同时降低手术风险和成本。这些特点共同决定了水系锌离子电池成为一种理想的生物相容性电池解决方案，能够在提供高效电力支持的同时，保证对生物体的安全性、兼容性和环境友好性。但是，在实际应用中仍然存在一些问题和挑战，本章接下来的内容将逐点分析。

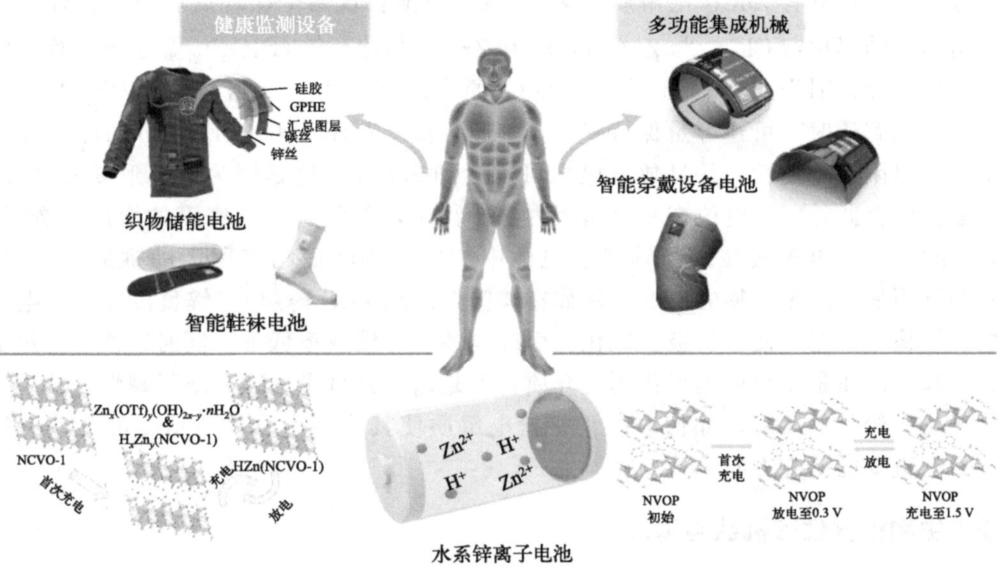

图 7-1　现代生活方式中的柔性电子产品及水系锌离子电池

7.2　生物相容性电解质

电解液是电池设计中最重要的部分，其决定了电池的工作效率和工作条件，而对生物相容性电解液具有更高的要求，需要其在与生物体接触时，不会引起组织损伤、炎症反应或其他不良反应，通常应用于植入式医疗设备、可穿戴电子设备以及与人体直接接触的电子产品中。它的关键特性是能在不干扰生物体正常功能的前提下，保持电解液的化学稳定性和电池的性能。对于水系锌离子电池而言，生物相容性电解液主要采用水溶性盐类如氯化锌、硫酸锌等和凝胶类电解液等，这些电解液成分与传统的有机溶剂型电解液相比，具有更低的毒性，并且在人体内的浓度和代谢过程都相对安全。锌作为水系锌离子电池的活性物质本身是人体所需的微量元素，参与多种生理过程，对于人体具有较好的兼容性。水系电解液还能够避免有机溶剂的易燃、易爆特性，减少火灾或化学泄漏带来的安全隐患，同时，水作为溶剂在生物体内的毒性较低，且可通过自然代谢过程排出。因此，这类电解液在体内的降解与清除也更加容易，降低了电池故障或泄漏对人体造成的潜在风险。为了进一步提高电解液的生物相容性，还可以优化配方，使其具有更好的生物降解性，避免电池植入体内后长时间残留，造成长期的生物负担。此外，生物相容性电解液还需具备良好的电导率、较宽的电化学窗口以及适当的离子迁移速率，确保电池在长期使用中的稳定性与效能。

7.2.1 生物相容性无机盐电解质

无机盐电解质大致可分为弱酸性和碱性电解质，其中弱酸性电解质主要包括 ZnF_2、$Zn(NO_3)_2$、$ZnCl_2$、$Zn(ClO_4)_2$、$ZnSO_4$ 等，近期的报道对 $Zn(NO_3)_2$ 和 $ZnCl_2$ 电解质在 $Zn/ZnMn_2O_4$ 体系中进行了研究，其中 Zn^{2+} 可以可逆地萃取/嵌入。由于锌盐溶液中 Cl^- 和 NO_3^- 的不稳定性，电池的循环性能不理想，特别是在高工作电压下[19]。$ZnCl_2$ 在无机锌盐中以高溶解度闻名，但它受到窄的放电电压范围和不可避免的副反应的限制。虽然初始比容量较高，但是具有 $ZnCl_2$ 电解质的 Zn/V_2O_5 电池在仅两个循环后就退出工作，这可归因于电解质中的不稳定 Cl^-。与 $Zn(NO_3)_2$ 和 $ZnCl_2$ 相比，$Zn(ClO_4)_2$ 显示出更稳定的结构和更低的反应性，因为四个 O 原子与中心 Cl 原子四面体配位。当在 Zn/VO_2 电池中使用 $Zn(ClO_4)_2$ 电解质时，可逆容量保持率高于一般锌盐（$ZnSO_4$ 和 CH_3COOZn）。$Zn(ClO_4)_2$ 电解液显示出阳极稳定性，并且放电电压可以达到 2.4 V，这是因为可以形成 Cl 层以控制连续的副反应。此外，过电位在每个循环内保持稳定，并随着电流密度的增加而缓慢增加。然而，$Zn(ClO_4)_2$ 电解液在水系锌离子电池中的应用仍然面临着巨大的挑战。具体而言，反应动力学明显受到副产物的影响（例如在锌箔上形成 ZnO 薄层）。锌负极与水性电解质界面的电化学稳定性差，使锌负极被氧化，引起腐蚀，导致效率低下。同时即使在理论上所使用的无机盐电解质是生物体内可代谢的介质，但是由于其自身的强酸或强碱性，真正用于生物体内依然有较大的风险，如何改善无机盐电解质使其能在生物体可承受的环境下进行工作，是目前重要的研究方向[20,21]。

7.2.2 生物相容性有机盐电解质

通常，应用于水系锌离子电池的传统无机盐电解质通常具有一定的局限性，例如库仑效率低和工作电压区间窄。在这种情况下，提出了在水系锌离子电池中应用有机盐电解质，如 $Zn(CF_3SO_3)_2$，其显示出高的库仑效率（100%）和宽的电化学窗口[22]。与 $ZnSO_4$ 相比，$Zn(CF_3SO_3)_2$ 对析氧副反应的抑制作用明显减弱。此外，相应的初始镀锌/退镀电压为 0.14/−0.05 V，表明在镀覆和退镀之间的低氧化还原极化以及高响应电流。因此，具有 $Zn(CF_3SO_3)_2$ 电解质的体系表现出优异的可逆性和快速的锌沉积/溶解动力学，这可归因于 $CF_3SO_3^-$ 阴离子的大尺寸。$CF_3SO_3^-$ 阴离子的大尺寸也促进了 Zn^{2+} 周围水分子的减少。此外，$CF_3SO_3^-$ 的电导率高于 SO_4^{2-}，对 Zn^{2+} 的迁移和电荷转移也有一定的促进作用。尽管对于 $Zn(CF_3SO_3)_2$ 和 $ZnSO_4$ 系统都可以观察到有利的镀锌/脱锌可逆性，但是镀锌/脱锌在循环后显示出 $Zn(CF_3SO_3)_2$ 系统的过电位降低，这表明 $Zn(CF_3SO_3)_2$ 可以使 AZIBs 具有比 $ZnSO_4$ 系统更高的能量效率。然而，$Zn(CF_3SO_3)_2$ 的高价格限制了其广泛应用。除了 $Zn(CF_3SO_3)_2$ 之外，$Zn(CH_3COO)_2$ 也可在有机锌盐中应用，其首先应用于 NASICON 结构[$Na_3V_2(PO_4)_3$]中，鉴于钒在水系电解液中由于 H^+ 的存在而不稳定，因此使用 $Zn(CH_3COO)_2$ 作为理想的电解质，以提高电解液的 pH 值[23]。以上利用有机盐电解质对水系锌离子电池的改性相对于无机盐电解质是具有显著成效的，但考虑到所使用的材料仍对生物有微弱毒性，所以应用于生物体内仍需要更好的解决方案。目前，Endres[24] 和他的同事们采用了一种新的水基生物电解质来制造 PBAs/Zn 电池，并且在 $Fe(CN)_6$ 中插入 Zn^{2+}。该生物电解质由 1 mol/L $Zn(CH_3COO)_2$/[Ch]OAc（乙酸胆碱）组成。令人惊讶的是，它具有水介质和离子液体的特性，并在水体系中显示出独特的溶解性。在应用 $Zn(CH_3COO)_2$/[Ch]OAc 生物电解质的基础上，该 AZIBs 具有可逆的电化学反应，没有锌枝晶的形成，比容量可保持在 115 mA·h/g，是一种探究生物相容性有机盐电解质的新方向。

7.2.3　生物相容性水凝胶电解质

为了适应复杂的工作条件，水凝胶材料作为电解质基质在多种应用中逐渐展现出其独特的优势。水凝胶电解质的种类多样，其中包括未交联的水凝胶、天然生物质水凝胶、合成多孔水凝胶等，这些水凝胶在结构上具有不同的特性，能够在不同的工作环境中提供良好的性能。天然生物质水凝胶通常来源于植物、动物和微生物中的多糖或蛋白质，它们通过静电力、氢键以及与亲水基团的相互作用形成三维凝胶网络。这类水凝胶具有良好的生物相容性和降解性，适用于与生物体接触的应用，尤其在可穿戴设备和医疗领域中表现突出。合成多孔水凝胶则因高离子电导率、低成本以及结构可调节性，成为生物相容性水系锌离子电池中理想的电解质材料（图 7-2）。常见的合成多孔水凝胶如聚丙烯酰胺（PAM）和聚乙烯醇（PVA）因良好的离子导电性能和高机械强度而被广泛应用于各种电子设备中，尤其是在柔性电子设备和能源存储设备中的应用。氧化物水凝胶则是通过金属氧化物吸水后形成的凝胶材料，这些水凝胶的离子电导率受水分含量的影响较大，因此其性能在一定程度上需要依赖环境的湿度条件，尚需进一步的研究和优化。具有更高柔软度和韧性的水凝胶在柔性应用中尤为重要，因为它们能够提供更好的弯曲性和适应性，尤其是在可穿戴设备或动态工作环境中。这类水凝胶不仅能够承受较大的形变，还能在使用过程中保持稳定的电导率和性能表现。黏性水凝胶作为一种新兴材料，能够有效解决电池电极与电解质之间的接触损失问题。在电池受到外力作用时，黏性水凝胶不仅能够防止电极和电解质的滑动，从而避免接触不良，还能够在电池受损或变形后具备自我修复和恢复的能力。通过氢键、主客体相互作用以及拓扑黏附等机制，黏性水凝胶可以提供更高的黏附力和稳定性，确保电池在复杂环境中的持续运行。这些黏性水凝胶的开发，推动了电池材料技术向更高性能和多功能方向的进展，为智能可穿戴设备、柔性电子产品和其他长时间接触人体的电子设备提供了更多的设计选择。总的来说，这些不同类型的水凝胶在电解质基质中的应用不仅提高了电池的电导率和力

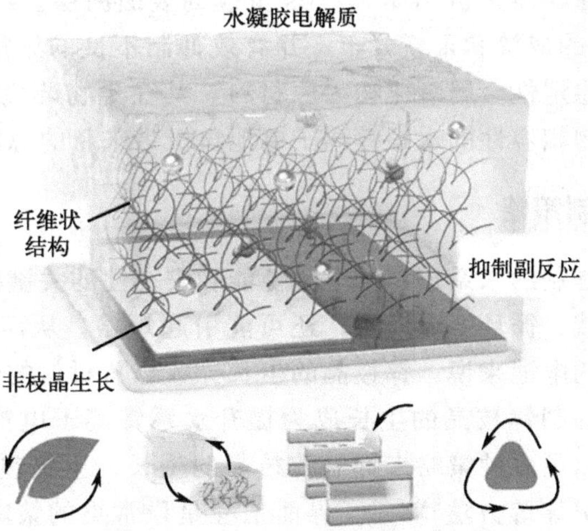

图 7-2　水凝胶电解质工作原理示意图

学性能，还为电池的柔性、修复性以及生物相容性提供了有效保障，具有广泛的应用前景，尤其是在对安全性、环境友好性和高效能有较高要求的领域[25-31]。

7.3 生物相容性负极策略

水系锌离子电池负极材料通常以锌金属、锌合金、锌基复合材料等为基础，其中锌金属因其较高的理论比容量（820 mA·h/g）和良好的电化学性质成为研究的重点。锌金属负极的优点在于其充放电过程中能实现较大的容量和较高的能量密度，但在实际应用中，锌负极的析氢反应（HER）和锌的枝晶生长问题一直是制约其性能的关键因素。锌枝晶的生长会导致短路，降低电池的循环寿命和安全性。析氢反应会影响锌的沉积效率，降低电池的库仑效率，因为氢气的产生消耗了部分电子，使得用于锌沉积的电子减少。同时在生物相容性水系锌离子电池的设计中，上述问题也是致命的，例如锌的枝晶生长可能会导致柔性外包材料的破裂使得电解质泄漏从而损伤生物体，析氢反应导致的电压稳定性问题对于特殊应用场景下对于稳定性有着极高要求的电子器械来说也是非常不利的。因此，想实现生物相容性水系锌离子电池的应用，对负极策略的设计和探究是必不可少的[32-36]。

碳材料具有化学稳定性、力学稳健性、可调节的多孔结构和导电性等特点，已成功用作衬底和集流体，在掺入 Zn 负极时发挥约束效应并促进电子转移，实现快速反应动力学和均匀的 Zn 沉积，从而实现更高的容量、速率能力和可循环性。同时，碳材料的高稳定性，使得 Zn 负极应用于生物体内产生毒性、炎症和排异反应的概率相对于其他材料要低得多。常用的碳材料包括常规碳（如炭黑和活性炭）、类纤维碳（碳布、碳纸和碳纳米纤维）、碳纳米管和石墨烯材料。例如，纤维状碳材料具有比表面积大、导电性好、柔韧性好等特点，通过抑制枝晶和副产物的形成来延长循环稳定性。为了进一步修饰负极，可通过表面功能化提高亲水性，该策略有利于 Zn^{2+} 吸附。此外，纳米结构和 3D 骨架都有助于增加表面积，从而降低局部电流密度和调节 Zn 成核。因此碳材料所制备的负极材料被认为是生物相容性负极材料的重要选择之一[37]。

无机纳米材料，如氧化物、硫化物和无机盐的纳米颗粒，由于高杨氏模量、出色的化学稳定性和较强的耐腐蚀性，经常被用作 AZIBs 负极的表面涂层。纳米氧化物作为非反应性保护层，可以改善 Zn^{2+} 的成核和重新分布，并有效抑制不良的副反应。同时由于无机纳米材料常使用氧化硅等高稳定性金属氧化物为原材料，其在生物环境中也具有较好的稳定性，所以该策略也可以为生物相容性的水系锌离子电池负极带来新的思路[38]。

7.3.1 锌负极枝晶抑制策略

锌负极枝晶的生长是制约水系锌离子电池性能和安全性的关键问题之一。锌枝晶的生长不仅会导致电池容量衰减、循环寿命缩短，还可能引起短路，从而严重威胁电池的安全性。此外，对于生物相容性的电池来说，锌枝晶的生长导致包覆材料的破损所带来的电解质泄漏也是灾难性的。因此，抑制锌枝晶的生长成为提升水系锌离子电池性能和安全性的核心任务。为此，研究人员提出了多种策略来抑制锌枝晶的生长，主要包括界面工程、材料设计、溶液调控以及外部电场引导等方法[39-42]。界面工程是最常见的策略之一，通过在锌负极表面构建稳定的保护层，来调节锌离子沉积的形态，减少枝晶的形成。例如，涂覆导电聚合物、金属氧化物、碳材料等，可以在锌表面形成致密而均匀的保护膜，这种膜不仅可以提高锌离子的沉积均匀性，还能有效防止枝晶的生长。常见的材料如聚合物电解质、氧化铝、氧化钛、氟化物等，它们能够改善电极表面的电化学环境，减少局部过电位，从而抑制锌枝晶的快速生长。另外，采用金属合金化策略也被证明能够显著改善锌负极的性能，通过将锌与其他金属（如镍、铜、铝等）合金化，可以改变锌沉积的形态，促进锌离子的均匀分布，抑制枝晶的生长。锌合金中的其他金属元素能够形成一种强韧的合金层，增强锌负极的力学稳定性，并改善锌的可逆性，抑制枝晶的形成。在溶液调控方面，调节电解液的成分和浓度也是一种有效的策略。通过引入适当的添加剂，如表面活性剂、黏度调节剂等，可以改善锌离子在电解液中的溶解度和迁移速率，进而调节锌的沉积行为，减缓枝晶的生长。例如，某些有机添加剂能够在锌负极表面形成吸附层，优化锌离子的还原过程，减少枝晶的形成。此外，调节电解液的 pH 值也能显著影响锌的沉积行为，适当的 pH 值有助于均匀沉积，抑制枝晶的生成。外部电场引导是一种较新的策略，旨在通过外部电场的作用引导锌离子的沉积行为。研究表明，外加电场可以改变锌离子的沉积方向和形态，促使锌离子均匀沉积在负极表面，从而抑制枝晶的生长。通过设计合适的电场强度和方向，可以有效地控制锌的沉积过程，减少枝晶的形成，进而提高电池的循环稳定性和安全性。此外，一些新的电池设计，如基于多孔结构的锌负极或具有更大比表面积的负极材料，也有助于减缓锌枝晶的生长，这些材料可以提供更多的锌离子沉积位点，促进锌离子的均匀沉积，减少局部过电位的产生。结合生物相容性要求，以上的策略必须优先选择对人体无害且可降解的材料，这包括选用生物兼容性的保护层、电解液、合金元素，以及确保电池设计具有较低的环境影响。

7.3.2 锌负极稳压策略

生物相容性电池的电压直接影响到其在生物体内的安全性、有效性和长期稳定性，尤其是在医疗和植入式设备中。电池为设备提供能量，而电压的波动可能导致设备性能的不稳定或失效，影响其正常功能，甚至危及患者健康。若电池电压不稳定，可能导致设备无法维持持续稳定的工作，进而影响治疗效果或导致设备故障，特别是在依赖精确控制的医疗设备中，如心脏起搏器、胰岛素泵等。此外，人体对电压的变化非常敏感，过高或过低的电压都可能引发不良反应，过高的电压可能导致设备损坏、产生热量或释放有害物质，甚至对人体造成伤害，而过低的电压则可能导致设备无法正常运作，影响治疗效果（图 7-3)。电池的电压稳定性还直接影响到电池的寿命与充放电效率，电压波动会加速电池老化，缩短其使用寿命，并可能增加设备的维护成本，甚至迫使患者频繁更换电池，这对患者的生活质量不利。因此稳定的电压对于生物相容性电池来说是至关重要的。决定水系锌离子电池电压稳定性的关键因素依然是负极，因为从水系锌离子电池的工作原理出发，锌离子需要在负极沉积，因此，不可避免地会产生沉积不均导致的放电电压波动，甚至是枝晶的出现，此外，析氢反应所产生的氢气消耗了部分电子，使得用于锌沉积的电子减少，也会致使放电过程不能稳步地进行。综上所述，优化锌负极是提高生物相容性水系锌离子电池的电压稳定性的关键策略。对于锌负极稳压策略，可以从两个方向进行思考，一是对负极直接改性，从而起到优化作用。例如，上文中所提及的使用替代型负极材料，通过化学修饰和结构改性诱导锌离子的均匀沉积，目前所报道的材料有碳基负极材料、金属化合物负极材料和有机聚合物负极材料三种主要的类别，但相较于普通的水系锌离子电池，生物相容性水系锌离子电池需要考虑所使用材料的生物安全性，因此具有更高稳定性的碳基负极材料是该策略中较为理想的选择。二是对电解质的优化，改性电解质可起到保护锌负极和促使锌离子均匀沉积的作用。例如有机电解质和水凝胶电解质的使用，有机电解质的体系表现出优异的可逆性和快速的锌沉积/溶解动力学。水凝胶电解质具有多种特性，例如游离 H_2O 含量低、亲水基团丰富和柔韧性出色，有助于解决与活性 H_2O 分解和液体泄漏相关的问题。代表性凝胶基质包括聚丙烯酰胺（PAM）、聚乙烯醇（PVA）和聚丙烯酸（PAA）。因此这两种电解质类型都是提高锌负极电压稳定性的重要选择，但应用于生物相容性电池的电解质有着更高的要求，因此对于电解质的选择是异常谨慎的，综合实际的应用环境考虑，凝胶类型的新型电解液在此方面更加突出，这得益于它一般采用木质素等天然分子材料，与溶液相比，其在泄漏情况出现时具有更好的安全性[43-45]。由此，对于锌负极稳压策略需要我们进行综合的考虑，不能只单一停留在一个或者一部分器件的优化上，更重要的是整体性的思考和安全性能的保障。

图 7-3　锌负极改性策略示意图

7.4　生物相容性电池包覆材料

包装是电池的主要组成部分之一，但对于生物相容性电池的适当包覆材料（图 7-4）没有达成共识。目前，铝-塑料膜被用于一些袋状电池，其相对于生物相容性水系锌离子电池的实际要求可能不够柔性。通常，生物相容性电池需要可拉伸和坚固的包覆材料以避免包装损坏，否则会导致电解质泄漏（水凝胶电解质和身体组织液之间的离子交换）和电流泄漏，从而损坏人体组织。此外，已知水和氧气的渗透对于锂离子电池是破坏性的，其理想的包覆材料应该是柔软且渗透性低的。幸运的是，就水系锌离子电池而言，由于具有空气稳定性的成分，更高的透气性是可以接受的，从而为包覆材料留下了更多选择。CO_2 侵入会导致电解质损失，并在碱性环境中形成不溶性碳酸盐。另外，考虑到柔性电池在大多数情况下使用

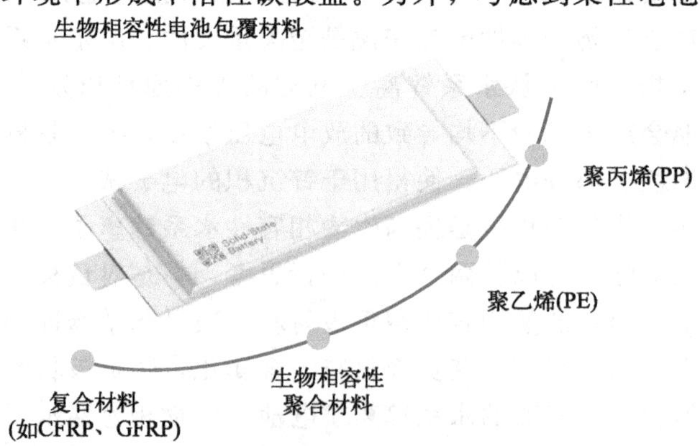

图 7-4　生物相容性电池包覆材料的选择

水凝胶，还应强调保水能力，以避免水蒸发导致的阻力增加。因此，为生物相容性水系锌离子电池设计透氧和防水/CO_2 组件是一个重要方向。防水透气膜可通过添加疏水性填料如疏水性 SiO_2 获得，这大大延长了电池的寿命。正极侧的界面层不仅减轻了水损失，而且抑制了枝晶生长，这结合了稳定的锌负极和长寿命的水凝胶电解质的优化策略。这些策略将有助于进一步研究生物相容性水系锌离子电池的包装和包覆材料的合理设计。

7.5 生物相容性水系锌离子电池的应用

生物相容性水系锌离子电池在医疗领域的应用正在逐渐获得关注，尤其是需要长期运行并与人体直接接触的设备。这类电池因优越的生物相容性、安全性、成本效益以及环境友好性，已成为许多创新医疗设备的理想电源。首先，心脏起搏器是生物相容性水系锌离子电池应用的一个典型实例。心脏起搏器需要一个长期稳定的电源，以维持心脏的正常节律，而传统的锂电池存在泄漏、自燃等风险。水系锌离子电池由于采用水基电解质，极大地减少了此类风险，同时锌材料本身具有较好的生物相容性和低毒性，即使电池在极端情况下发生损坏，也不会对人体造成严重的危害。其次，人工耳蜗也是一个应用实例。这种植入式设备帮助听力障碍患者恢复部分听力，需要稳定的小型电源源源不断地为内部电路提供电力。使用水系锌离子电池不仅能确保设备的长期稳定性，还能大大提高使用过程中的安全性，因为这些电池不含有毒化学物质，避免了长期使用可能带来的健康隐患。此外，可穿戴医疗设备，如智能健康监测手环、智能血糖仪和血压监测仪，也正逐步采用水系锌离子电池作为电源。这些设备要求电池能够在高湿度环境下稳定工作，而水系锌离子电池因为其独特的水基电解质，在潮湿环境下的表现非常出色。特别是在需要持续监测生理数据的场景中，水系锌离子电池因较长的使用寿命和较强的稳定性，成为可穿戴设备的理想选择。此外，在生物传感器领域，水系锌离子电池也得到了广泛的应用。例如，血糖传感器需要一个稳定、安全的电源来持续提供数据，这对电池的生物相容性和循环寿命提出了较高要求。水系锌离子电池能够提供稳定的电能输出，并且由于其材料的无毒性，能够确保设备的长期安全使用，特别适合在体内长时间使用的场合。这些生物医学设备的成功应用展示了水系锌离子电池的巨大潜力，尤其是在电池安全性、功率密度、能量密度和使用寿命方面的优化，使得水系锌离子电池不仅满足了医疗设备对电池性能的高要求，也为患者提供了更加安全、环保且经济的解决方案。随着技术的不断发展，预计水系锌离子电池将在医疗设备的各个领域得到更广泛的应用，推动医疗设备的进一步智能化和普及化，造福更多患者。

参考文献

［1］ Homsy C A. Bio-compatibility in selection of materials for implantation. J. Biomed. Mater. Res.，**1970**，4（3）：341-356.

［2］ Vert M，Doi Y，Hellwich K-H，Hess M，Hodge P，Kubisa P，Rinaudo M，Schué F. Terminology for biorelated polymers and applications（IUPAC recommendations 2012）. Pure Appl. Chem.，**2012**，84（2）：377-410.

［3］ Beck H，Boden W E，Patibandla S，Kireyev D，Gupta V，Campagna F，Cain M E，Marine J E. 50th Anniversary of the first successful permanent pacemaker implantation in the United States：Historical review and future directions. Am. J. Cardiol.，**2010**，106（6）：810-818.

［4］ Lim H，Kim H S，Qazi R，Kwon Y，Jeong J，Yeo W. Advanced soft materials，sensor integrations，and applications of wearable flexible hybrid electronics in healthcare, energy, and environment. Adv. Mater., **2020**, 32 (15): 1901924.

[5] Gljušćić P, Zelenika S, Blažević D, Kamenar E. Kinetic energy harvesting for wearable medical sensors. Sensors, **2019**, 19 (22): 4922.

[6] Martin T J, Goodhead A K, Acharya K, Head I M, Snape J R, Davenport R J. High throughput biodegradation-screening test to prioritize and evaluate chemical biodegradability. Environ. Sci. Technol., **2017**, 51 (12): 7236-7244.

[7] Gavanji S, Bakhtari A, Famurewa A C, Othman E M. Cytotoxic activity of herbal medicines as assessed in vitro: A review. Chem. Biodivers., **2023**, 20 (2): e202201098.

[8] Hashemi S A, Ramakrishna S, Aberle A G. Recent progress in flexible-wearable solar cells for self-powered electronic devices. Energy Environ. Sci., **2020**, 13 (3): 685-743.

[9] Song Y, Min J, Yu Y, Wang H, Yang Y, Zhang H, Gao W. Wireless battery-free wearable sweat sensor powered by human motion. Sci. Adv., **2020**, 6 (40): eaay9842.

[10] Wang C, Xia K, Wang H, Liang X, Yin Z, Zhang Y. Advanced carbon for flexible and wearable electronics. Adv. Mater., **2019**, 31 (9): 1801072.

[11] Boutry C M, Kaizawa Y, Schroeder B C, Chortos A, Legrand A, Wang Z, Chang J, Fox P, Bao Z. A stretchable and biodegradable strain and pressure sensor for orthopaedic application. Nat. Electron., **2018**, 1 (5): 314-321.

[12] Yang Y, Gao W. Wearable and flexible electronics for continuous molecular monitoring. Chem. Soc. Rev., **2019**, 48 (6): 1465-1491.

[13] Samuels J M, Overbey D M, Wikiel K J, Jones T S, Robinson T N, Jones E L. Electromagnetic interference on cardiac pacemakers and implantable cardioverter defibrillators during endoscopy as reported to the US Federal Drug Administration. Surg. Endosc., **2021**, 35 (7): 3796-3801.

[14] Zhang N, Chen X, Yu M, Niu Z, Cheng F, Chen J. Materials chemistry for rechargeable zinc-ion batteries. Chem. Soc. Rev., **2020**, 49 (13): 4203-4219.

[15] Wan F, Niu Z. Design strategies for vanadium-based aqueous zinc-ion batteries. Angew Chem, **2019**, 131 (46): 16508-16517.

[16] Lv T, Peng Y, Zhang G, Jiang S, Yang Z, Yang S, Pang H. How about vanadium-based compounds as cathode materials for aqueous zinc ion batteries? . Adv. Sci., **2023**, 10 (12): 2206907.

[17] Liu Z, Yang Y, Liang S, Lu B, Zhou J. pH-Buffer contained electrolyte for self-adjusted cathode-free Zn-MnO_2 batteries with coexistence of dual mechanisms. Small Struct., **2021**, 2 (11): 2100119.

[18] Ma X, Cao X, Yao M, Shan L, Shi X, Fang G, Pan A, Lu B, Zhou J, Liang S. Organic-inorganic hybrid cathode with dual energy-storage mechanism for ultrahigh-rate and ultralong-life aqueous zinc-ion batteries. Adv. Mater., **2022**, 34 (6): 2105452.

[19] Hao R, Gu S, Wang Z, Chen J, Luo W, Hu J, Yan C, Yuan H, Liu G, Liu K, Liu C, Wang W, Lu Z. Reconstructing the solvation structure and solid-liquid interface enables dendrite-free zinc-ion batteries. Mater. Today Energy, **2023**: 33: 101279.

[20] Geng Y, Pan L, Peng Z, Sun Z, Lin H, Mao C, Wang L, Dai L, Liu H, Pan K, Wu X, Zhang Q, He Z. Electrolyte additive engineering for aqueous Zn ion batteries. Energy Storage Mater., **2022**, 51: 733-755.

[21] Gao S, Zhang Z, Mao F, Liu P, Zhou Z. Advances and strategies of electrolyte regulation in Zn-ion batteries. Mater. Chem. Front., **2023**, 7 (16): 3232-3258.

[22] Guan C, Hu F, Yu X, Chen H-L, Song G-H, Zhu K. High performance of $HNaV_6O_{16}\cdot 4H_2O$ nanobelts for aqueous zinc-ion batteries with in-situ phase transformation by $Zn(CF_3SO_3)_2$ Electrolyte. Rare Met., **2022**, 41 (2): 448-456.

[23] Wu Y, Meng X, Yan L, Kang Q, Du H, Wan C, Fan M, Ma T. Vanadium-free NASICON-type electrode materials for sodium-ion batteries. J. Mater. Chem. A, **2022**, 10 (41): 21816-21837.

[24] Liu Z, Pulletikurthi G, Endres F. A Prussian Blue/zinc secondary battery with a bio-ionic liquid-water mixture as electrolyte. ACS Appl. Mater. Interfaces, **2016**, 8 (19): 12158-12164.

[25] Lu H, Hu J, Wang L, Li J, Ma X, Zhu Z, Li H, Zhao Y, Li Y, Zhao J, Xu B. Multi-component crosslinked hydrogel electrolyte toward dendrite-free aqueous Zn ion batteries with high temperature adaptability. Adv. Funct. Mater., **2022**, 32 (19): 2112540.

[26] Guo J, Wang Y, Li S, Qin Y, Meng Y, Jiang L, Huang H, Shen L. Chitosan hydrogel polyelectrolyte-modified cotton pad as dendrite-inhibiting separators for stable zinc anodes in aqueous zinc-ion batteries. J. Power Sources, **2023**, 580: 233392.

[27] Sun M, Ji G, Li M, Zheng J. A robust hydrogel electrolyte with ultrahigh ion transference number derived from zincophilic "chain-gear" network structure for dendrite-free aqueous zinc ion battery. Adv. Funct. Mater., **2024**, 34 (37): 2402004.

[28] Zhou H, He Q, Liu X, Jiang Q, Chu D, Wang Q, Yang X, Zhang T, Wang H, Li Z. Cellulose/Sodium alginate gel electrolyte membranes with synergistic hydrogen bonding and metal ion coordination networks for high performance aqueous zinc-ion batteries. Carbohydr. Polym., **2025**, 352: 123116.

[29] Li L, Jia S, Yue S, Wang C, Qiu H, Ji Y, Cao M, Zhang D. Hydrogel-stabilized zinc ion batteries: Progress and outlook. Green Chem., **2024**, 26 (11): 6404-6422.

[30] Qin Y, Li H, Han C, Mo F, Wang X. Chemical welding of the electrode-electrolyte interface by Zn-metal-initiated in situ gelation for ultralong-life Zn-ion batteries. Adv. Mater., **2022**, 34 (44): 2207118.

[31] Yang J, Weng C, Sun P, Yin Y, Xu M, Pan L, Li J. Comprehensive regulation strategies for gel electrolytes in aqueous zinc-ion batteries. Coord. Chem. Rev., **2025**, 530: 216475.

[32] Zhu Y, Liang G, Cui X, Liu X, Zhong H, Zhi C, Yang Y. Engineering hosts for Zn anodes in aqueous Zn-ion batteries. Energy Environ. Sci., **2024**, 17 (2): 369-385.

[33] Liu Y, Li L, Ji X, Cheng S. Scientific challenges and improvement strategies of Zn-based anodes for aqueous Zn-ion batteries. Chem. Rec., **2022**, 22 (10): e202200114.

[34] Upreti B B, Kamboj N, Dey R S. Advancing zinc anodes: Strategies for enhanced performance in aqueous zinc-ion batteries. Small, **2025**, 21 (7): 2408138.

[35] Zhu M, Li X, Shi C, Cai C, Zhang J. Recent research progress in the design and modification of zinc metal anodes for aqueous zinc ion batteries. J. Energy Storage, **2024**, 101: 113686.

[36] Wen Q, Fu H, Cui R, Chen H-Z, Ji R-H, Tang L-B, Yan C, Mao J, Dai K-H, Zhang X-H, Zheng J-C. Recent advances in interfacial modification of zinc anode for aqueous rechargeable zinc ion batteries. J. Energy Chem., **2023**, 83: 287-303.

[37] Gao X, Li Y, Yin W, Lu X. Recent advances of carbon materials in anodes for aqueous zinc ion batteries. Chem. Rec., **2022**, 22 (10): e202200092.

[38] Liu F, Zhang Y, Liu H, Zhang S, Yang J, Li Z, Huang Y, Ren Y. Advances of nanomaterials for high-efficiency Zn metal anodes in aqueous zinc-ion batteries. ACS Nano, **2024**, 18 (25): 16063-16090.

[39] Wang W, Huang G, Wang Y, Cao Z, Cavallo L, Hedhili M N, Alshareef H N. Organic acid etching strategy for dendrite suppression in aqueous zinc-ion batteries. Adv. Energy Mater., **2022**, 12 (6): 2102797.

[40] Meng D, Liang X, Liu Q, Chen X, Huang R, Peng L, Wen H, Yin S. An electrostripping strategy for constructing a 3D honeycomb-like Zn anode toward dendrite-free zinc-ion batteries. Adv. Funct. Mater., **2024**, 34 (52): 2411047.

[41] Wang X, Sun C, Wu Z. Recent progress of dendrite-free stable zinc anodes for advanced zinc-based rechargeable batteries: Fundamentals, challenges, and perspectives. SusMat, **2023**, 3 (2): 180-206.

[42] Cao J, Zhang D, Zhang X, Zeng Z, Qin J, Huang Y. Strategies of regulating Zn^{2+} solvation structures for dendrite-free and side reaction-suppressed zinc-ion batteries. Energy Environ. Sci., **2022**, 15 (2): 499-528.

[43] Zhang X, Hu J, Fu N, Zhou W, Liu B, Deng Q, Wu X. Comprehensive review on zinc-ion battery anode: Challenges and strategies. InfoMat, **2022**, 4 (7): e12306.

[44] Yang S-J, Zhao L-L, Li Z-X, Wang P, Liu Z-L, Shu J, Yi T-F. Achieving stable Zn anode via artificial interfacial layers protection strategies toward aqueous Zn-ion batteries. Coord. Chem. Rev., **2024**, 517: 216044.

[45] Zhang J, Liu Z, Zhang Y, Zhang N. A new strategy for stabilizing zinc metal anodes: Using grain boundaries to strengthen grain boundaries. Chem. Eng. J., **2025**, 506: 160157.

第 8 章

水系锌离子电池器件开发与产业化应用

8.1 水系锌离子电池从实验室走向产业化

8.1.1 从实验室走向产业化存在的主要问题与挑战

水系锌离子电池（AZIBs）在清洁和安全的大规模能源存储领域保持了期望，但其工业实用性仍然是一个关键的挑战。在实验室中追求基于正极负载不足、过量锌和足够的电解质剂量的单一性能指标，远远不能满足实际应用中恶劣条件的要求，如高正极面积比容量、低 N/P（负极容量/正极容量）比、低 E/C（电解质质量/容量）比和其他工业要求。除基本原理外，技术因素对电池的能量密度和稳定性也有显著影响。这意味着，必须协调电池组件之间的比例，以达到所需的能量密度，并进一步优化，以实现稳定性。在材料产量、工艺稳定性等方面满足电池生产要求，因此，有必要从工业技术方面来考虑并处理这些问题。

8.1.2 产业化关键技术指标概述

纽扣电池由于安装简单、成本低，成为实验室研究的主流。通常，纽扣电池的正极负载非常低（1～2 mg/cm^2），以实现高质量比容量，而过量的锌负极和电解质存在，以抵消副反应的过度消耗[1]。这种设计为 AZIBs 在实验室研究提供了一个理想的测试条件。然而，这种概念并不符合理想的工业电池。为了实现高能量密度，一个理想的电池应该最大限度地提高电池中有源组件的质量分数，这意味着电池需要高正极负载和高面积比容量，同时，应尽可能减少锌负极的占比。

由于纽扣电池包装超重，负极和电解液数量过量，纽扣电池中的正极材料仅占 0.06%。显然，纽扣电池并不是估计 AZIBs 的能量密度的好选择。最近，Zhu 等[2] 设计了一种高容量的 AZIBs，其正极负载高达 50 mg/cm^2。在这个袋状电池中，正极的质量分数可以高达 28%。这个统计数据当然是鼓舞人心的，但仍然有太多的锌负极和电解质。如果将其 N/P 比调整为 1.05，这是目前报道的最低 N/P 比[3]，并将 E/C 比调整为文献中所述的 2.5 g/(A・h)[4]，正极质量分数将提高到 44%。这一结果甚至接近于目前商用锂离子电池的正极质量分数[5]。

按下式计算电池能量密度：

$$E_d = Q_a V_a m_a / m_t \tag{8-1}$$

式中，Q_a 为电池的质量比容量；V_a 为平均放电电压；m_a 为电池的活性物质的质量；m_t 为总电池的质量。电池的活性物质和其他部分总质量是总电池的质量。以锌锰电池为例，假设正极材料的质量比容量为 200 mA·h/g（参考当前 A·h 级锰基正极电池[6,7]），平均放电电压为 1.3 V（*vs.* Zn^{2+}/Zn）[8]，根据实验室参数（2 mg/cm^2 的正极负载和远过量的锌负极和电解质），计算出整个纽扣电池的能量密度仅为 0.109 W·h/kg。即使电池在不改变内部组件的情况下组装成一个软包，能量密度也只会增加到 0.708 W·h/kg。这说明电池的组装模式会影响能量密度，但不是关键因素。显然，根据这些先前的报道中各种成分的质量比例，几乎不可能实现工业应用的高能量密度。然而，正极负载为 20 mg/cm^2、N/P 比为 5、E/C 比为 10 g/(A·h)的电池是目前常见的高容量软包电池，整个电池的能量密度增加到 50 W·h/kg。如果能进一步将 N/P 比值降低到 1.05，则能量密度将达到 60 W·h/kg。考虑极端情况下，信噪比为 1.05，E/C 比为 2.5 g/(A·h)，并增加正极负载到最大（迄今为止报道的是 50 g/cm^2），可以实现 110 W·h/kg 的能量密度，接近 Li-LiFePO$_4$ 电池的能量密度。

然而，在这些恶劣的条件下，实现稳定的 AZIBs 还存在许多挑战。首先，高面积比容量的前提条件是高正极负载。然而，干燥过程中黏合剂富集引起的裂纹大大降低了正极负载高时电极的稳定性[9]。同时，电极厚度的增加不可避免地导致离子迁移困难和离子电导率低[10]。其次，锌箔的不均匀沉积和剥离会导致穿孔，限制了锌负极的利用。树突和副反应是造成这一挑战的主要原因[11]。最后，电池内部组件的低润湿性，氧化锌或 Zn 羟基硫酸盐（ZHS）等副反应不可逆地消耗电解质，以及分离器的孔隙率经常需要过量[12]。这三个方面限制了高面积比容量、低 N/P 比和低 E/C 比的 AZIBs 的循环稳定性。

8.2　电池衡量的关键指标

8.2.1　高负载量电极

8.2.1.1　黏结剂

如上所述，低正极负载的实验室电池往往表现出高质量比容量，这对实现 AZIBs 的高能量密度的参考意义有限。以锌锰电池为例，假设电极保持质量比容量为 200 mA·h/g 以及当活性物质的质量分数为1%时，其面积比容量为 1 mA·h/cm^2。在这种情况下，整个电池的质量比容量只有 2 mA·h/g。然而，当面积比容量增加到 5 mA·h/cm^2（25 mg/cm^2）时，活性物质的质量分数增加到 4.8%，而整个电池的质量比容量增加到 9.6 mA·h/g。随着面积比容量的持续增加，电池中活性物质的质量分数也在增加。当面积比容量达到 20 mA·h/cm^2（100 mg/cm^2）时，整个电池的质量比容量可达到 33.6 mA·h/g。电池性能的评估标准应从低质量负荷转向具有高面积比容量的高质量负荷。然而，当增加正极的面积比容量时，会遇到裂纹等问题。因此，应采用黏结剂优化、导电剂优化、集电极优化和工艺优化等策略。

黏结剂是电极的重要组成部分，特别是在高质量负载下。然而，在电极的干燥过程中，黏结剂在电极表面富集，这降低了电子传递和离子迁移的速率。同时，黏结剂的不均匀分布降低了电极的机械强度，使电极在循环过程中更容易受到损伤和被剥离[13]。因此，提高黏结剂的机械强度和电导率是实现高面积比容量电极的先决条件。在由导电剂形成的初级导电网络之上，由聚(苯醌)（PPQ）等导电黏结剂构成的二次导电网络可以为电子迁移提供额外的路径，从而增加电极的电导率[14,15]。对于高面积比容量的电极，传统的黏结剂 PVDF 中 C—F 键通过弱范德华力与活性物质相互作用，不足以保持电极的完整性。因此，从分子设计的角度来看，黏附可以通过引入与界面更强的相互作用来增强，如氢键、库仑引力和 π-π 堆积取代范德华力[16]。Cheacharoen 等证明[17]，由于 CMC 中的—OH 基团，CMC 取代传统的黏结剂 PVDF，可以在二氧化锰电极中实现强键合，这将使循环性能更加稳定。此外，通过选择具有高机械强度的黏结剂，可以本质优化电极的机械强度。Liu 等设计了一个硬、软聚合物的三维互穿结合网络，以提高硅电极的稳定性[18]。

该导电剂可以通过形成导电网络来降低电极之间的接触电阻，从而降低电池的内电阻。炭黑由于高导电性和高比表面积，被作为电池中最常见的导电剂[19]。然而，这种粒子导电剂往往存在不均匀分散，在反应过程中，质量和电荷转移不均匀，导致正极产生局部应力和局部加热。因此，研究人员开发了其他导电剂，如线型碳纳米管和片状石墨烯[20]。处于线型或片状的导电剂降低了正极内的组件的接触电阻，同时提供了独特的力学性能和优良的电子导电性。然而，高的生产成本使得它们难以像炭黑一样广泛使用，因此一些研究人员选择优化炭黑在正极中的分布[21]。Gaberšček 等通过在活性物质上沉积有炭黑的聚电解质，实现了正极中炭黑的均匀分布，而该策略降低了炭黑和黏结剂的含量，进一步增加了电池的能量密度[22]。

8.2.1.2 集流体

集流体还起着加载活性材料和传导电子的作用[23]。铝箔因高导电性、高导热性和高机械强度而成为锂离子电池（LIBs）中最常见的集流体。然而，由于它们在水相电解质中容易发生电化学腐蚀，因此很少在电极中进行研究[24]。不锈钢网因廉价和可靠的机械强度而被广泛应用于 AZIBs 的实验室研究；然而，高接触电阻限制了其在高质量负载正极中的应用[25]。因此，一些研究人员选择对不锈钢网进行改性，如碳涂层改性[26]，而另一些研究人员则探索具有低接触电阻的电流集流体，如钛网。然而，值得注意的是，钛网的成本远远高于不锈钢网，在大规模生产应用中应该把这些考虑在内。具有高比表面积的三维集流体能够承受正极的体积波动和应力变化，从而允许高正极负载[27,28]。一个典型的例子是碳毡[29]，它被广泛用于当前 AZIBs 软包电池的探索。然而，3D 集流体仍然面临着一些挑战。首先，结构化集流体的制备需要先进的技术且其成本高，难以扩大规模。其次，三维集流体的高比表面积将不可避免地为副反应提供更多的活性位点。最后，三维集流体往往体积较大，这将降低电池的体积能量密度。特别是碳毡，其韧性和强度不够，给大规模电池制造带来了挑战。

与传统的浆料铸造方法相比，利用新型电极制备工艺可以解决干燥过程中黏结剂的不均匀分布问题，从而提高电极的机械强度[30]。同样，3D 打印是制备厚电极的理想方法，它已被证明可以增强电极的组成和结构的完整性，从而提高它们的机械强度。此外，3D 打印的引入已被证明有助于电极内离子传输通道的形成[31,32]。

8.2.1.3 锌负极材料

在 AZIBs 的架构中，负极的性能是决定电池整体性能的关键因素。为了有效匹配具有

3～4 mA·h/cm^2面积比容量的金属氧化物正极，负极需要采用不超过 8.5 μm 厚的超薄锌箔，以实现约 5 mA·h/cm^2的锌金属比容量。虽然超薄锌箔可以满足容量需求，但其易受连续副反应影响，锌的快速消耗加剧了电极的过早失效。此外，生产如此薄锌箔的技术复杂、成本高昂，目前市场上最薄锌箔的厚度也仅为 20 μm，仍远高于实际应用的要求[33]。厚度为 100 μm 或 200 μm 的锌箔被广泛用作负极，但其容量过剩和厚度问题降低了电池的能量密度，同时较差的抗变形能力限制了柔性电池的发展。

(1) 目前存在的主要问题[34]

① 枝晶问题：在充放电过程中，锌离子会在锌负极上发生不均匀沉积，形成树枝状金属锌晶体（枝晶）。随着充放电循环，枝晶不断长大，最终可能刺穿隔膜与正极接触，导致电池内部短路而失效。

② 析氢问题：水系锌离子电池的电解液溶剂为水，在电池充放电过程中，水会分解并释放氢气，这会导致电池胀气，甚至有爆炸的风险。

③ 腐蚀问题：金属锌较为活泼，会自发地与水发生化学反应，这一过程会持续消耗锌负极材料和电解液，从而大幅缩短电池的使用寿命。

④ 钝化问题：电池工作过程中，锌负极表面可能会形成钝化层，影响电池的性能和寿命。

(2) 解决策略及相关材料[35]

1) 表面涂层法

对锌负极表面电场进行调节，从调整界面上电子和离子分布的角度提升锌负极的循环稳定性。

酚醛树脂涂层：可缓解锌枝晶生长以及副反应发生等问题。使用酚醛树脂涂覆锌负极组装的全电池在 0.3 A/g 循环 300 圈后，放电比容量和容量保持率分别为 126.1 mA·h/g 和 99.5%，远高于裸锌电池（78.7 mA·h/g 和69.2%），循环后的涂层表面仍保持良好的完整性，没有出现锌枝晶和副产物。

聚多巴胺涂层：通过涂层的去溶剂化和离子限域双重作用有效提高电池性能。对称电池在 2 mA/cm^2 下可循环 500 h，并保持良好的稳定性和较低的滞后电压（56 mV）；全电池在 1.0 A/g 下循环 1000 圈后放电比容量为 98.3 mA·h/g，比裸锌电池高 53.5 mA·h/g，涂层显著增加了锌离子的成核位点，并为锌离子的快速迁移提供了低能垒。

2) 构建特殊结构材料

三维锌基合金界面材料的三维结构类似于一个个“小房子”，锌离子会优先沉积在锌基合金界面材料的三维结构内而不是聚集在表面，从而阻止了枝晶生长。同时，电解液中增加了含锌、铜等离子的溶剂，以减少水的活性，抑制析氢反应，从而解决了锌负极界面不稳定等问题，延长了锌负极的寿命。该材料表面还自然形成了一层锌铜合金层，使负极表面强度增加、电化学稳定性增强，明显提高抗腐蚀性能。

3) 制备复合材料

将打磨抛光后的锌箔清洗干净，放入含有单层或多层 V_2CTX 薄片分散液中，再整体放入真空干燥箱干燥，干燥过程中，通过持续静电吸附，V_2CTX 自发地在锌箔的表面组装，获得 Zn@V_2CTX 材料。这种材料作为水系锌离子电池负极材料，能使电池负极枝晶的成核位点和副反应的发生大大减少，使其构成的锌离子电池具有更为优异的循环稳定性。

4) 锌粉基负极[36]

相较而言，锌粉基负极在成本效益和大规模应用方面表现出显著优势。锌粉作为干电池的传统负极材料，其独特的球形微结构和高比表面积具备以下显著特点：一，高效电化学性能：较大的比表面积提高了电化学反应效率，增强了充放电速率，并加速了 Zn^{2+} 的传输；二，应力缓冲与分散：锌粉颗粒间的间隙提供膨胀缓冲，防止应力集中和裂纹形成；三，锌金属利用率高：锌粉的颗粒结构允许通过调整颗粒大小分布和剂量来优化（N/P）比（负极/正极质量比），从而提升负极的利用率；四，柔性材料兼容性：锌粉与柔性材料的良好兼容性，为柔性或可穿戴电池的开发提供了可能性。

锌粉基负极因其众多优势在能源存储设备中展示了相当的潜力，包括提高负极利用率和适应多样化加工技术的独特优势。在取得实质性进展之前，需要解决几个与锌粉基负极相关的问题，包括比表面积增加而导致的更严重的副反应、连续循环中极化电压的快速上升、严重的气体产生引起的电池膨胀、电极粉化以及由黏结剂等添加剂引起的电接触问题，这些问题都限制了其工业规模应用。尽管锌粉基锌离子电池（ZIBs）已取得显著进展，但仍需进一步探索。考虑到上述基本问题，未来对锌粉基负极的研究可能会聚焦于以下几个方面：

① 电极材料的优化　为了提升锌粉基电极的性能和稳定性，需要对电极材料的多个方面进行优化。a. 均匀的锌粉颗粒：锌粉颗粒的均匀性在防止枝晶形成和保证循环过程中均匀沉积方面起着关键作用。通过对锌粉颗粒的形状、尺寸和结晶度进行理论设计，可获得优化的属性，从而抑制枝晶和副反应的发生。b. 原位 SEI 层：有效的原位 SEI 层对于保护锌粉颗粒免受不良副反应和枝晶生长的影响至关重要，可避免短路并延长电池寿命。可以采用电解质添加剂或表面涂层等先进技术，促进形成稳定的保护性原位 SEI 层。c. 纳米结构材料与集流体的集成：将石墨烯或碳纳米管等纳米结构材料与传统集流体（如铜箔或钛箔）集成，代表了一项重要的进步。这些纳米结构可增大电导率，并为电极提供强大的机械支撑，从而缓解循环充放电过程中产生的物理应力。d. 新型导电黏结剂的开发：包括离子导体和电子导体在内的导电黏结剂对于提高电极的整体导电性和稳定性至关重要。这些黏结剂不仅有助于充放电过程中电子的高效传输，还能促进离子的传递。通过以上优化策略，可显著延长锌粉基电极材料的使用寿命，提升其在未来可持续能源储存系统中的应用潜力。

② 工业化生产的可扩展性　实现锌粉基电极的工业规模生产面临着多重挑战，包括需要可扩展的制造工艺，以确保一致性、效率和成本效益。a. 与锂电池生产线的集成：由于锌粉基电池和锂电池在电极材料、组装工艺和电解液配方上的差异，改造现有生产设施需要调整制造工艺，例如调整电极涂覆技术并优化干燥过程参数，以适应锌粉基电池的特性。b. 电解液的大规模制备：水系电解液的成分通常含有昂贵、易挥发、腐蚀性或易燃的化学物质。这不仅增加了生产放大、储存和运输过程中的成本和安全风险，还对规模化应用构成挑战。开发准固态/固态电解质可以提高电池安全性，同时提升能量密度和稳定性，从而在确保性能的同时减少潜在的安全风险。c. 锌粉基电池设备设计：定制设计提供了高精度和高性能，但成本较高且生产复杂。相较之下，软包设计成本更低且适应性强，是大规模生产的理想选择，但在结构强度和热管理方面可能存在不足，甚至可能加剧枝晶形成和氢气释放等问题。未来发展需通过技术创新和优化，在降低成本的同时增强其物理和热稳定性。d. 锌金属的回收：高效的锌金属回收方法对于实现可持续性至关重要。通过开发先进的回收工艺，可以确保原材料的稳定供应，降低成本并减少环境影响。通过针对性优化解决这些问题，实现锌粉基电池的成功工业化规模应用，从而满足行业对效率、可持续性和成本效益的要求。

③ 理论指导　扎实的理论基础对于指导电极材料和工业化过程的优化至关重要。a. 原

位表征技术的应用：原位表征技术（如 X 射线衍射、电子显微镜）可让研究人员直接观察并了解锌电极在循环过程中的结构和化学演变。这些数据可为改进电极设计和电解液配方提供指导。b. 理论计算的引入：密度泛函理论（DFT）等理论计算可深入揭示副反应、沉积过程和 SEI 层形成的机制，从而更理性地设计电极材料和电解液。实验与计算方法的结合将加速高性能锌粉基电极的发展。c. 机器学习的应用：机器学习在锌粉基负极的制备中起着重要作用，尤其是在材料筛选、电池设计、性能预测和故障诊断方面。通过高通量计算，机器学习可以快速评估材料性能，优化电池结构，实现电池性能的实时监控和管理，并快速识别故障和退化问题。

5）对锌负极枝晶生长、副反应等方面进行更加深入的理论研究

锌负极在充放电过程中容易形成枝晶，这是由于锌离子的不均匀沉积造成的。枝晶的生长可能会导致电池内部短路，严重影响电池的寿命和安全性。为了抑制枝晶生长，研究人员提出了一些策略。锌负极与电解液之间的副反应是另一个限制水系锌离子电池电化学性能的因素。这些副反应可能导致电池的安全性能和电化学性能下降。为了减少副反应的发生，研究人员采用了不同的方法。对锌负极枝晶生长和副反应的深入理论研究已经取得了一些重要的进展。这些研究不仅为水系锌离子电池的发展提供了新的思路和设计理念，也为其他电池中金属负极的稳定提供了新的解决方案。未来的研究可以进一步探索如何优化电解液成分和添加剂，以及如何改进电极材料和结构，以进一步提高和延长水系锌离子电池的性能和寿命。

6）锌金属负极测试和评估的标准化

① 锌金属负极的标准化测试方法　力学性能测试：力学性能测试是评估锌金属负极性能的重要手段之一。通过标准的试验方法，可以对锌金属负极的抗拉强度、屈服强度、伸长率等进行测试，以评估其在承受外力作用时的表现。物理性能测试：除了力学性能外，锌金属负极的物理性能也是评估其性能的重要指标。物理性能测试包括密度、熔点、热膨胀系数等的测试，这些测试可以帮助了解锌金属负极在不同环境下的表现。耐腐蚀性能测试：锌金属负极的耐腐蚀性能直接影响其在实际应用中的耐久性和稳定性。通过模拟试验方法，可以对锌金属负极的耐腐蚀性能进行测试，以评估其在不同环境下的耐久性和稳定性。无损检测：无损检测主要用于检测锌金属负极内部的缺陷和损伤。常用的无损检测方法包括重量检测、颜色检测、计重方式检测和成分检测等，这些方法可以帮助确保锌金属负极的质量和安全性。

② 锌金属负极的标准化评估标准　国际标准：目前，国际上已经有一些关于锌金属负极的标准和指南，如 ISO（国际标准化组织）发布的相关标准。这些标准和指南为锌金属负极的研发和生产提供了重要的参考依据。国家标准：各国也制定了一系列关于锌金属负极的国家标准，如中国的国家标准 GB/T 等。这些国家标准在锌金属负极的性能测试、评估方法等方面都有详细的规定和要求。行业标准：一些行业协会或专业组织也会制定一些关于锌金属负极的行业标准，如美国材料与试验协会（ASTM）发布的相关标准。这些行业标准在锌金属负极的研发和生产中也具有重要的指导意义。

锌金属负极的测试和评估标准化对于提高锌金属负极的性能、确保电池的安全性和可靠性具有重要意义。通过采用标准的试验方法和评估标准，可以有效控制锌枝晶的形成，提高锌金属负极的循环稳定性，从而推动可充电水系锌离子电池的发展和应用。

8.2.1.4 正极材料

1）水系锌离子电池正极材料产业化面临的挑战[37]

① 钒基正极材料相关问题　正极溶解问题：正极溶解会降低活性物质利用率、引发副反应、导致结构恶化和性能衰减，在高比表面积的纳米结构中更显著，这是影响其产业化的关键因素之一。例如在水系锌离子电池中，钒基正极材料就存在这样的溶解问题。抑制溶解并稳定结构有两种策略：一是原位电化学氧化方法，可将无水钒氧化物氧化成更稳定的氧化态来增强抗溶解性，能在电池运行中实现正极材料的稳定性提高；二是阳离子/分子预插入或离子交换，可阻止溶剂和水分子进入正极材料晶体结构以减少溶解。副产物生成问题：副产物与电化学性能关系存在争议。虽然很多研究表明副产物可逆，但工业水平下更大负载时，副产物沉积会阻碍锌离子内部扩散，还可能使电极-电解质界面（CEI）体积膨胀，降低长周期循环性能稳定性。如碱性锌盐副产物以及 $Zn_3(OH)_2V_2O_7·2H_2O$ 的产生就存在这样的问题。可引入固态电解质层以提供稳定界面、抑制钒溶解、减少副产物沉积来提高循环稳定性。锌离子扩散动力学受限问题：水合 Zn^{2+} 尺寸大（约 4 Å）以及正极内 Zn^{2+} 与主体晶格强静电相互作用，使锌离子在通道内扩散受限，限制了钒基材料在水系锌离子电池（AZIBs）中的倍率表现。此外，钒基正极材料还存在低的放电电压平台及复杂的制备过程等问题。

② 锰基化合物在产业化进程中的诸多挑战　首先，其电子导电性差，这会影响电池的充放电效率。例如，在实际应用中，电子传导速度慢会导致电池在高功率需求场景下性能受限。其次，Zn^{2+} 反应动力学缓慢，使得电池的充放电速度难以提高。再者，循环过程中的体积膨胀以及正极材料溶解等问题较为严重，这直接导致其比容量迅速衰减、循环稳定性差，从而降低了其在电池体系中的应用价值，增加了产业化的难度。

③ 普鲁士蓝类似物相关问题　普鲁士蓝类似物虽然具有宽的嵌入通道和高的离子电导率等特点，但所有普鲁士蓝类似物的比容量都较低，约为 60 mA·h/g，不如锰基和钒基化合物，这限制了其在产业化方面的大规模应用价值。

④ 一般性问题　腐蚀问题：电池正极材料长期置于水基电解质中会被腐蚀，这是水系锌离子电池核心材料面临的技术难题之一，对正极材料产业化是个挑战。例如现阶段水系锌离子电池的研发过程中，这一问题就亟待解决，否则难以实现大规模生产和应用。锌离子积累导致短路问题：当锌离子储存在金属表面时，会积累形成晶体导致电极之间短路，这也是水系锌离子电池一直被制造成一次性电池的原因之一，在产业化进程中必须解决这一问题。成本问题：在科研人员解决上述各种技术难题时，往往还要考虑到后续电池商业化推广应用的成本问题。如果不能在解决技术问题的同时保证成本的可控性，也难以实现水系锌离子电池正极材料的产业化。

2）水系锌离子电池正极材料产业化策略

① 材料改性策略　a. 插层处理：插层处理可以改善正极材料的性能。通过插层剂诱导轨道占据的概念，开发出具有快速充电性能的铵根插层五氧化二钒锌离子电池正极材料。这种插层处理能够优化材料的结构，提高电池的充电性能，有助于推动正极材料向产业化发展。b. 结构形貌优化：对正极材料的结构形貌进行优化，可以提升其性能。例如，针对锰基化合物和钒基化合物，可以通过调整其微观结构和形貌，增加活性位点，提高材料对 Zn^{2+} 的吸附和反应能力，从而提高电池的比容量和循环稳定性，这对于产业化来说是提高

产品竞争力的关键因素。c. 与高导电物质复合：选择与高导电物质复合是改善正极材料导电性的有效策略。例如将锰基化合物或钒基化合物与高导电性的碳材料（如石墨烯、碳纳米管等）复合，可以提高电子传导效率，减少电池内阻，提高电池的充放电性能，这有利于满足产业化过程中对电池性能的高要求。d. 缺陷引入：适当地在正极材料中引入缺陷，可以改变材料的电子结构和化学活性。例如在钒基化合物中引入缺陷位点，能够增强 Zn^{2+} 的扩散能力，提高电池的倍率性能和延长循环寿命，从而使正极材料更适合产业化应用。

② 电解质优化策略　优化电解质是水系锌离子电池正极材料产业化的重要策略之一。对于锰基化合物、钒基化合物等正极材料，研发与之适配的电解质，可以改善 Zn^{2+} 的传输环境，减少正极材料的溶解和副反应的发生。例如，通过调整电解质的组成、浓度和酸碱度等参数，可以提高电池的循环稳定性和安全性，降低生产成本，推动水系锌离子电池正极材料的产业化进程。

③ 研发新型正极材料　除了对现有的锰基化合物、钒基化合物和普鲁士蓝类似物等正极材料进行改进，还需要积极研发新型正极材料。例如探索具有更合适的电压窗口和适宜结构的有机材料、过渡金属硫化物和氧化物等。像聚苯胺、醌类化合物等有机材料，Mo_6S_8、MoS_2 等钼基材料，Co_3O_4 等钴基材料，金属有机框架（MOFs），共价有机框架（COFs），MXene 层状材料等都在研究范围内[38]。这些新型材料可能具有更好的性能，更有利于产业化的实现。

④ 成本控制与规模化生产　a. 原材料成本控制：在产业化过程中，需要对正极材料的原材料成本进行严格控制。例如，对于锰基化合物，要确保锰原料的供应稳定且价格合理。通过优化采购渠道、扩大采购规模等方式降低原材料成本，提高产品在市场上的竞争力。b. 规模化生产技术研发：开发适合大规模生产的技术是实现产业化的关键。要研究高效、稳定、可重复性强的正极材料制备工艺，提高生产效率，降低单位产品的生产成本。例如，研发连续化、自动化的生产流程，可以在保证产品质量的同时，提高生产规模，满足市场对水系锌离子电池正极材料的大量需求。

8.2.1.5 水系电解质

水系锌离子电池（AZIBs）由于高安全性、低成本和优异的电化学性能，成为储能领域的研究热点。然而，尽管具有诸多优势，水系锌离子电池的电解质仍然面临一些关键问题和挑战，主要包括锌枝晶生长、副反应以及电解质的机械强度和热稳定性不足等[39]。

1）主要问题

① 锌枝晶生长　锌枝晶的生长是水系锌离子电池电解质面临的主要问题之一。在充电过程中，锌离子在锌负极表面不均匀沉积，形成锌枝晶。这些枝晶可能会刺穿隔膜，导致电池内部短路，严重降低电池的安全性和缩短循环寿命。此外，锌枝晶的形成还会导致活性物质的浪费，进一步降低电池的能量密度。

② 副反应　在水系电解质中，锌负极容易发生副反应，生成不溶性副产物，这些副产物会在电极表面形成钝化层，阻碍锌离子的正常沉积和溶解过程，导致电池的库仑效率下降。这些副反应不仅消耗了活性物质，还可能引发电池内部的短路和容量衰减。

③ 电解质的机械强度和热稳定性不足　为了适应可穿戴设备和软机器人等新兴应用领域的要求，水系锌离子电池需要具备良好的机械强度和热稳定性。然而，目前的水凝胶电解质在这些方面仍存在不足。虽然水凝胶电解质具有高柔性，但其机械强度和热稳定性往往不

够理想，限制了其在极端条件下的应用。

④ 缺乏质量传输友好性　除了上述问题，水系锌离子电池电解质还需要具备良好的质量传输特性，以确保锌离子在电极表面的快速迁移和沉积。这有助于提高电池的倍率性能和整体能量密度。然而，现有的电解质材料在这一方面仍需进一步优化。

2）水系锌离子电池电解质产业化策略

① 筛选合适的电解液添加剂　利用“最高占据分子轨道能级”的分子特性，筛选出能够稳定锌负极的非牺牲性阴离子型表面活性剂作为电解液添加剂，以抑制锌枝晶的生长，极大提升水系锌离子电池充放电可逆性和循环稳定性能，这有助于推动电解质的产业化进程。

② 采用单离子导体电解质（SICEs）相关策略　对于通过共价键锚定阴离子的 SICEs，阴离子成为无机或者聚合物骨架上的一部分（通常以聚阴离子的形式存在），理论上可使电导率唯一贡献者为 Zn^{2+}。含有阴离子受体的 SICEs，可通过阴离子与 Lewis 酸性基团、氢键供体或 π-π 堆叠供体的相互作用，减缓阴离子迁移速率，并且允许添加额外的 Zn 盐以增强电荷载体浓度，在一定程度上有利于离子传输，有助于产业化发展。

a. 促进 Zn^{2+}-阴离子解离：新加坡南洋理工大学范红金教授团队提出了几种通过促进 Zn^{2+}-阴离子解离来提高 SICEs 离子电导率的策略。这有助于解决 SICEs 离子电导率和迁移数难以平衡的问题，使其更有利于产业化[40]。b. 从选材上改进 SICEs：目前报道的用于稳定 Zn 负极的 SICEs 包括无机物、聚合物和水凝胶，根据其是否含有水，也可分为水系和非水系电解质。对 SICEs 选材的研究和改进，可以为电解质产业化提供更多可行的方案。

③ 电极和电解质预处理　通过对电极和电解质进行预处理，可以获得一些低成本、可行的策略，这些动力学稳定策略可大大提高电池的电化学性能，有助于电解质在产业化过程中更好地发挥作用。

8.2.2 低的 N/P 比

过量的锌负极会给电池带来额外的质量。因此，为了实现高能量密度，需要减少锌负极的质量，以实现较低的 N/P 比。目前，锌箔是在实验研究中常用的负极，结合了活性材料和集流体的功能。在循环过程中，特别是在高利用率条件下，由于锌枝晶和副反应，锌箔负极的沉积不均匀。在高放电深度（DOD）时，这种不均匀的沉积演变成锌箔上的穿孔，甚至导致极耳的断裂。即使负极没有穿孔，过度不均匀沉积引起的电池变形也会影响电池的内部离子浓度和电场，同时导致 SEI 损伤、过渡性 Zn^{2+} 耗尽，最终导致电池失效。换句话说，锌负极需要严格的均匀沉积，才能实现在高倍率下的稳定循环。同时，在高 DOD 条件下，锌箔没有足够的余量来满足其副反应，因此对库仑效率（CE）的要求非常严格。

8.2.2.1 负极的评价因素

为了构建具有高能量密度的锌负极，需要调整负极的评价因素，同时需要突出一些评价参数。首先，对锌负极性能的评价应关注在高容量和高 DOD 条件下的电化学性能，以适应实际情况。其次，在循环过程中，应重点关注负极的形貌和 CE。其形态与穿孔的出现或树突的生长有关，而 CE 与负极侧反应有关[41]。值得注意的是，电流密度对这些评价有重大影响。高电流密度有助于监测在高容量下的形态，因为在这种条件下往往形成锌枝晶。然而，高电流密度会掩盖锌负极上的析氢反应。因此，在评估 CE 时，低电流密度是必要的。最好采用锌储存的 CE 测试，特别是在高容量条件下[42]。在负极界面的副反应，如锌沉淀和枝晶生长，降低了 CE，也改变了锌负极的形貌。为了解决这个问题，研究人员开发了新型的电解质，而不是传统的水基液体电解质。例如，Chen 等构建了一种含有高浓度硫氟烷的水分子杂化电解质，其能够取代溶剂化结构中的一些水分子，从而减轻负极上的副反应[43]。该混合电解质将 CE 从 85％提高到 97.2％，在面积比容量为 24 mA·h/cm^2时，锌负极的利用率达到 96％。研究人员还关注了固态或准固态电解质，它们可以有效地调节电解质中的游离水，从而减少副反应的发生，增加 CE[44]。此外，功能添加剂被证明可以调节界面的组成。添加剂在负极界面上的原位吸附形成了一个疏水层，这减少了在负极界面上副反应的发生，增加了 CE，从而获得了更高的 DOD[45]。主要的因素有以下几个方面：

（1）从沉积形态角度评价

① 表面平整度：锌负极表面平整度对其性能有重要影响。在水系锌离子电池中，如果锌沉积不均匀，表面不平整，容易导致锌枝晶生长。例如，在没有有效保护策略的情况下，锌在沉积过程中会随意堆积，不同晶面相互堆叠，逐渐形成枝晶。这种枝晶会引起电池内部短路，严重影响电池寿命。平整的锌负极表面有助于避免这种情况的发生，所以表面平整度是评价锌负极的一个重要指标。

② 电沉积致密度：电沉积致密度反映了锌在负极沉积的紧密程度。致密的沉积层可以避免枝晶的生成，同时紧密排列的晶面能够减少与电解液的接触面积，从而缓解副反应的发生。例如通过诱导锌沿着（002）晶面定向沉积，可以形成致密的沉积层，提高锌负极的性能，所以电沉积致密度也是评价锌负极的关键因素之一。

（2）从电池性能角度评价

① 库仑效率：析氢反应（HER）和不可逆副产物生成等副反应会导致锌离子电池库仑效率（CE）降低。库仑效率反映了电池在充放电过程中的电荷利用效率。如果锌负极存在较多副反应，如析氢反应，会消耗一部分电荷，使得库仑效率降低。所以较高的库仑效率是锌负极性能良好的表现之一，CE 可作为评价锌负极的重要因素。

② 容量衰减情况：锌负极中发生的枝晶生长、析氢反应或不可逆副产物生成等副反应，会导致锌离子电池容量衰减快。如果在多次充放电循环后，锌负极的容量保持率较高，说明其性能较好。例如，当锌负极能够有效抑制枝晶生长和副反应发生时，电池的容量衰减就会减缓，这表明锌负极具有较好的性能，因此容量衰减情况是评价锌负极的重要方面。

（3）从晶面相关角度评价

晶面取向：锌的晶体结构为六方紧密堆积（HCP），其 c/a 比为 1.85，高于理想的 HCP 晶体（1.63），这种特性使锌具有高度的各向异性，沿 c 轴有额外延伸。诱导锌沿着特定晶面［如（002）晶面］沉积，可以改变锌的沉积行为，抑制副反应的发生。因此，锌沉积层的晶面取向是评价锌负极的一个重要考量因素。例如，通过与锌（002）晶面高度匹配的石墨烯层来诱导锌晶面外延生长，实现（002）晶面的定向沉积，可以维持长时间的水平沉积并抑制副反应的发生，这表明晶面取向对于锌负极性能有重要影响，可作为评价因素之一。

8.2.2.2 人工涂层

在界面上的人工涂层等界面优化可以直接阻碍水分子与锌负极的接触，从而避免了副反应的发生，增加了 CE。这些涂层通常由无机盐、合金、碳材料或聚合物等组成。界面优化往往具有预期的效果，但它伴随着一个困难的过程，很难获得稳定、均匀、厚度可控的涂层。一些研究人员提出化学气相沉积可以实现更均匀的涂层，但这大大增加了时间成本[46]。此外，一些涂层材料（如碳纳米管）往往具有较高的经济成本[47]。因此，高能量密度界面的优化不仅应考虑电化学性能，还应考虑生产和时间成本。开发一种现场和经济的涂层方法是大规模生产的必要条件。

液相沉积法是一种在锌负极表面构建有机-金属磷酸类薄膜涂层的方法。这种方法利用共价键固定并螯合锌离子，形成锌离子快速吸附和迁移的离子通道，诱导锌离子在锌负极表面均匀沉积，从而抑制锌枝晶的生成。此外，这种涂层还能有效阻断水分子与锌负极的直接接触，抑制析氢反应的发生，提高水系锌离子电池的循环稳定性。另一种方法是将磺化聚苯胺（SPAN）与丙烯酸树脂在乙醇中均匀混合，形成兼具导电和防腐功能的保护涂层。这种方法能够较好地抑制锌负极枝晶生长与腐蚀反应发生，赋予水系锌离子电池较优的循环寿命和较高的循环稳定性。

人工涂层的主要性能如下。

（1）抑制枝晶生长

锌负极在沉积/溶解过程中的枝晶问题是其应用的主要障碍之一。通过在锌负极表面构建功能涂层，可以有效抑制枝晶的生成。例如，甲壳素-蛭石复合涂层能够显著降低锌离子的扩散势垒，从而改善锌负极的倍率性能。

（2）提高循环稳定性

锌负极的人工涂层还可以提高锌离子二次电池的循环稳定性。例如，具有复合涂层的锌负极，其中上层为有机物层，下层为无机物层，这种分层结构能够同时增强复合涂层的机械强度及柔韧性，从而提升锌负极的循环稳定性。

（3）增强安全性和环保性

由于水系锌离子电池采用水系电解液，更加环保和安全。锌负极的人工涂层可以进一步提高水系锌离子电池的安全性和环保性。例如，磺化聚苯胺与丙烯酸树脂混合的涂层不仅能够抑制枝晶生长和腐蚀反应发生，还具有绿色环保的特点。

锌负极的人工涂层在提高锌离子电池性能方面显示出巨大的潜力。通过不同的制备方法，可以制备出具有不同功能的涂层，如抑制枝晶生长、提高循环稳定性、增强安全性和环保性等。这些涂层的研究和应用对于推动水系锌离子电池的发展具有重要意义。

8.2.2.3 隔膜设计

该隔膜与负极直接接触，因此可以通过隔膜的优化来调节负极界面的化学反应。一些研究人员选择对分离器的负极侧进行涂层修饰，如用石墨烯涂层构建 Janus 隔膜，或在隔膜表面构建金属-有机框架（MOFs）[48]。此外，隔膜内部的孔隙率不均匀，导致锌负极的沉积不均匀。然而，与锂离子电池不同的是，AZIBs 的隔膜目前仍处于初步开发阶段，哪一种适合大规模电池生产仍需要更多的探索。隔膜作为电池的关键组件之一，在调节锌离子的分布、控制离子扩散、优化电池动力学等方面起着至关重要的作用。以下是几种针对水系锌离子电池的隔膜设计。

（1）亲水性辐射接枝聚丙烯隔膜

东华大学朱美芳院士/徐桂银团队开发了一种日产万平方米、厚度仅为 25 μm 的亲水性辐射接枝聚丙烯隔膜。该隔膜通过改性技术将疏水性聚丙烯（PP）隔膜转化为亲水性隔膜，大大缓解了由于隔膜润湿性差而引起的电池极化问题，并抑制了活性水与锌金属负极之间的反应，从而减少了负极的腐蚀。此外，PP 主链部分阻断水分子，抑制副反应的发生，而接枝的聚丙烯酸聚合物则充当锌离子的“动态传输链”，有效调节界面电场和 Zn^{2+} 浓度场，显著促进锌离子通量的均匀化，实现无枝晶 Zn^{2+} 沉积。

（2）分级多孔隔膜

浙江大学潘慧霖研究员等人报道了一种可用于水系电池的分级多孔的聚偏二氟乙烯-双三氟甲磺酰亚胺锂（PVDF-LiTFSI）隔膜。均匀混合的 LiTFSI 盐降低了 PVDF 的结晶性，使隔膜具有优异的机械强度，并形成分级的孔隙结构。这种分级多孔结构有助于实现 Zn^{2+} 的快速传输和锌的均匀沉积，同时保证隔膜在水系电解液中具有优异的润湿性。这种先进的 PVDF-LiTFSI 隔膜能显著抑制锌枝晶的生长，延长水系锌离子电池的循环寿命。

（3）复合隔膜

一种基于熔喷非织造技术与抽滤技术制备的水系锌离子电池用复合隔膜，其特征在于采用熔喷非织造工艺制备的热塑性聚氨酯弹性体（TPU）非织造布作为基体，基体的至少一个表面有纤维素层。表层的纤维素可以结合大量水分子，改善隔膜亲水性，有利于减少锌负极接触水系电解液而被腐蚀，从而有效抑制锌枝晶的生长；充当基体的 TPU 非织造布具有优异的力学性能，能够有效防止隔膜被枝晶刺破，从整体上提高和延长了水系锌离子电池的电化学性能和循环寿命。

水系锌离子电池的隔膜设计主要集中在提高隔膜的亲水性、机械强度以及优化孔隙结构等方面，以实现锌离子的均匀传输和锌金属的无枝晶沉积，从而提升电池的循环寿命和安全性。这些研究为高性能水系锌离子电池的开发提供了新的思路和技术支持。

8.2.2.4　结构优化

结构优化，如镀锌粉或镀锌等，是避免电极穿孔的基本策略。锌粉因成熟的生产工艺和较高的可调性而被视为锌箔的替代品。与锌箔相比，锌粉具有更大的大规模生产潜力[49]。晶体取向对锌负极的性能有很大的影响。镀锌的一个重要优点是它可以控制锌负极的晶体取向。Zhang 等使用电镀制备了单一的晶向［001］的锌负极，在 1 $mA \cdot h/cm^2$ 时达到 99.6% CE，在 19.8 $mA \cdot h/cm^2$ 时达到 75.2% DOD[50]。然而，对于锌粉末，需要提高利用率和速率性能，而对于电沉积锌负极，高倍率的稳定性是目前的主要挑战。此外，研究人员还尝试将负极上只有集流体的无负极电池应用于水系锌离子电池，进一步提高了电池的能量密度[51]。同时，无负极技术进一步降低了电池的成本和加工难度。

8.2.3　低的 E/C 比

目前评估的大多数 AZIBs 都没有考虑到电解质的量。虽然报道的电化学性能很好，但它们经常使用大量湮没的电解质剂量，这在实际应用中的参考价值有限。理论上，电解质是不会消耗的，只需要少量的物质来进行离子传导。然而，实际上，在电化学反应过程中，电解质由于分解而被消耗，特别是水系电解质。因此，电池内部的电解液需要适当过量，这意味着调整 E/C 比至关重要。我们期望 E/C 比尽可能地降低，以获得一个客观的能量密度。但同时也存在电解液润湿性差、电解液不可逆损耗、正极和隔膜孔隙率过大等关键问题。

8.2.3.1　电极润湿性调节

电极的润湿性较低，这意味着它需要更多的电解质来保证电极反应的正常进行，因为不均匀的渗透会导致电流密度的分布不均匀。对于隔膜，低润湿性意味着它需要过量的电解质，以确保电池内部没有短路。因此，提高润湿性可以优化电极、隔膜和电解质等成分。电极的优化包括表面涂层或电极结构的调节。构建亲水性涂层可以有效改善电极与电解质之间的接触，而复合电极可以降低电极表面张力[52,53]。因此，将隔膜材料与二氧化硅等亲水性材料复合是提高润湿性的有效方法。此外，对电解质的改性也是提高润湿性的一种策略。在电解液中引入表面活性剂或功能成分，可以有效地提高电解质的润湿性[54]。电极界面上的不可逆副反应是造成电解质消耗的主要原因。对于正极，最常见的副产物是碱性锌盐，如由于反应过程中质子耗尽而形成的 ZHS。一些研究人员在正极表面构建了人工固体电解质间相（SEI），如氧化铪，以抑制 ZHS 的产生[55]。然而，关于 ZHS 的作用一直存在争议，一些研究者提出 ZHS 在平衡正极界面的 pH 方面起着积极的作用[56]。

8.2.3.2 正极和隔膜的孔隙率调节

正极和隔膜的孔隙率是影响电解质用量的关键因素。为了尽量减少电解质用量，电极的孔隙率和隔膜的厚度必须控制在一个合理的范围内。工业上应用的电池往往具有高正极负载，这导致电极中有大量的孔。为了填充这些孔使正极充分反应，通常需要大量的电解质。提高电极的压实密度可以降低孔隙率，从而有效地减少电解质的用量，降低电池的机电比。然而，低正极孔隙率并不总是利好的。Heubner 等发现，随着孔隙率的降低，即使电极的接触电阻降低，电荷转移电阻和电解质电阻也会增大[57]。这是因为电解质电阻随着孔隙率的降低，由于电荷转移的截面积的减少而增加。此外，由于低孔隙率，活性材料比表面积的减少增加了电荷转移电阻。另一个严重的问题是，当孔隙率降低时，电极内部会出现裂纹。Wu 等发现，当电极孔隙率降低时，电池的能量密度确实升高了，但随着孔隙率的降低，这种上升趋势减慢[58]。因此，优化电极的孔隙率不应过多地减小孔隙率，而是选择合适的孔隙率。E/C 比也与隔膜的孔隙率和厚度密切相关。通常，较厚的隔膜有较高的孔隙率，需要更多的电解质来渗透。然而，减小隔膜的厚度将面临许多挑战。将严格要求隔膜的机械强度和抑制树突的能力，以防止短路。较薄的隔膜意味着沉积在隔膜中的锌更有可能形成连续的导电通道，从而导致电池内的短路。因此，有必要提高隔膜的机械强度，调节锌的沉积，以保证其在较薄的厚度下继续发挥功能。薄隔膜的优化策略可概括为结构优化、界面优化和材料优化。

无序、大的隔膜孔隙导致锌的混乱生长，从而增加了隔膜渗透的风险。因此，需要调整隔膜的结构，使孔隙更有序、更小，以增加薄隔膜的循环寿命。通过将隔膜孔隙优化至锌晶体临界长度以下，可以有效抑制锌枝晶的生长。界面优化也是对隔膜的一种常见优化策略。隔膜表面的改性层不仅增加了隔膜的韧性，防止其被穿孔，而且一些特定的材料，如石墨烯，可以调节负极界面的组分和电场分布，从而导致 Zn^{2+} 的沉积更均匀[59]。此外，对隔膜材料的优化也是必不可少的。如前所述，其主要策略首先是选择一种具有优良亲水性的隔膜材料，从而减少所需的电解质用量。其次，利用高机械强度材料（如复合玻璃纤维）代替传统的隔膜，可以在制造过程中抵抗枝晶穿刺和外力。部分材料对 Zn^{2+} 的调控可以诱导 Zn^{2+} 更均匀沉积，从而避免了枝晶生长和 Zn^{2+} 在隔膜孔隙中的沉积[60]。值得注意的是，有一些研究表明使用固体或准固体电解质作为隔膜替代品的无隔膜设计可以获得更高的能量密度，而固态电解质较高的杨氏模量可以抑制树突的生长。然而，固体电解质仍存在一些问题，如晶界处树突的生长和更复杂的制备过程，延缓了传统液体电解质被固态电解质的替代[61]。

8.3 工业应用策略探讨

8.3.1 提高商用电池的稳定性

在上面几节中，讨论了如何实现具有理想能量密度和电化学稳定性的电池。然而，即使具有理想的能量密度和电化学稳定性，在实际电池组中仍存在一个工业应用的缺口。实验室电池和工业电池的稳定性评价存在差异。在实验室中，电池通常处于一个恒定的连续充电和放电状态。这种情况将掩盖电池自放电对稳定性的负面影响。然而，在实际应用中，电池通常处于开路静置状态。如果电池的自放电率过高，在储存过程中会有很大的能量损失。同时，大规模的自放电也不利于电站电池组的容量管理。因此，自放电指数对实际应用至关重要。此外，在实验室中进行的电池测试通常是在一个恒定的温度下进行的，但在实际的工业应用中，电池的工作温度会有一系列的波动。因此，研究人员应该优化测试指标来测试电池的工业稳定性。例如，在电池循环过程中进行随机自放电测试，以模拟实际应用条件。实验室的自放电测试是将一个全新的电池循环几个周期，然后在带电状态下长时间（24～48 h）站立，然后放电[62]。目前，大多数的自放电测试是独立的，在一定的使用时间后，不能检测到电池的自放电性能。此外，这种类型的测试倾向于使用纽扣电池，并且对高质量加载软包电池的参考有限，特别是对于 A•h 级电池，由于高质量加载，它们的动力学性能更加退化。循环过程中的自放电测试不仅确定了电池是化学自放电还是物理自放电，而且还考虑了循环过程中的热量对自放电的影响。同时，还需要确保电池在不同循环阶段的自放电性能保持一致。当多个电池串联形成电池组时，除非电池的电压和容量完全匹配，或者充电控制系统提供了某种形式的单个电池充电控制，否则不可能将每个电池充电到所需的电压水平。因此，如果一个特定的电池组中有一个过度地自放电，为了满足它将导致电池组不可避免地过充电[63]。

虽然许多文献报道使用电解质添加剂或新型电解质实现了低温或高温 AZIBs，但很少有文献研究优化高容量软包电池的高温和低温性能[64]。此外，必须注意的是，目前的高温和低温试验涉及在恒定温度下的循环，缺乏在频繁的温度波动下的演化。例如，需要通过高温和低温之间的动态变化模拟昼夜温度的变化，来实现电池稳定性的演化。

8.3.2 提高商用电池的生产稳定性

除了工业稳定性外，工业中 AZIBs 的生产稳定性也是一个关键问题。尽管锂离子电池和铅酸电池的产业链现在已经非常成熟，但是 AZIBs 的生产缺乏一个范式，仍然很难直接向前两者借用。为了实现 AZIBs 的工业生产，综合考虑正极材料的产量和性能是至关重要的。目前还缺乏一种能够大规模制备正极的成熟工艺。以普通的二氧化锰正极为例，目前生产二氧化锰的主流方法是水热法，但其收率很低，水热法缺乏可控放大技术。此外，还需要考虑锂离子电池和 AZIBs 封装过程的差异，特别是封装压力。一方面，适当的压力可以抑制树突的生长；另一方面，适当的压力可以增加电解质的离子电导率，从而减少析氢等副反应的发生。

另外，与软包电池相比，电池组需要控制每个电池之间的误差，即确保电池的一致性。

单个电池的一致性包括尺寸、电气性能参数等诸多指标的一致性，主要涉及电池非工作状态的电气性能指标与电池工作状态的差异。电池非工作状态下的电气性能指标的差异包括电池容量、内电阻和自放电率的差异。电池工作状态的差异包括电池充电状态下工作电压的差异。许多因素影响着单个电池的一致性，这贯穿于整个电池的设计、制造、存储和使用。它主要可分为三个方面：电池中所有部件的原材料（负极、正极、电解质等），生产设备，以及电池组的工艺。电池中使用了数十种材料，每种材料本身都有不一致的现象，这将导致电池的巨大不一致。因此，电池制造商需要制定严格的质量检测标准和原材料的允许波动范围。波动范围越小，原料的一致性越好，电池的一致性也越好。从原材料到成品电池，它需要经过制浆、涂层、组装、化学成型等多个过程。这些工艺在制造精度、稳定性和生产过程上的差异，可能导致单个电池性能的很大差异。目前，工艺一致性主要研究较小的工艺波动对电池性能变化范围的影响，并根据电池的一致性要求，确定对制备工艺波动的公差程度，从而制备一致性良好的电池[65]。

8.4 水系锌离子电池产业化的难点

作为一个新型电池体系，实现产业化商用的过程是漫长的，一方面要对体系的能量存储和转化机制进行研究和探索，另一方面要有配套产业或是与现有产业相衔接，来实现上下游的连通并面向市场与客户端。总体而言，水系锌离子电池产业化主要存在以下几个问题。

8.4.1 机理及技术难点

首先，电池反应机理尚不明确。目前主要的机制可以概括为以下 4 种：①Zn^{2+} 嵌入/脱出的转化反应；②伴有 H^+ 嵌入/脱嵌的转化反应；③Zn^{2+} 和 H^+ 共嵌入；④锰的沉积与溶解。为更好和更稳定地发挥电化学性能，对水系锌离子电池体系的反应机制必须进行充分的研究，才能从根本上确定各种现象和问题出现的原因。枝晶生长问题：枝晶生长是水系锌离子电池面临的主要技术难题之一。枝晶的形成会导致电池内部短路，严重影响电池的安全性和循环寿命。析氢和腐蚀问题：水系锌离子电池在使用过程中还存在析氢和金属腐蚀等问题。这些问题不仅降低了电池的性能，还缩短了电池的使用寿命。安全性和环保性：尽管水系锌离子电池在理论上具有更高的安全性和环保性，但在实际应用中仍需进一步验证和提升。水系锌离子电池的正负极材料主要是金属氧化物，相对稳定，整个电池体系也相当于是泡在水里面的，几乎不存在任何起火爆炸的风险。然而，为了进一步提升安全性，科学家们仍在探索新的策略和方法。

8.4.2 关键材料量产问题

在产业化发展中，关键材料的纯度不够，电池副反应多，产气、自放电严重，其他组件产业链缺失，存在价格较高、体系匹配度不够、性能尚不能满足要求等问题。例如：不锈钢集流体和泡沫镍集流体不仅价格昂贵，而且在弱酸性电解液中的耐腐蚀性较差；用金属锌箔直接作为负极时腐蚀严重，急需耐酸、耐腐蚀集流体。隔膜发挥着防止正负极接触而短路和吸收电解液的作用，目前采用的隔膜如玻璃纤维 AGM 隔膜和亲水改性的 PP 膜，在循环过程中生长的锌枝晶会刺穿隔膜造成正负极接触，进而导致电池短路。

8.4.3　电池规模化生产问题

在实验室研究到中试再到产业规模化的过程中，从小的扣式电池到 5 号电池、18650 电池及体积更大的方型电池，电池体系的问题和缺陷被放大，副反应影响更为明显。在电池制备工艺中，将不同粒径和导电性的电极材料、导电剂、黏结剂等进行混合，负载量越高在集流体上分布的均匀性会越差，获得的极片导电性也会越差，同时电解液对高负载量极片的浸润性更差。因此，随着电池极片的负载量逐渐增大，电池性能显著变差。此外，如何有效降低内阻也是水系锌离子电池规模化放大制备需要解决的关键问题。除了关键电极材料外，集流体的选用和极耳的宽度、焊接方式等也会对电池内阻产生较大影响。规模化生产是实现水系锌离子电池产业化的关键步骤。目前，已经商业化的水系锌离子电池主要是基于碱性水系电解液的镍锌电池、锌锰电池，其应用场景包括偏远地区的微网、通信设备、楼宇备用电源等。未来，随着技术的不断进步和成本的进一步降低，水系锌离子电池有望在更多领域实现规模化应用。

8.4.4　成本问题

成本是影响水系锌离子电池产业化的关键因素之一。尽管锌资源储量丰富，成本较低，但整体生产成本仍需进一步降低以实现大规模商业化应用。为了降低水系锌离子电池的生产成本，科学家们正在探索多种策略和方法。例如，通过优化电池设计和生产工艺，提高材料的利用率和生产效率；同时，开发低成本的电解液和负极材料，进一步降低电池的成本。

8.4.5　市场接受度和占有量问题

市场接受度和应用场景的拓展也是影响水系锌离子电池产业化的关键因素之一。为了提升市场接受度，科学家们需要进一步验证水系锌离子电池的性能和安全性，并通过宣传和推广活动提高公众对它的认识度和信任度。同时，与电池制造商和终端用户合作，了解其需求和反馈，不断优化产品性能和服务质量。水系锌离子电池具有广泛的应用前景，未来可能应用于新能源汽车动力电池、储能设备以及 3C 消费级电子产品领域。为了拓展应用场景，科学家们需要针对不同领域的要求和特点，开发适应性强的电池产品和解决方案。同时，加强与相关行业的合作和交流，推动水系锌离子电池在更多领域的应用和推广。

总之，水系锌离子电池作为一种新型电池技术，尽管面临多项技术挑战和市场挑战，但通过不断的技术创新和市场拓展，有望在未来实现大规模商业化应用，为可持续能源的发展做出重要贡献。

8.5　产业化技术指标

到目前为止，对 AZIBs 的研究已经做了许多努力，但大多数结果显著的测试得益于正极负载量不足、锌用量过多和电解液用量湮没。本节从工业的角度分析了实现高能量密度和稳定的 AZIBs 的基本要求。针对高正极负载量、低 N/P 比和低 E/C 比的技术挑战，系统地讨论了活性和非活性成分的优化策略和评价方法，并分析了在这些恶劣条件下影响袋式电池稳定性的主要因素。更重要的是，在实现理想的水系电池能量密度的前提下，进一步阐述了袋式电池与工业电池在稳定性（如自放电性能、温度适应性）和生产制造要求方面的差异。

但是，需要指出的是，前面的分析基于当前报告的结果，预测的性能指标是基于这些结果计算出来的。在实际运行过程中，仍存在着许多科技挑战。具体来说，AZIBs 的纽扣电池到袋式电池的正极负载量、N/P 比和 E/C 比都没有标准。对于正极负载量，什么是合适的值？当达到给定的负载量时，如何最大化其容量并确保其稳定性？对于氮磷比，如何保证高锌负极面积比容量或高利用率下的循环稳定性和有效库仑效率？对于 E/C 比，如何平衡贫电解质状态下正极、负极及其界面的稳定性，如何通过电解质设计防止高容量状态下正极和负极之间的相互干扰？此外，许多相关因素，从软包电池到工业电池，都需要研究人员和技术人员进行彻底的评估。虽然 AZIBs 还远没有到实际应用，但我们仍然想提出几个迫切需要从工业角度来解决的关键点。

8.5.1 从纽扣电池到小软包电池的转变

8.5.1.1 高正极面积比容量

较高的正极面积比容量意味着需要较厚的电极。除了黏结剂和电流集流体的优化，一个至关重要的问题是实现活性材料和导电碳在电极的均匀分布，防止机械应力的增加，也在电极建立一个有效的离子和电子运输途径。厚电极内成分的不均匀分布通常归因于浆料的干燥过程。利用干燥工艺来制备正极可能是解决这一问题的有效方法。另一个重要的挑战是，高负载导致活性材料的低利用率。由于电解质在厚电极中的渗透有限，只有在电极表面的活性物质才能实现高深度的充放电反应。这种不均匀的反应导致反应活性低，容量有限。这种局部反应引起的应力会导致电极开裂，加剧电极材料的溶解。因此，正极材料需要平衡稳定性和电化学活性，这是在高质量负载下获得高利用率的关键。对于以 Zn^{2+} 插入和提取为主的正极材料，如钒基材料，最好结构松散，有利于促进离子转移。有效的策略包括在一个结构框架中共掺杂阳离子和水分子或有机分子。然而，目前报道的制备方法大多是溶剂热法，这使得在现有条件下难以实现大规模生产。能够实现球磨等成为大规模生产的方法是非常理想化的。此外，电解质对正极材料的性能也有显著的影响。电解质可以通过界面效应或电化学过程，诱导正极材料的原位相变，从而缓解正极材料的溶解，保证离子的快速扩散动力学。

8.5.1.2 低 N/P 比

为了获得较低的 N/P 比，在电流密度条件下实现锌负极的高稳定性或高 CEs 至关重要。由于锌箔作为电极的固有缺陷，很难通过人工涂层或结构改性来实现高稳定性。锌负极依赖于 Zn^{2+} 剥离/沉积的储能机制，在高容量下容易将人工涂层剥离并破坏改性结构。一种可以形成电化学自适应界面层或诱导锌箔表面均匀光滑沉积的功能电解质可能适用于这种模式。然而，目前开发的提高锌负极稳定性的电解质仍缺乏对相关的评价。与锌箔相比，通过复合轧制的电镀锌负极或锌箔复合负极具有固定集电极，在工业生产中更可控。这些复合锌负极不发生穿孔，且具有较高程度的一致性。然而，在高容量条件下，电镀锌仍存在一些问题，如锌与集流体之间的初级电池反应，导致活性锌的腐蚀。因此，进一步的研究应集中在改性集流体或开发一个新的。此外，对这些锌负极的评价还需要考虑大容量电池的情况。目前，锌负极的稳定性评价主要采用 Zn_8Zn 对称电池和 Zn_8Cu 不对称电池进行 CE 评价。然而，为了给大容量电池提供更多的参考价值，建议在进行这些评估时使用大的面积比容量（例如 5 mA·h/cm^2）。另一点需要注意的是，锌负极的稳定性需要在一个大容量的全电池中进行评估，而这是很少被考虑的。与对称电池相比，大容量袋式电池的情况更为剧烈和复杂。通常，在水环境中的正极反应往往会导致电解质成分的波动。同时，溶解的金属离子可能扩散到锌负极，导致锌负极的严重腐蚀。这些影响将在大容量全电池中被放大。因此，在这种情况下，锌负极的稳定性是至关重要的。

8.5.1.3　低 E/C 比

电解质用量是影响 E/C 的关键指标。从物理学上讲，这是为了尽可能地减少电解质的剂量。然而，减少电解质的用量不利于电池的稳定性，这意味着电解质的化学功能是必要的。理想的电解质不仅可以平衡正极和负极之间的界面问题，防止电解质的过度消耗，还可以防止每个电极对电极反应的氧化或还原产物的干扰。需要注意的是，不同的正极材料的电解质设计是不同的。例如，钒基材料主要考虑抑制钒的溶解，而锰基材料不仅考虑电极的稳定性，还考虑锰的溶解和沉积的可逆性。此外，在水系电解质中，更常见的现象是 ZHS 在反应过程中可逆地形成和消失，这表明一些液体在电化学过程中转化为固体。ZHS 的形成通常是为了抵消质子反应的影响，如何平衡 ZHS 的作用也是电解质功能中的一个关键因素。这些考虑增加了设计具有低电控比的电池的复杂性。

8.5.2　从软包电池向工业电池的转变

8.5.2.1　综合性的性能考虑因素

工业电池需要根据实际应用情况考虑综合的性能指标，而不是在实验室中追求单一的性能指标。正极负载量、N/P 比和 E/C 比设置都是理论上的，在实际生产过程中，这些恶劣的环境造成的容量退化不容忽视。在低能量密度要求的应用场景中，这些指标也有所放宽。例如，可以使用具有高 N/P 比的隔膜来延长电池寿命。应该指出的是，目前的大多数报告都采用循环次数来表示电池的稳定性，即使在高电流密度下。应该考虑一个更科学的评估指标（例如，日用寿命）。除了单个电池内部因素对电化学性能的影响外，工业电池还需要考虑外部环境因素。不仅要考虑温度适应性和自放电性能，也要考虑工业电池的要求，特别是它们的一致性。在实际应用中，耐腐蚀性也是至关重要的，因为工业电池需要长期放置在外部环境中。尽管有保护罩，但仍存在由风和雨引起的老化，来自海水和高盐地区的腐蚀，仍然威胁着电池的稳定性。

8.5.2.2　建立工业化的标准

从纽扣式电池转换到小袋式电池是迈向工业化的关键一步。这两种电池都有其研究价值，但在实际应用中，袋式电池不能充分利用纽扣电池的评价手段和参数。目前，无论是纽扣电池还是软包电池，对其电极材料、电解质功能、电池性能和测试条件的评价标准都是有限且不一致的。例如，对正极负载量、N/P 比、E/C 比的评价仍然缺乏全面的范围，高温和低温性能也没有统一的测试条件来评价是否适合恶劣的实际环境。因此，在考虑到工业化的基础上，我们再次呼吁学术界和工业界建立一个实用的水系锌离子电池评价标准，以促进其工业化进程。

8.5.2.3　关键材料的突破

需要解决 MnO_2 等正极相变溶解和导电性差的问题，提高结构稳定性和电化学反应活性；通过改善电极表面电势分布调控锌的沉积溶解行为，来解决金属锌负极的枝晶生长、自腐蚀等问题；对于电解液，一方面要通过电解液改性提高正负极材料的电化学性能和结构稳定性，另一方面要拓宽电解液的电压区间，提高电池能量密度。总体而言，水系锌离子电池仍处于中试前期的小批量研发和制备阶段，要加快产业化进程需要解决小批量到规模化放大制备中遇到的材料、工艺以及产业链的匹配等核心问题[66]。

8.6 基于市场需求的电池性能要求

8.6.1 水系锌离子电池成本要求相关的因素

(1) 原材料成本低

锌金属成本低：锌作为水系锌离子电池的关键原材料，其成本仅为锂的十六分之一。这使得在原材料成本上，水系锌离子电池相比锂离子电池具有很大的优势，为降低电池整体成本奠定了基础。电解液成本：电解液通常采用廉价的 $ZnSO_4$ 溶液，这种溶液成本较低，而且水系锌离子电池可以在开放环境中生产，显著降低了整体制造成本。

(2) 制造成本低

简单的制造工艺：相对于传统的碱金属离子电池，水系锌离子电池的制造能够实现低成本和简单的工艺。例如，其生产过程不需要像锂离子电池那样复杂的设备和高要求的生产环境，这有助于控制制造成本。大规模生产潜力：随着技术的发展，如韩国科学技术研究院在制造高密度锌金属负极方面取得的成果，如果能够实现大规模生产，将会进一步降低单位电池的制造成本。这种大规模生产的潜力使得在未来有可能通过规模经济降低成本，满足市场对于低成本储能设备的需求。

8.6.2 水系锌离子电池在不同应用场景下的综合性能

8.6.2.1 移动设备和电动工具领域

(1) 能量密度方面

水系锌离子电池具有高能量密度，这意味着在同样的质量或体积下能够存储更多的电能，能较好地满足移动设备和电动工具对电量存储的需求，从而延长设备的使用时间，减少充电频率。如消费类市场中的水系锌离子电池的能量密度基本上可以达到 100 W·h/kg 以上，这也暗示了能量密度是其产业化发展过程中的一个考量因素。

(2) 安全性方面

相比于一些传统电池，水系锌离子电池采用水基电解质，其安全性更高。在移动设备和电动工具的日常使用中，安全性是非常重要的考量因素，这种电池能够降低因电池问题引发的安全风险，如过热、爆炸等情况。水系锌离子电池电解液采用中性水系溶液，以金属锌为原料，无需昂贵隔膜，结构简单且成分环保，具有耐冲击、耐穿刺、耐破坏的本征高安全性，没有起火爆炸风险，适合大规模储能应用。在其产业化进程中，这种本征安全性是其技术指标的重要体现，也是其产品区别于其他电池产品的关键特性之一。

(3) 寿命方面

该电池长寿命的特点使得其在移动设备和电动工具领域使用过程中更加可靠。减少了频繁更换电池的麻烦，降低了使用成本，提高了设备的整体性能和用户体验。

8.6.2.2　新能源汽车领域

（1）安全性方面

水系锌离子电池是一种柔性电池，具有极高的延展性，水基电解质赋予了电池更高的耐热性。在汽车发生碰撞或者挤压时，相比不耐高温、安全性低的锂电池，水系锌离子电池更加安全，这对于保障驾乘人员的生命财产安全至关重要。

（2）充电速度方面

具备快速充电的性能，这一特性符合新能源汽车对于充电效率的要求，能够减少充电等待时间，提高汽车的使用便捷性，在一定程度上缓解用户的“里程焦虑”。

（3）能量密度方面

理论能量密度较高，可以为汽车提供足够的动力支持，满足新能源汽车行驶过程中的能量需求，有助于提升汽车的续航里程。

8.6.2.3　储能领域

（1）成本方面

水系锌离子电池成本较低，可回收利用。在储能领域，大规模的储能设施往往需要大量的电池，较低的成本可以有效降低储能系统的建设成本，提高项目的经济性。

（2）安全性方面

由于采用水基电解质，安全性好。在储能设施的长期运行过程中，安全稳定是非常关键的因素，能够降低因电池事故引发的火灾、爆炸等风险，保障储能设施的安全运行。

8.6.2.4　3C 消费级电子产品领域

（1）成本方面

其原材料相比锂电池更加便宜，在成本敏感的 3C 消费级电子产品市场具有一定的优势，可以降低产品的制造成本，提高产品的市场竞争力。

（2）轻量化与延展性方面

得益于超高的延展性，理论上可以实现高度轻量化，甚至可以做到如纸张般轻薄。这一特性符合 3C 消费级电子产品对轻薄化、便携性的需求，如在智能手机、平板电脑等设备上应用时，可以使产品更轻便，方便用户携带和使用。

参考文献

[1] Günter F J，Burgstaller C，Konwitschny F，et al. Influence of the electrolyte quantity on lithium-ion cells. Journal of The Electrochemical Society，2019，166（10）：A1709-A1714.

[2] Wang Y，Liang B，Zhu J，et al. Manipulating electric double layer adsorption for stable solid-electrolyte interphase in 2.3 Ah Zn-pouch cells. Angewandte Chemie International Edition，2023，62（23）：e202302583.

[3] Xu Z，Li H，Liu Y，et al. Durable modulation of Zn（002）plane deposition via reproducible zincophilic carbon quantum dots towards low N/P ratio zinc-ion batteries. Materials Horizons，2023，10（9）：3680-3693.

[4] Shang Y，Kundu D. A path forward for the translational development of aqueous zinc-ion batteries. Joule，2023，7

(2): 244-250.

[5] Li Q, Yang Y, Yu X, et al. A 700 W · h · kg^{-1} rechargeable pouch type lithium battery. Chinese Physics Letters, 2023, 40 (4): 048201.

[6] Guo R, Liu X, Xia F, et al. Large-scale integration of a zinc metasilicate interface layer guiding well-regulated Zn deposition. Advanced Materials, 2022, 34 (27): 2202188.

[7] Chen S, Ying Y, Ma L, et al. An asymmetric electrolyte to simultaneously meet contradictory requirements of anode and cathode. Nature Communications, 2023, 14 (1): 2925.

[8] Chen H, Dai C, Xiao F, et al. Reunderstanding the reaction mechanism of aqueous Zn-Mn batteries with sulfate electrolytes: role of the zinc sulfate hydroxide. Advanced Materials, 2022, 34 (15): 2109092.

[9] Ryu M, Hong Y K, Lee S Y, et al. Ultrahigh loading dry-process for solvent-free lithium-ion battery electrode fabrication. Nature Communications, 2023, 14 (1): 1316.

[10] Ju Z, Zhu Y, Zhang X, et al. Understanding thickness-dependent transport kinetics in nanosheet-based battery electrodes. Chemistry of Materials, 2020, 32 (4): 1684-1692.

[11] Zhang Q, Luan J, Tang Y, et al. Interfacial design of dendrite-free zinc anodes for aqueous zinc-ion batteries. Angewandte Chemie International Edition, 2020, 59 (32): 13180-13191.

[12] Liu Y, Li C, Li C, et al. Highly thermally stable, highly electrolyte-wettable hydroxyapatite/cellulose nanofiber hybrid separators for lithium-ion batteries. ACS Applied Energy Materials, 2023, 6 (7): 3862-3871.

[13] Zou F, Manthiram A. A review of the design of advanced binders for high-performance batteries. Advanced Energy Materials, 2020, 10 (45): 2002508.

[14] Ma L, Wang X, Sun J. A strategy associated with conductive binder and 3D current collector for aqueous zinc-ion batteries with high mass loading. Journal of Electroanalytical Chemistry, 2020, 873: 114395.

[15] Chen S, Song Z, Wang L, et al. Establishing a resilient conductive binding network for Si-based anodes via molecular engineering. Accounts of Chemical Research, 2022, 55 (15): 2088-2102.

[16] Qin T, Yang H, Li Q, et al. Design of functional binders for high-specific-energy lithium-ion batteries: from molecular structure to electrode properties. Industrial Chemistry & Materials, 2024, 2 (2): 191-225.

[17] Jaikrajang N, Kao-Ian W, Muramatsu T, et al. Impact of binder functional groups on controlling chemical reactions to improve stability of rechargeable zinc-ion batteries. ACS Applied Energy Materials, 2021, 4 (7): 7138-7147.

[18] Liu T, Chu Q, Yan C, et al. Interweaving 3D network binder for high-areal-capacity Si anode through combined hard and soft polymers. Advanced Energy Materials, 2019, 9 (3): 1802645.

[19] Wen L, Wang L, Guan Z, et al. Effect of composite conductive agent on internal resistance and performance of lithium iron phosphate batteries. Ionics, 2022, 28 (7): 3145-3153.

[20] Dominko R, Gaberšček M, Drofenik J, et al. The role of carbon black distribution in cathodes for Li ion batteries. Journal of Power Sources, 2003, 119: 770-773.

[21] Wen L, Sun J, An L, et al. Effect of conductive material morphology on spherical lithium iron phosphate. Nanomaterials, 2018, 8 (11): 904.

[22] Dominko R, Gaberšček M, Drofenik J, et al. A novel coating technology for preparation of cathodes in Li-ion batteries. Electrochemical and Solid-State Letters, 2001, 4 (11): A187.

[23] Jin S, Jiang Y, Ji H, et al. Advanced 3D current collectors for lithium-based batteries. Advanced Materials, 2018, 30 (48): 1802014.

[24] Liu B, Lv T, Zhou A, et al. Aluminum corrosion - passivation regulation prolongs aqueous batteries life. Nature Communications, 2024, 15 (1): 2922.

[25] Zhu P, Gastol D, Marshall J, et al. A review of current collectors for lithium-ion batteries. Journal of Power Sources, 2021, 485: 229321.

[26] Wen Y H, Shao L, Zhao P C, et al. Carbon coated stainless steel mesh as a low-cost and corrosion-resistant current collector for aqueous rechargeable batteries. Journal of Materials Chemistry A, 2017, 5 (30): 15752-15758.

[27] Chen J C, Lin Y A, Kuo C L, et al. An improvement in the quality of holes drilled in quartz glassby electrochemical discharge machining. Smart Science, 2019, 7 (3): 169-174.

[28] Zhou B, Bonakdarpour A, Stoševski I, et al. Modification of Cu current collectors for lithium metal batteries-A review. Progress in Materials Science, 2022, 130: 100996.

[29] Wu L, Dong Y. Recent progress of carbon nanomaterials for high-performance cathodes and anodes in aqueous zinc ion batteries. Energy Storage Materials, 2021, 41: 715-737.

[30] Wang Y, Dang D, Li D, et al. Effects of polymeric binders on the cracking behavior of silicon composite electrodes during electrochemical cycling. Journal of Power Sources, 2019, 438: 226938.

[31] Hong S B, Lee Y J, Kim U H, et al. All-solid-state lithium batteries: Li^+-conducting ionomer binder for dry-processed composite cathodes. ACS Energy Letters, 2022, 7 (3): 1092-1100.

[32] Gao X, Zheng M, Yang X, et al. Emerging application of 3D-printing techniques in lithium batteries: From liquid to solid. Materials Today, 2022, 59: 161-181.

[33] Li C, Xie X, Liang S, et al. Issues and future perspective on zinc metal anode for rechargeable aqueous zinc-ion batteries. Energy & Environmental Materials, 2020, 3 (2): 146-159.

[34] Wang T, Li C, Xie X, et al. Anode materials for aqueous zinc ion batteries: mechanisms, properties, and perspectives. ACS Nano, 2020, 14 (12): 16321-16347.

[35] Yu A, Zhang W, Joshi N, et al. Recent advances in anode design for mild aqueous Zn-ion batteries. Energy Storage Materials, 2024, 64: 103075.

[36] Qin L, Zhou J, Sun M, et al. Comprehensive review for zinc powder anodes: Significance, optimizing design, and industrial feasibility in zinc-ion batteries. Energy Storage Materials, 2025, 74: 103917.

[37] Li G, Sun L, Zhang S, et al. Developing cathode materials for aqueous zinc ion batteries: challenges and practical prospects. Advanced Functional Materials, 2024, 34 (5): 2301291.

[38] Kou L, Wang Y, Song J, et al. Mini review: Strategies for enhancing stability of high-voltage cathode materials in aqueous zinc-ion batteries. Chinese Chemical Letters, 2024: 110368.

[39] Guo S, Qin L, Zhang T, et al. Fundamentals and perspectives of electrolyte additives for aqueous zinc-ion batteries. Energy Storage Materials, 2021, 34: 545-562.

[40] Yang J L, Yang P, Xiao T, et al. Designing single-ion conductive electrolytes for aqueous zinc batteries. Matter, 2024, 7 (6): 1928-1949.

[41] Dong N, Zhang F, Pan H. Towards the practical application of Zn metal anodes for mild aqueous rechargeable Zn batteries. Chemical Science, 2022, 13 (28): 8243-8252.

[42] Ma L, Schroeder M A, Borodin O, et al. Realizing high zinc reversibility in rechargeable batteries. Nature Energy, 2020, 5 (10): 743-749.

[43] Wang M, Ma J, Meng Y, et al. High-capacity zinc anode with 96% utilization rate enabled by solvation structure design. Angewandte Chemie International Edition, 2023, 62 (3): e202214966.

[44] Zhi J, Zhao S, Zhou M, et al. A zinc-conducting chalcogenide electrolyte. Science Advances, 2023, 9 (4): eade2217.

[45] Shi M, Lei C, Wang H, et al. Molecule engineering of sugar derivatives as electrolyte additives for deep-reversible Zn metal anode. Angewandte Chemie International Edition, 2024: e202407261.

[46] Wang D, Liu H, Lv D, et al. Rational screening of artificial solid electrolyte interphases on Zn for ultrahigh-rate and long-life aqueous batteries. Advanced Materials, 2023, 35 (2): 2207908.

[47] Zhu Z, Cui C, Bai Y, et al. Advances in precise structure control and assembly toward the carbon nanotube industry. Advanced Functional Materials, 2022, 32 (11): 2109401.

[48] Li C, Sun Z, Yang T, et al. Directly grown vertical graphene carpets as janus separators toward stabilized Zn metal anodes. Advanced Materials, 2020, 32 (33): 2003425.

[49] Du W, Huang S, Zhang Y, et al. Enable commercial zinc powders for dendrite-free zinc anode with improved utilization rate by pristine graphene hybridization. Energy Storage Materials, 2022, 45: 465-473.

[50] Zhang X, Li J, Liu Y, et al. Single [0001] -oriented zinc metal anode enables sustainable zinc batteries. Nature Communications, 2024, 15 (1): 2735.

[51] Ming F, Zhu Y, Huang G, et al. Co-solvent electrolyte engineering for stable anode-free zinc metal batteries. Journal

of the American Chemical Society, 2022, 144 (16): 7160-7170.

[52] Liu M, Yuan W, Ma G, et al. In-situ integration of a hydrophobic and Fast-Zn^{2+}-conductive inorganic interphase to stabilize Zn metal anodes. Angewandte Chemie International Edition, 2023, 135 (27): e202304444.

[53] Cao J, Shi Y, Gao A, et al. Hierarchical Li electrochemistry using alloy-type anode for high-energy-density Li metal batteries. Nature Communications, 2024, 15 (1): 1354.

[54] Wang H, Du H, Zhao R, et al. Stable Zn metal anodes enabled by restricted self-diffusion via succinimide surfactant. Advanced Functional Materials, 2023, 33 (27): 2213803.

[55] Guo J, Ming J, Lei Y, et al. Artificial solid electrolyte interphase for suppressing surface reactions and cathode dissolution in aqueous zinc ion batteries. ACS Energy Letters, 2019, 4 (12): 2776-2781.

[56] Liu Z, Li L, Qin L, et al. Balanced interfacial ion concentration and migration steric hindrance promoting high-efficiency deposition/dissolution battery chemistry. Advanced Materials, 2022, 34 (40): 2204681.

[57] Heubner C, Nickol A, Seeba J, et al. Understanding thickness and porosity effects on the electrochemical performance of $LiNi_{0.6}Co_{0.2}Mn_{0.2}O_2$-based cathodes for high energy Li-ion batteries. Journal of Power Sources, 2019, 419: 119-126.

[58] Wu J, Zhang X, Ju Z, et al. From fundamental understanding to engineering design of high-performance thick electrodes for scalable energy-storage systems. Advanced Materials, 2021, 33 (26): 2101275.

[59] Song Y H, Wu K J, Zhang T W, et al. A nacre-inspired separator coating for impact-tolerant lithium batteries. Advanced Materials, 2019, 31 (51): 1905711.

[60] Liu T, Hong J, Wang J, et al. Uniform distribution of zinc ions achieved by functional supramolecules for stable zinc metal anode with long cycling lifespan. Energy Storage Materials, 2022, 45: 1074-1083.

[61] Li F, Zhou C, Zhang J, et al. Mullite mineral-derived robust solid electrolyte enables polyiodide shuttle-free zinc-iodine batteries. Advanced Materials, 2024, 36 (38): 2408213.

[62] Sun J, Zhang J, Wang S, et al. Decoding the mechanism of self-discharge and optimal electrolyte reconfiguration for advanced vanadium-based aqueous zinc batteries. Energy & Environmental Science, 2024, 17 (12): 4304-4318.

[63] Seong W M, Park K Y, Lee M H, et al. Abnormal self-discharge in lithium-ion batteries. Energy & Environmental Science, 2018, 11 (4): 970-978.

[64] Wang J, Yang Y, Wang Y, et al. Working aqueous Zn metal batteries at 100℃. ACS Nano, 2022, 16 (10): 15770-15778.

[65] Gao L T, Lyu Y, Guo Z S. External pressure affecting dendrite growth and dissolution in lithium metal batteries during cycles. ACS Applied Materials & Interfaces, 2023, 15 (50): 58416-58428.

[66] Hu Y, Wang P, Li M, et al. Challenges and industrial considerations towards stable and high-energy-density aqueous zinc-ion batteries. Energy & Environmental Science, 2024, 17: 8078-8093.

第 9 章 水系锌离子电池电化学研究方法

9.1 水系锌离子电池的制作

水系锌离子电池是一种利用水作为电解质的二次电池，其工作原理是利用锌离子（Zn^{2+}）在正负极之间的可逆嵌入和脱嵌来实现电荷的存储和释放。本章主要讲述水系锌离子电池的制作过程及相关要点。

9.1.1 纽扣式电池的制备

实验室常用锌离子纽扣电池由以下五部分构成：电池壳（包括弹片和垫片）、正极材料、负极材料、隔膜和电解液。

电池壳这里使用 CR2032 型不锈钢电池壳，附带一个 1.5 mm 的垫片和弹片。

正极材料由活性物质、炭黑、PVDF 和 NMP 构成，制备方式为：活性物质合成以后，将其与炭黑、PVDF 以 7∶2∶1 质量比放入 5 mL 烧杯中并加入适量的 NMP 后磁力搅拌 4 h，然后均匀地涂覆在集流体上。集流体可以选择钛箔（厚度为 20 μm），涂覆厚度约为 100 μm，随后放入干燥箱中在 60 ℃下干燥 2 h 后切成 14 mm 的圆盘备用。

负极材料为 99.99%纯度的锌片，裁成厚度为 20 μm、直径为 14 mm 的圆形锌片。

隔膜选用 Whatman GF/D 玻璃纤维膜。

电解液可选的种类和浓度有很多，如硫酸锌、三氟甲烷磺酸锌和硫酸锰等[1,2]。经过对比实验，可以发现不同的材料最有利的电解质不同。如锰基正极材料最有利于循环稳定和容量提升的是硫酸锌和硫酸锰电解液，钒基正极材料最有利于循环稳定和容量提升的是三氟甲烷磺酸锌电解液。将上述材料制备好后按照负极电池壳-弹片-垫片-锌片-电解液-隔膜-电解液-活性物质-正极电池壳顺序组装电池（图 9-1），使用压片机压紧后制备完成。制备完成后的电池可进行电化学测试。

图 9-1 纽扣式电池组装示意图

9.1.2 软包电池制备

软包电池是一种采用铝塑复合膜作为外壳的电池，相比传统的钢壳或铝壳电池，它具有形状灵活、能量密度高、安全性好等诸多优点。

(1) 正极材料制备

原料混合：首先将正极活性材料（如 MnO_2、钒酸铵）、导电剂（如炭黑、导电石墨等）和黏结剂（如聚偏氟乙烯 PVDF）按照一定的比例混合。例如，对于金属氧化物体系，活性材料∶导电剂∶黏结剂的质量比可能为 8∶1∶1。将这些材料放入有机溶剂（如 *N*-甲基吡咯烷酮 NMP）中，通过高速搅拌形成均匀的正极浆料。

涂布：把正极浆料均匀地涂覆在正极集流体（通常是钛箔）上，涂布厚度和宽度需要根据电池设计要求进行精确控制。涂布机的精度可以达到±2 μm 的厚度误差。涂覆后的极片需要在一定温度（如 80～120 ℃）的真空烘箱中烘干，以去除有机溶剂，使黏结剂更好地发挥黏结作用。

辊压：烘干后的极片通过辊压机进行辊压，目的是压实电极材料，提高电极的密度，从而增加电池的能量密度。辊压后的极片厚度一般在 100～200 μm 之间，压实密度可以达到 3～4 g/cm^3。

(2) 负极材料制备

混合与制浆：负极活性材料（如锌粉）与黏结剂（如羧甲基纤维素钠 CMC 和丁苯橡胶 SBR）、导电剂（如炭黑）按比例混合。例如，活性材料∶黏结剂∶导电剂质量比可能为 95∶2.5∶2.5。将它们置于去离子水中搅拌形成负极浆料。或者直接用锌箔裁片后直接使用。

涂布、烘干和辊压：与正极类似，将负极浆料涂覆在负极集流体（通常是石墨）上，烘干后进行辊压。辊压后的负极片厚度一般在 10～200 μm 之间。

(3) 隔膜准备

选择合适的隔膜材料，如玻璃纤维隔膜或复合亲水隔膜。隔膜的主要作用是防止正负极直接接触而短路，同时允许锌离子在正负极之间自由穿梭。隔膜的厚度一般在 10～30 μm 之间。在使用前，需要对隔膜进行裁剪，使其尺寸符合电池设计要求。

(4) 电池组装

叠片工艺：将正极片、隔膜、负极片按照一定的顺序叠放，如正极片-隔膜-负极片-隔膜的顺序。叠片过程需要在室温环境中进行，水不会对电池组装造成影响。叠片精度要求较高，极片和隔膜的对齐精度需达到±0.3 mm。

卷绕工艺：把正极片、隔膜、负极片通过卷绕机卷绕成电芯。卷绕过程中同样要注意控制张力，防止极片和隔膜出现褶皱或破损。卷绕后的电芯形状一般为圆柱形或椭圆形。

入壳封装：将叠片或卷绕好的电芯放入铝塑复合膜外壳中。铝塑复合膜一般由多层材料组成，包括外层的尼龙层（起保护作用）、中间的铝箔层（阻隔性能好，防止电解液泄漏和氧气进入）和内层的热封层（如聚丙烯层，用于封装电芯）。在封装过程中，需要通过热封工艺将铝塑复合膜的边缘密封，热封温度和压力需要根据铝塑复合膜的材料特性进行精确控制，一般热封温度在 180～220 ℃之间，压力在 0.3～0.5 MPa 之间。

(5) 电解液注入

选择合适的电解液：电解液一般由锌盐（如三氟甲烷磺酸锌、硫酸锌）溶解在水中组成。通过专门的注液设备将电解液注入封装好的叠片或电芯中。注液量需要根据电池的容量和尺寸进行精确计算，一般注液系数（注液量与电池容量的比值）在 3～5 g/(A·h)之间。注入电解液后，需要对电池进行静置，使电解液充分浸润电极和隔膜，静置时间一般在 4～12 h 之间。

（6）化成与老化

化成：软包电池首次充电过程，目的是在正负极表面形成稳定的固体电解质界面膜（SEI 膜）。化成过程通常采用小电流充电，如以 0.05～0.1C 的倍率充电（C 为电池的额定容量对应的电流），充电电压一般控制在 3.8～4.2 V 之间。在化成过程中，电池内部会发生一系列复杂的电化学反应。

老化：化成后的电池需要进行老化处理，一般在一定温度（如 40～60 ℃）和湿度（如 30%～60%）条件下放置一段时间，时间可能从几天到几周不等。老化过程可以使电池内部的电解液分布更加均匀、SEI 膜进一步稳定和修复，从而提高电池的性能和一致性。

（7）检测与包装

性能检测：对老化后的电池进行多种性能检测，包括容量测试（通过恒流-恒压充电和放电过程来测量电池的实际容量是否符合设计要求）、内阻测试（用专门的内阻测试仪测量电池的直流内阻，内阻一般在几毫欧到几十毫欧之间）、自放电测试（将电池在一定温度下储存一段时间后，测量其剩余容量来评估自放电率）等。

外观检查和包装：检查电池外观是否有鼓包、漏液等异常情况。对合格的电池进行包装，包装材料需要具备良好的防潮、防震性能，以保护电池在运输和储存过程中不会损坏。

以实验室用锌离子电池的组装为例：

① 准备材料，需要软包锌电池单体、压纹铝箔、导电胶带、锌电芯连接片、绝缘胶带、电池组连接导线等材料。

② 将锌电芯连接片焊接到每个单体的正负极上，注意不要让正负极接反，然后用导电胶带粘贴住连接片，以防短路。

③ 铺上一层压纹铝箔，将单体倒置放在铝箔上，注意单体的正负极应该对称排列。

④ 用绝缘胶带固定单体，确保单体之间不发生短路。

⑤ 将电池单体按顺序固定好后，将它们连接起来。可以使用导线将电池单体连接在一起，或者使用电池组连接片将单体连接在一起。

⑥ 组装好的电池组可以用适当的电池管理系统进行管理，以确保电池在使用过程中的稳定性和安全性。

以上是软包锂电池组装方法的基本步骤，需要注意的是，组装电池时一定要注意安全，切勿使电池单体短路，以及避免过度充放电等情况。

9.2　电化学动力学测试

电化学动力学是研究电化学反应速率及其影响因素的科学领域，它结合了电化学与动力学的基本原理，揭示了电子转移、离子迁移及表面反应等过程的动态特征。

9.2.1　恒流间歇滴定法

活性离子在电极材料内的扩散是重要的反应过程，该体相扩散过程为一缓慢过程，往往成为决速过程，影响电池的反应速率，决定电池的整体性能。离子在材料内的扩散系数越大，说明离子扩散越快，电极的大电流充放电性能越好，材料的功率密度和倍率性能也越好。因此，研究扩散过程中扩散系数的变化用以改进材料的电化学性能具有重要意义。在研究离子扩散系数的方法中，主要采用菲克第一定律和菲克第二定律作为基准进行计算，通过对电极施加小振幅的直流或者交流电流/电压信号，得到相应的变化信号，从而实现对扩散过程的线性化处理[3,4]。

9.2.1.1 GITT 工作原理

恒流间歇滴定法（galvanostatic intermittent titration technique，GITT）是一种暂态测试方法，其基本原理是在单位时间 τ 内对电池施加恒定电流 i 进行充电或者放电，然后停止充电或放电，同时记录恒电流充放电过程和弛豫过程中的电压变化（图 9-2），以此为原始数据分析电极反应的极化程度，从而计算反应的动力学速率。GITT 测试由一系列“脉冲＋恒电流＋弛豫”所组成，而弛豫过程指没有电流通过电池的过程。电流强度 i 和弛豫时间 τ 是 GITT 测试设置的重要参数。

对图 9-2 部分区域放大后可得到图 9-3。

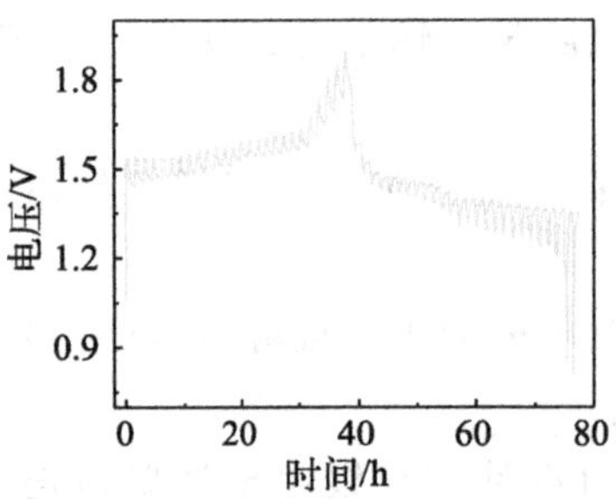

图 9-2 商用水系锌离子电池的 GITT 图

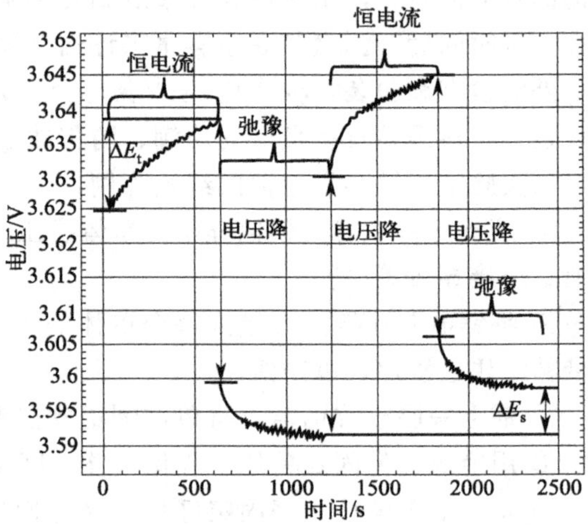

图 9-3 商用水系锌离子电池的 GITT 图的部分区域放大图

9.2.1.2 GITT 计算公式

$$D=\frac{4}{\pi}\left(\frac{iV_{\mathrm{m}}}{Z_{\mathrm{A}}FS}\right)^2\left(\frac{\mathrm{d}E/\mathrm{d}\delta}{\mathrm{d}E/\mathrm{d}\sqrt{t}}\right)^2 \tag{9-1}$$

式中，D 为扩散系数；i 为施加的电流；V_{m} 为样品的摩尔体积；F 为法拉第常数，96485 C/mol；Z_{A} 为离子的电荷数；S 为电极/电解液的接触面积；$\mathrm{d}E/\mathrm{d}\delta$ 是库仑滴定曲线的斜率；$\mathrm{d}E/\mathrm{d}\sqrt{t}$ 为电势与时间的关系。为简化求解，当施加的电流 i 很小且弛豫时间 τ 很短时，$\mathrm{d}E/\mathrm{d}\sqrt{t}$ 呈线性关系，因此上述公式可以简化为：

$$D=\frac{4}{\tau\pi}\left(\frac{m_{\mathrm{B}}V_{\mathrm{m}}}{M_{\mathrm{B}}S}\right)^2\left(\frac{\Delta E_{\mathrm{s}}}{\Delta E_{\mathrm{t}}}\right)^2 \ (\tau \ll L^2/D) \tag{9-2}$$

式中，τ 为施加恒电流的时间；m_{B} 为活性物质的质量，g；V_{m} 为样品的摩尔体积，$\mathrm{cm^3/mol}$；M_{B} 为材料的摩尔质量，g/mol；S 为电极/电解液的接触面积，$\mathrm{cm^2}$；ΔE_{s} 为充电（放电）过程电池电压的变化；ΔE_{t} 静置至平衡状态时的电压变化；L 为电极的厚度。

9.2.1.3　GITT 测试仪器简介

基于 GITT 的原理和计算方法，设置相应的测试参数得到测试结果后，再进行计算即可得到离子扩散系数 D 值。下面选用新威多通道电池测试系统（如图 9-4 所示）进行 GITT 测试。

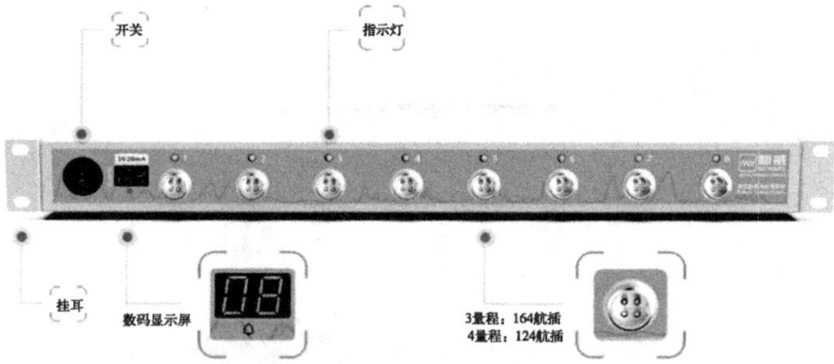

图 9-4　新威多通道电池测试系统

新威多通道电池测试系统还集成了众多工作模式。①充电模式：恒流充电、恒压充电、恒流恒压充电、恒功率充电（截止条件：电压、电流、相对时间、容量、能量、$-\Delta V$）；②放电模式：恒流放电、恒压放电、恒流恒压放电、恒功率放电、恒阻放电（截止条件：电压、电流、相对时间、容量、能量）；③脉冲模式：充电采用恒流模式、恒功率模式，放电采用恒流模式、恒功率模式，最小脉冲宽度为 500 ms，脉冲个数即单个脉冲工步支持 32 个不同的脉冲，充放电连续切换即一个脉冲工步可以实现从充电到放电的连续切换（截止条件：电压、相对时间）；④直流内阻（direct current internal resistance，DCIR）测试模式：支持自定义取点进行 DCIR 的计算；⑤循环测试模式：范围为 1～65535 次，单循环工步数为 254；⑥循环嵌套模式：具有嵌套循环功能，最大支持 3 层嵌套。

9.2.1.4　GITT 测试参数设置

以水系锌离子电池正极锰基材料为例，GITT 设置步骤可参考以下工序（图 9-5）：以恒电流对电池放电 5 min，然后搁置 2 h 使电池达到平衡，继续循环重复上述过程，直到达到设定截止电压。充电过程可参考放电过程。建议：①进行 GITT 测试前先预循环几圈，然后进行测试；②施加恒电流可采用倍率测试的最低电流或更低电流。

工步号	工步名称	工步时间(hh:mm:ss)	电压(V)	电流(mA)	截止电压(V)	截止电流(mA)
1?	搁置?	01:00:00				
2	恒流放电			0.64	0.2	
3	恒流充电			0.64	1.6	
4	循环	起始工步:2	循环次数:3			
5?	搁置?	[illegible]				
6	恒流放电			0.64		
7	搁置?	[illegible]				
8	恒流充电			0.64		
9	循环	起始工步:5	循环次数:5			
10?	搁置?	02:00:00				
11	恒流放电			0.64		
12?	搁置?	[illegible]				
13?	恒流充电			0.64		
14	循环	起始工步:10	循环次数:5			
15	结束					

图 9-5　GITT 测试程序

按照图 9-6、图 9-7 中的测试参数进行设置后，待测试完毕，即可得到如图 9-8 所示的 GITT 测试曲线。

其他

工步参数 | 保护条件/记录条件 | 如果 | DBC | SMBUS

参数	值	值
时间记录条件	0.003	
电压记录条件	0.05	
电压下限保护	-5	
电压上限保护	5	

图 9-6 GITT 测试记录条件设置（1）

条件/记录条件 | 如果 | DBC | SMBUS

参数	比较符	比较值	goto
时间	<	0.083333333333	与(&)
电压	<=	0.2	下一工步
时间	>=	0.083333333333	与(&)
电压	>=	0.2	工步5

图 9-7 GITT 测试记录条件设置（2）

将图 9-8 中放电过程局部放大后，可得到图 9-9。

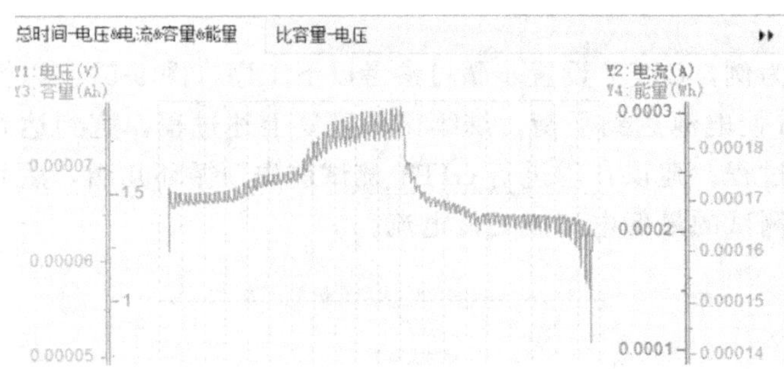

图 9-8 GITT 测试曲线

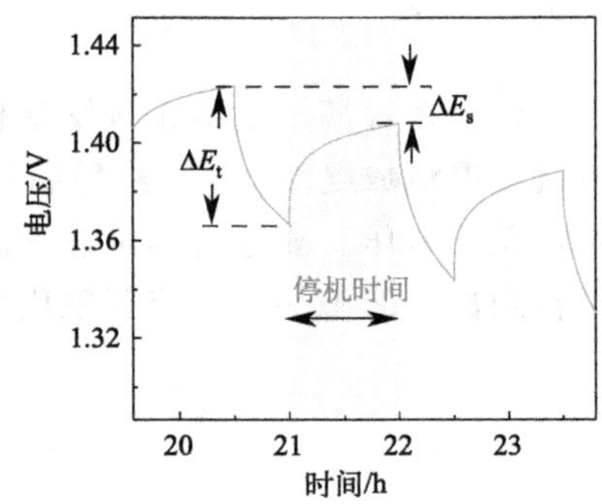

图 9-9 GITT 放大部分示意图

9.2.1.5 测试数据分析

打开使用新威多通道电池测试系统测试得到的 GITT 数据（图 9-10），点击图 9-10 中的字母 D，即可进入 GITT 数据处理界面（见图 9-11～图 9-12）。

将数据复制至 Origin 后即可作图得到相应的扩散系数（图 9-13）。

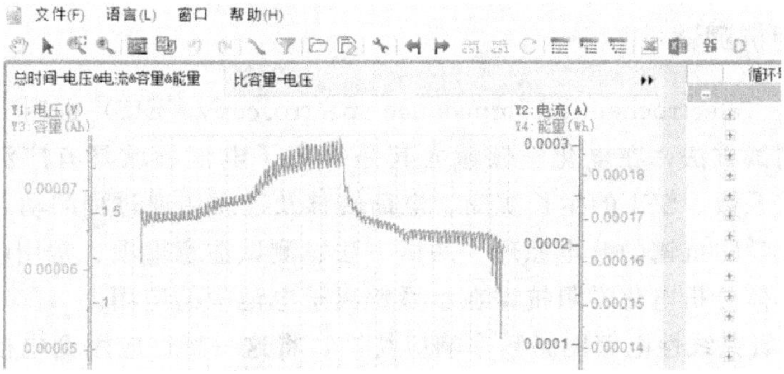

图 9-10　GITT 测试曲线

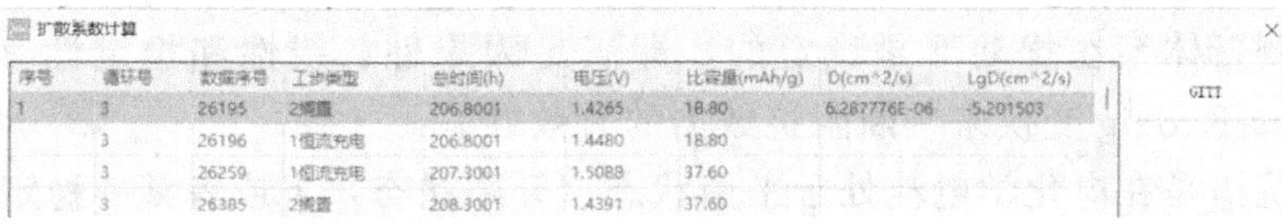

序号	循环号	数据序号	工步类型	总时间(h)	电压(V)	比容量(mAh/g)	D(cm^2/s)	LgD(cm^2/s)
1	3	26195	2搁置	206.8001	1.4265	18.80	6.287776E-06	-5.201503
	3	26196	1恒流充电	206.8001	1.4480	18.80		
	3	26259	1恒流充电	207.3001	1.5088	37.60		
	3	26385	2搁置	208.3001	1.4391	37.60		

图 9-11　扩散系数数据记录

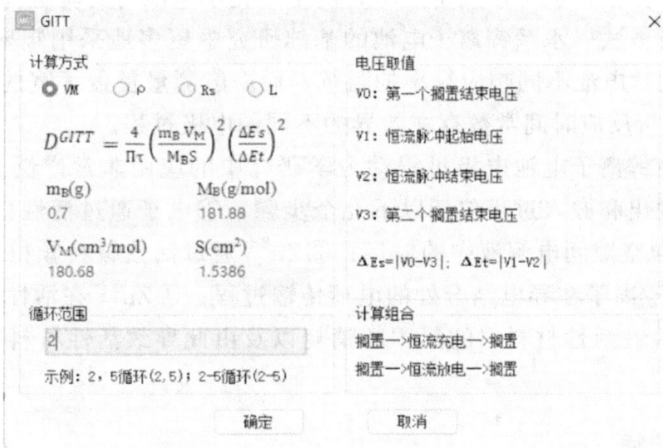

图 9-12　扩散系数计算公式

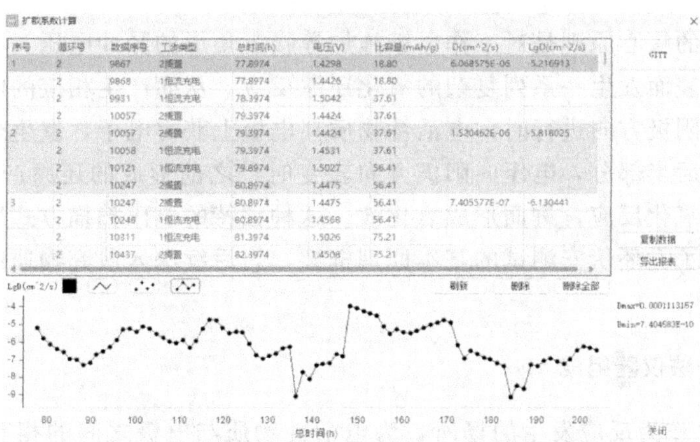

序号	循环号	数据序号	工步类型	总时间(h)	电压(V)	比容量(mAh/g)	D(cm^2/s)	LgD(cm^2/s)
1	2	9867	2搁置	77.8974	1.4298	18.80	6.068575E-06	5.216913
	2	9868	1恒流充电	77.8974	1.4426	18.80		
	2	9931	1恒流充电	78.3974	1.5042	37.61		
	2	10057	2搁置	79.3974	1.4424	37.61		
2	2	10057	2搁置	79.3974	1.4424	37.61	1.520462E-06	-5.818025
	2	10058	1恒流充电	79.3974	1.4531	37.61		
	2	10121	1恒流充电	79.8974	1.5027	56.41		
	2	10247	2搁置	80.8974	1.4475	56.41		
3	2	10247	2搁置	80.8974	1.4475	56.41	7.405577E-07	-6.130441
	2	10248	1恒流充电	80.8974	1.4568	56.41		
	2	10311	1恒流充电	81.3974	1.5026	75.21		
	2	10437	2搁置	82.3974	1.4508	75.21		

图 9-13　计算所得的扩散系数

9.2.2 电化学阻抗测试

电化学阻抗谱（electrochemical impedance spectroscopy，EIS）也叫交流阻抗谱，是一种重要的电化学测试方法，在电化学领域尤其是锂离子电池领域具有广泛的应用，如电导率、表观化学扩散系数、SEI 的生长演变、电荷转移及物质传递过程的动态测量。下面结合实际案例介绍电化学阻抗谱的基本原理、测试方法、测试注意事项、常用电化学阻抗测量设备及测试流程，具体分析电化学阻抗谱在水系锌离子电池中的应用。

EIS 最早用于研究线性电路网络频率响应特性，将这一特性应用到电极过程的研究，形成了一种实用的电化学研究方法。电化学阻抗谱精准测试需要具备一定的前提条件。首先，交流微扰信号与响应信号之间必须具有因果关系；其次，响应信号必须是扰动信号的线性函数；第三，被测量体系在扰动下是稳定的，即满足因果性、线性和稳定性 3 个基本条件，可以用 Kramers-Kronig 变换来判断阻抗数据的有效性。

电化学阻抗谱是在电化学电池处于平衡状态（开路状态）下或者某一稳定的直流极化条件下，按照正弦规律施加小幅交流激励信号，研究电化学的交流阻抗随频率的变化关系，称之为频率域阻抗分析方法。也可以固定频率，测量电化学电池的交流阻抗随时间的变化，称之为时间域阻抗分析方法。水系锌离子电池的基础研究中更多地采用频率域阻抗分析方法。EIS 由于记录了电化学电池不同响应频率的阻抗，而一般测量覆盖了宽的频率范围（μHz～MHz），因此可以分析反应时间常数存在差异的不同的电极过程。

电化学阻抗谱在锌离子电池电极过程动力学研究中的应用非常广泛。一般认为，Zn^{2+} 在化合物电极中的脱出和嵌入过程包括以下几个步骤：①电子通过活性材料颗粒间的输运、Zn^{2+} 在活性材料颗粒空隙间电解液中的输运；②Zn^{2+} 通过活性材料颗粒表面绝缘层（SEI）的扩散迁移；③电子/离子在导电结合处的电荷传输过程；④Zn^{2+} 在活性材料颗粒内部的固体扩散过程；⑤Zn^{2+} 在活性材料中的累积和消耗以及由此导致活性材料颗粒晶体结构的改变或新相的生成[5,6]。

9.2.3 循环伏安曲线

9.2.3.1 循环伏安法基本原理

循环伏安测试的核心原理是对工作电极施加等腰三角形的脉冲电压。在这个过程中，电活性物质会在电极表面发生一系列复杂的氧化还原反应，从而产生相应的电流变化。当电压扫描的前半部分向阴极方向进行时，电活性物质在电极上获得电子，发生还原反应，形成还原波；而在扫描的后半部分，电压向阳极方向转变时，之前形成的还原产物又会失去电子，重新在电极上发生氧化反应，进而形成氧化波。这种独特的电压扫描方式以及对应的氧化还原反应过程，构成了循环伏安测试的基本原理框架，为后续深入研究物质的电化学特性奠定了坚实的基础。

9.2.3.2 循环伏安法仪器组成

① 电化学池：作为反应发生的场所，为电活性物质与电极之间的相互作用提供了特定的环境。

② 三电极体系：工作电极是电化学反应发生的主要场所，其表面性质和状态对测试结

果有着至关重要的影响。常见的工作电极材料包括铂电极、金电极、玻碳电极等，不同的材料适用于不同类型的电化学反应研究。参比电极用于提供一个稳定的电位参考，使得工作电极的电位能够准确测量和控制。常用的参比电极有饱和甘汞电极（SCE）、银/氯化银电极等，其电位具有高度的稳定性和可重复性。辅助电极的主要作用是传导电流，辅助工作电极完成电化学反应，通常采用铂丝等惰性材料制成，以避免自身发生不必要的化学反应而干扰测试结果。

③ 电位扫描仪：能够精确地按照设定的程序对工作电极施加等腰三角形的脉冲电压，并准确记录电位随时间的变化信息，是实现循环伏安测试的关键设备之一。

9.2.3.3 循环伏安曲线数据分析方法

① 判断反应可逆性：在循环伏安测试中，判断反应是否可逆是一个重要的数据分析内容。一般来说，如果氧化峰电流与还原峰电流之比的绝对值等于 1，且氧化峰与还原峰电位差约为 $59/n$（mV），其中 n 为电子转移量，那么可以认为该反应具有较好的可逆性[7]。这种判断标准基于理想的可逆电化学反应模型，在实际应用中，虽然很难完全达到这种理想状态，但可以通过与该标准的比较，对反应的可逆程度进行评估。例如，对于一个电子转移数为 2 的电化学反应，如果测量得到的氧化峰电流与还原峰电流之比接近 1，且峰电位差在 29.5 mV 左右，那么可以初步判断该反应具有较高的可逆性。反之，如果峰电流比值偏离 1 的程度较大，或者峰电位差与理论值相差甚远，则说明反应可能存在不可逆因素，如电极表面吸附、化学反应副产物的积累等，需要进一步深入研究。

② 扫描速率影响分析：改变扫描速率是确定反应控制步骤的常用方法之一。通过在不同的扫描速率下进行循环伏安测试，观察峰电流与扫描速率或其二次方根的关系，可以推断反应的控制步骤。如果峰电流与扫描速率呈线性关系，这表明反应主要受表面控制，即电活性物质在电极表面的吸附、脱附以及电子转移过程是反应的限速步骤。在这种情况下，提高扫描速率会使更多的电活性物质能够及时在电极表面发生反应，从而导致峰电流增大。相反，如果峰电流与扫描速率的二次方根呈线性关系，则说明反应主要受扩散控制，即电活性物质从溶液本体向电极表面的扩散过程是反应的限速步骤。此时，提高扫描速率虽然会增加电活性物质到达电极表面的驱动力，但由于扩散速率的限制，峰电流的增加幅度相对较小。通过这种方法，可以准确确定反应的控制步骤，深入理解电化学反应的动力学机制，为优化反应条件、提高反应速率提供理论依据。

循环伏安测试以其独特的原理、广泛的应用领域和丰富的数据分析方法，成为电化学研究领域中一种极为重要的技术手段。随着科学技术的不断发展，循环伏安测试技术也在不断创新和完善，将在更多的领域中发挥更大的作用，为人类认识物质世界和解决实际问题提供强有力的支持。

9.2.3.4 循环伏安曲线重要参数及意义

① 峰电流：峰电流的大小与多种因素密切相关。其中，电活性物质的浓度是影响峰电流的重要因素之一。一般来说，在一定范围内，电活性物质浓度越高，参与电极反应的物质数量越多，峰电流也就越大。此外，电极反应速率也对峰电流有着显著影响。较快的电极反应速率意味着在相同的电位扫描条件下，更多的电活性物质能够在电极表面迅速发生反应，从而导致峰电流增大。因此，通过测量峰电流的大小，可以在一定程度上对电活性物质的浓

度进行定量分析，这在化学分析、环境监测等领域具有重要的应用价值。

② 峰电位：峰电位的位置在电化学研究中具有重要意义。它能够直观地反映电化学反应的难易程度。一般而言，峰电位的位置越正，说明电活性物质发生氧化反应时需要克服的能垒越高，反应越不容易进行。反之，峰电位的位置越负，则表明电活性物质发生还原反应时所需的能量越低，反应相对更容易发生。此外，在某些情况下，随着实验条件的改变，如电极表面修饰、电解质浓度变化等，峰电位会发生移动。这种峰电位的移动可以反映电极反应过程中的能垒变化情况，为深入推断反应机理提供了重要线索。例如，如果在电极表面修饰了一种催化剂，导致阳极峰电位向负方向移动，这可能意味着催化剂降低了电活性物质氧化反应的能垒，促进了反应的进行。

9.2.4 塔菲尔曲线

1905年，塔菲尔（Tafel）发表了题为“关于氢气阴极析出过程的极化研究”的文章，在文章中首次提出了 Tafel 公式，即 $\eta=a+b\lg i$，式中，η 表示过电位，它等于电极电位与平衡电极电位的差值（即 $\eta=\varphi-\varphi_0$），反映了电极偏离平衡状态的程度，过电位和电流密度 i 均取绝对值（即正值）。i 表示电流密度，也就是单位电极面积上通过的电流大小，其体现了电化学反应进行的速率情况。a 和 b 为两个常数，a 表示电流密度为 1 A/cm^2 时的过电位值，它的大小和电极材料的性质、电极表面状态、溶液组成及温度等诸多因素有关，根据 a 值的大小，可以比较不同电极体系中进行电子转移步骤的难易程度。例如，若某电极体系的 a 值较小，意味着在该体系下电子转移相对更容易发生；反之，若 a 值较大，则电子转移会更困难些。b 值是一个主要与温度有关的常数，对大多数金属而言，常温下 b 的数值在 0.12 V左右，b 也被称为塔菲尔斜率（Tafel slope）。

从该公式所反映的关系来看，它揭示了过电位与电流密度之间存在一种特定的定量关系，在电流密度较高的区域，二者满足这样的对数线性关系。这种关系对于电极动力学的定量描述有着重要意义，它为研究电极反应过程中电势和电流变化提供了一个实用的数学工具，也是电解工业推算槽电压与电极电流密度关系的依据之一。不过需要注意的是，在 i 非常小时，此式并不适用，在 i 很小、过电位也很小（$\eta<\pm0.03$ V）时，过电位与电流密度呈线性关系，即 $\eta=ki$（k 为比例常数）[8,9]。

水系锌离子电池的塔菲尔曲线见图 9-14。

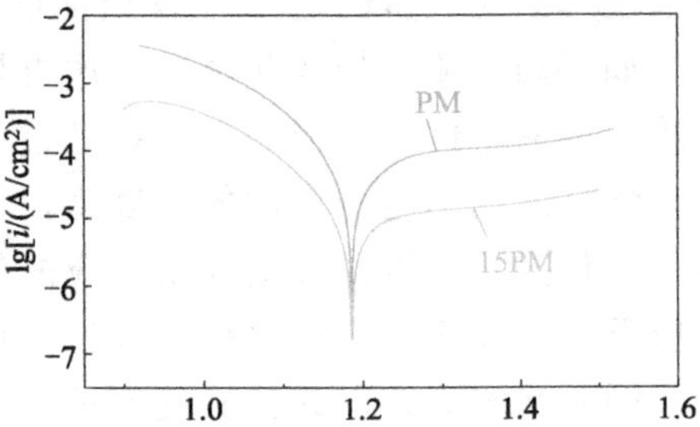

图 9-14 三氧化二锰的塔菲尔曲线测试结果

从图 9-14 中可以看出 15PM 样品的腐蚀电位比 PM 大，腐蚀电流比 PM 小。

9.3 电化学性能测试

电化学性能测试是评估电化学储能装置（如电池、超级电容器等）性能的关键环节。这些测试旨在全面了解电化学装置在各种条件下的工作特性，以确保其在实际应用中能够满足预期的性能要求，但具体测试方法和数据处理需要根据实际测试设备和测试需求进行细化。在实际应用中，应根据电化学装置的类型和应用场景选择合适的测试方法和参数设置，以确保测试结果的准确性和可靠性。

9.3.1　循环伏安测试

循环伏安法（cyclic voltammetry，CV）是一种重要且常见的电化学分析技术，常用来分析充放电循环时材料的相转变、电极反应速率、反应控制步骤及反应动力学等电化学性质，具有不可替代的作用。通过施加一定的电压，测量电流和电压的变化，可以得到材料的电化学行为曲线，通过它能明晰电极反应的基本过程和影响反应进程的关键因素，能有效地人为控制电极反应的方向和速率，从而为生产和科学研究提供可靠的理论指导。而多扫速CV法是指在不同扫描速率下得到CV曲线，不同扫描速率下的CV曲线意义在于，根据曲线形状可以判断电极反应的可逆程度，中间体、相界吸附或新相形成的可能性，以及偶联化学反应的性质等，被广泛应用于电池材料、催化剂等领域[10]。

（1）CV测试原理

CV法属于一种反转的双电位阶跃计时电流法。在一定时间后，电位反转向正电位方向扫描，随着电位不断升高，氧化反应趋势不断加强，形成氧化电流，对于可逆性强的反应，反方向电流与正方向电流在形状上具有相似性。CV法通过在电极表面施加一个线性变化的电位（电压），并监测相应的电流响应，来研究电化学反应的动力学和机理。这种方法涉及对电极电位进行控制，并记录在电位变化过程中流过电极的电流，从而得到一个电流-电位（i-E）的曲线图。

（2）CV测试方法

以CHI 760 E workstation为例，打开软件出现的主操作页面如图9-15所示。

图 9-15　主操作页面

鼠标单击图中“T”符号，会出现电化学测试方法界面，见图9-16。

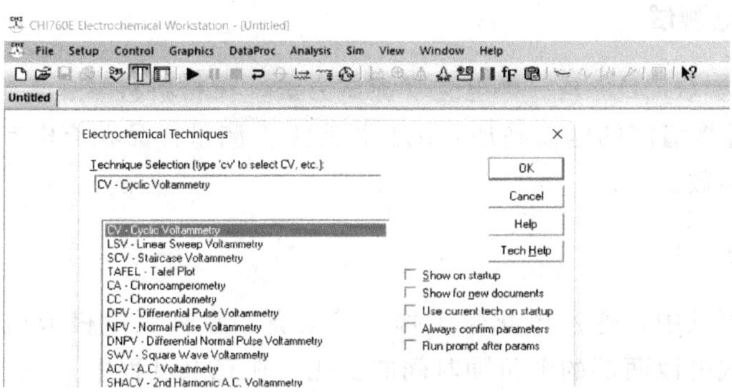

图 9-16　电化学测试方法界面

选择第一个循环伏安曲线（CV）法，会出现一个设置具体参数的界面，其中主要设置截止电压、扫描速度、扫描圈数以及灵敏度选择，图 9-17 是以 Zn-MnO_2 水系锌电池为例设置的参数。

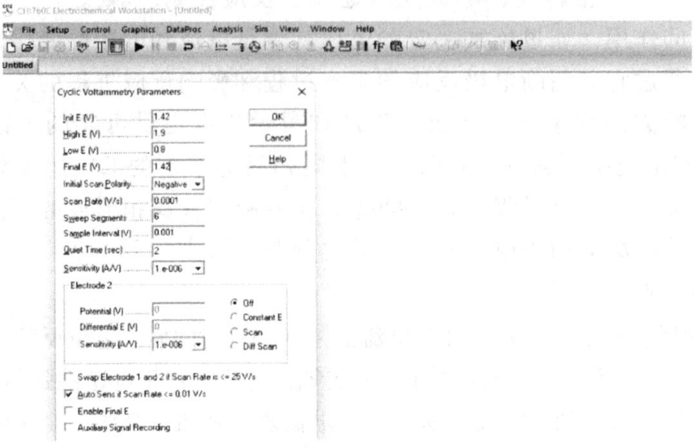

图 9-17　Zn-MnO_2 水系锌电池的参数设置

设置好参数，点击“OK”按钮，再点击运行按钮，仪器会自动测试，测试结束，会出现图 9-18 的循环伏安曲线。

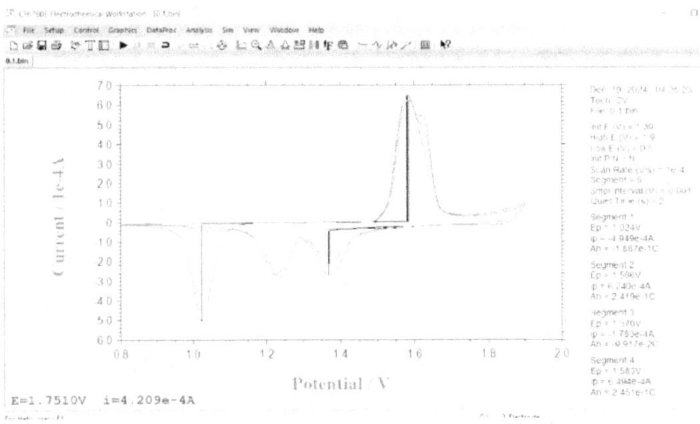

图 9-18　水系锌离子电池的循环伏安曲线

9.3.2　恒流充放电测试

恒流充放电测试（GCD）是一种电化学测试方法，在材料科学、电池技术和储能领域等方面广泛应用。通过将稳定的电流施加到试验样品上，测量样品在充电和放电过程中的电位变化，可得出相关参数信息。

9.3.2.1　GCD 原理

在恒流充放电测试中，通过电化学工作站等设备，在被测电极或电池上施加恒定的电流，同时记录电极或电池两端的电位随时间的变化。在充电过程中，随着时间的推移，电极表面的电荷逐渐积累，电位逐渐升高；而在放电过程中，电极表面的电荷逐渐释放，电位逐渐降低。根据欧姆定律，电位下降值 ΔU 和等效串联电阻（ESR）是直接成比例关系的，即 $\Delta U = I \cdot ESR$，其中 I 是施加电流[11,12]。

9.3.2.2　GCD 测试过程

实验准备：首先需要准备好待测试的电极材料或电池，以及电化学工作站等测试设备。将电极材料制成工作电极，并与参比电极、辅助电极一起组装成三电极体系，放入含有电解质溶液的电解池中。对于电池测试，则直接将电池与测试设备连接。

参数设置：在电化学工作站上设置恒流充放电测试的电流大小、充放电电压范围、充放电时间等参数。电流大小通常根据被测电极或电池的容量和测试要求来确定，电压范围则需要根据电极材料的电化学稳定窗口或电池的额定电压来设定。

进行测试：设置好参数后，启动测试程序，电化学工作站会按照设定的恒定电流对电极或电池进行充放电操作，并实时记录电位和时间的数据。在测试过程中，需要注意观察测试系统的运行状态，确保测试的正常进行。

数据记录与分析：测试完成后，将记录的数据导入计算机，使用专业的数据分析软件对数据进行处理和分析。通常会绘制充放电曲线，即电位随时间的变化曲线，以及比容量-循环次数曲线、倍率性能曲线等，以评估电极或电池的性能。

9.3.2.3　GCD 主要应用

电极材料性能研究：可以测定电极材料的比容量，即单位质量或单位体积的电极材料在充放电过程中所能存储或释放的电荷量，是衡量电极材料储能性能的重要指标。还可以研究电极材料的倍率性能，即电极材料在不同充放电倍率下的性能表现，反映了电极材料在快速充放电条件下的适应性和稳定性。

电池性能评估：用于评估电池的循环性能，即电池在多次充放电循环后的容量保持率和性能稳定性，是衡量电池使用寿命和可靠性的重要指标。也可以测量电池的内阻，即电池内部的电阻，包括欧姆电阻和极化电阻等，内阻的大小会影响电池的充放电效率和性能。

超级电容器研究：超级电容器通过电解质中的离子在电极材料表面的吸脱附或氧化还原反应来储存和释放能量，恒流充放电测试可以研究超级电容器电极材料的充放电性能、比电容、循环稳定性等，为开发高性能的超级电容器提供实验依据。

9.3.2.4　GCD 仪器设备

电化学工作站：恒流充放电测试的核心设备，能够精确控制充放电电流和测量电位变化，具有多种电化学测试功能，如循环伏安法、交流阻抗法等。常见的电化学工作站有 CHI 系列、Solartron 系列等。

电池测试系统：专门用于电池的充放电测试和性能评估，可同时对多个电池进行测试，具有较高的测试精度和稳定性。例如，新威电池测试系统、蓝电电池测试系统等。

充放电一体机：集放电、充电、整组活化测试功能于一体，适用于市面上各种铅酸电池组和铁锂电池组的测试，可实现恒流、恒功率、恒阻等多种放电模式。

以水系锌离子电池为例，从图 9-19 中可以获取材料的比容量、充放电库仑效率、充放电电压平台等参数。

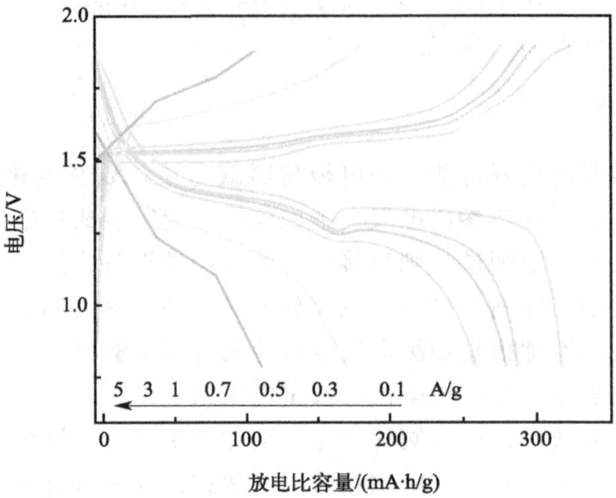

图 9-19 Mn_2O_3 的恒流充放电曲线

9.4 材料的理论计算

材料的理论计算是一种利用物理和数学模型，通过计算机模拟等手段来预测材料的各种性质和行为的方法。

9.4.1 电极材料的理论比容量计算

电极材料的理论比容量计算公式为：$C=\frac{nF}{3.6M}$，其中 C 为理论比容量，mA·h/g；n 为完全脱锂/嵌锂转移的电子数；F 为法拉第常数；M 为活性材料的摩尔质量。以下是具体介绍。

(1) 锂离子电池电极材料

正极材料：如磷酸铁锂（$LiFePO_4$），其在充放电过程中，$LiFePO_4$ 和 $FePO_4$ 之间发生转化[13]，锂离子完全脱出时 $n=1$，$LiFePO_4$ 的摩尔质量 $M=157.756$ g/mol，根据上述公式计算可得其理论比容量：

$$C=1\times\frac{96485.3383}{3.6\times157.756}\approx170(\text{mA·h/g})$$

负极材料：如石墨，在锂离子电池中，石墨作为负极材料，锂离子嵌入量最大时，形成锂碳层间化合物 LiC_6，即 6 个碳原子结合 1 个 Li，6 个 C 的摩尔质量为 72.066 g/mol，$n=1$，则石墨的最大理论比容量为

$$C=1\times\frac{96485.3383}{3.6\times72.066}\approx372(\text{mA·h/g})$$

(2) 锌离子电池电极材料

正极材料：如层状氧化物 V_2O_5，在充放电过程中，离子的脱出和嵌入会伴随电子的转移，假设完全脱锌时转移的电子数 n 以及其摩尔质量 M 已知，同样可根据上述公式计算其理论比容量。

负极材料：对于锌箔负极材料，其储锌机制较为复杂，一般通过实验和理论计算相结合的方式确定其理论比容量。假设在完全嵌锌时转移的电子数为 2，V_2O_5 的摩尔质量为 182 g/mol，则可计算出理论比容量。

9.4.2　基于 DFT 的差分电荷计算

基于密度泛函理论（DFT）的差分电荷计算是一种研究分子和材料中电荷分布变化的重要方法。

9.4.2.1　计算原理

差分电荷密度是指一个体系经过某种操作（如吸附、成键、替代等）后与操作前的电荷密度之差。通过求解薛定谔方程得到体系的电荷密度，在计算差分电荷密度时，通常只考虑价电子的变化，因为原子核与内层电子构成的原子实在化学反应过程中变化较少[14,15]。

9.4.2.2　计算方法

① 构建体系模型：首先需要确定研究的体系，如分子、晶体或表面吸附体系等，并构建其初始结构模型。可以使用专业的建模软件或 DFT 计算软件自带的建模工具来完成。

② 结构优化：对构建的初始结构模型进行结构优化，以获得体系的稳定结构。在结构优化过程中，调整原子的位置和晶格参数等，使体系的总能量达到最小。常用的结构优化算法有共轭梯度法、BFGS 算法等。

③ 计算电荷密度：在结构优化完成后，分别计算体系在不同状态下的电荷密度。例如，对于一个吸附体系，需要计算吸附前的底物和吸附分子的电荷密度，以及吸附后的整个体系的电荷密度。这些电荷密度的计算通常是在 DFT 计算软件中进行的，通过设置合适的计算参数和选择合适的方法来求解薛定谔方程得到电荷密度。

④ 差分电荷密度计算：根据定义，将吸附后体系的电荷密度减去吸附前底物和吸附分子的电荷密度之和，即可得到差分电荷密度。例如，对于 CO 吸附在 Pt（111）表面的体系，计算公式为

$$\Delta\rho=\rho_{CO/Pt}-\rho_{CO}-\rho_{Pt}$$

式中，$\Delta\rho$ 表示电荷密度差，它表示当一氧化碳（CO）分子吸附在铂（Pt）表面后，该体系（CO 分子＋Pt 表面）的电子结构相对于吸附前（孤立的 CO 分子和干净的 Pt 表面）发生的变化。正值表示电子聚集，负值表示电子耗散。通过计算和绘制 $\Delta\rho$，可以直观地可视化化学键的形成、电子的转移方向以及键的极性；$\rho_{CO/Pt}$ 表示吸附体系的总电荷密度，指一氧化碳分子吸附在铂表面后的整个复合体系的电子密度。它包含了 CO 分子和 Pt 表面原子以及它们之间相互作用的所有电子；ρ_{CO} 表示吸附质的电荷密度，这是指孤立的一氧化碳（CO）分子（不在 Pt 表面上，保持其自由状态）的电子密度；ρ_{Pt} 表示基底（衬底）的电荷密度，这是指干净的铂（Pt）表面（没有吸附任何 CO 分子时）的电子密度。

9.4.2.3　数据处理与可视化

① 数据处理：计算得到的差分电荷密度数据通常是在三维空间中的离散点上的值，需要进行适当的数据处理和分析。可以通过对差分电荷密度在特定区域或原子周围进行积分，来得到该区域或原子的电荷转移量等定量信息。

② 可视化：为了更直观地观察和分析差分电荷密度的分布情况，通常需要将其进行可视化，常用的可视化软件有 VESTA、Materials Studio 等。可以将计算得到的差分电荷密度数据导入这些软件中，通过设置合适的等值面、颜色映射等参数，生成差分电荷密度图，如切面填色图和三维等值面图等。

9.4.2.4 应用

① 研究成键机理：通过计算成键前后的差分电荷密度，可以直观地观察到电荷在原子之间的转移和重新分布情况，从而揭示化学键的形成机理和键的性质。例如，在研究金属-有机配合物的成键过程中，差分电荷密度计算可以帮助确定金属离子与有机配体之间的电荷转移方向和程度，以及配位键的类型和强度。

② 分析吸附过程：对于表面吸附体系，差分电荷密度计算可以用于研究吸附分子与吸附表面之间的相互作用。通过观察吸附前后电荷密度的变化，可以了解吸附分子在表面的吸附位置、吸附构型以及吸附过程中的电荷转移情况，从而揭示吸附作用的本质和吸附机制。

③ 理解化学反应机理：在化学反应过程中，差分电荷密度的变化可以反映出反应过程中电子的转移和化学键的断裂与形成。通过计算反应体系在不同反应阶段的差分电荷密度，可以深入理解化学反应的机理和动力学过程，为设计和优化化学反应提供理论指导。

9.4.3 电荷密度和态密度计算

电荷密度和态密度是基于密度泛函理论（density functional theory，DFT）进行计算的两个重要物理量，以下是它们的计算方法及相关介绍。

9.4.3.1 电荷密度计算

基本原理：在量子力学中，电荷密度是描述电子在空间中分布的物理量。对于一个多电子体系，根据波函数与电荷密度的关系确定。

计算方法：①自洽场方法：首先猜测一个初始的电荷密度分布，然后基于这个电荷密度构建有效势，求解单电子薛定谔方程得到新的波函数和相应的电荷密度，不断重复这个过程，直到前后两次计算得到的电荷密度之差小于设定的阈值，此时得到的电荷密度即为自洽的电荷密度。常用的自洽场方法有哈特里-福克方法及其扩展等。②密度泛函理论方法：基于 Hohenberg-Kohn 定理，将体系的基态能量表示为电荷密度的泛函，通过对电荷密度的变分来求解基态能量和电荷密度。在实际计算中，通常采用 Kohn-Sham 密度泛函理论，引入一组非相互作用的参考电子体系，其电荷密度与真实体系的电荷密度相同，通过求解 Kohn-Sham 方程得到单电子波函数，进而计算电荷密度。

9.4.3.2 态密度计算

基本原理：态密度是指单位能量间隔内的电子态数目，它反映了电子在不同能量区间的分布情况。对于一个三维晶体，态密度与能量的关系可以通过对布里渊区内的所有波矢进行积分得到。

计算方法有两种。①四面体方法：将布里渊区划分成一系列小的四面体，在每个四面体内，假设能量是波矢的线性函数，通过对每个四面体的态密度贡献进行求和来计算总的态密度。这种方法计算精度较高，但计算量较大。②线性插值方法：在布里渊区内选取一些特殊的高对称点，计算这些点的能量和波函数，然后通过线性插值的方法得到其他点的能量，进而计算态密度。这种方法计算速度较快，但精度相对较低。

9.4.3.3　两者的联系与区别

联系：电荷密度和态密度都是描述电子结构的重要物理量，它们之间存在密切的联系。电荷密度的分布决定了态密度的形状和大小，而态密度的积分可以得到体系的总电子数，进而与电荷密度相关。

区别：电荷密度是在实空间中描述电子的分布情况，它给出了电子在不同位置的概率密度；而态密度是在能量空间中描述电子的分布情况，它给出了电子在不同能量区间的态的数目。

9.4.4　离子吸附和迁移路径能垒计算

离子吸附和迁移路径能垒的计算通常基于量子力学和经典力学方法，以下是具体介绍。

9.4.4.1　基于量子力学的方法

(1) 密度泛函理论 (DFT)

原理：通过将多电子体系的基态能量表示为电荷密度的泛函，求解 Kohn-Sham 方程得到体系的电子结构和能量。在计算离子吸附能时，可分别计算吸附前后体系的总能量，两者之差即为吸附能。对于离子迁移路径能垒，需要构建离子迁移的初态、末态和中间态模型，通过过渡态搜索方法找到迁移过程中的过渡态，计算过渡态与初态或末态的能量差得到能垒高度。

软件：常用的软件有 VASP、Materials Studio 中的 CASTEP 和 DMol3 模块等。

(2) 量子化学方法

原理：如 Hartree-Fock 方法及其后发展的各种高级量子化学方法，通过求解多电子体系的薛定谔方程，得到体系的波函数和能量，进而计算离子吸附和迁移的相关能量[16]。对于小分子体系或特定的化学反应，量子化学方法可以提供较为精确的结果，但计算成本较高。

软件：Gaussian、ORCA 等软件是常用的量子化学计算软件。

9.4.4.2　基于经典力学的方法

(1) 分子动力学 (MD) 模拟

原理：根据牛顿运动定律，模拟体系中原子和分子的运动轨迹，通过统计平均的方法得到体系的宏观性质。在计算离子吸附和迁移路径能垒时，可在模拟体系中加入离子和吸附剂或宿主材料，观察离子的吸附过程和在材料中的迁移过程，统计离子在不同位置的停留时间和迁移频率等，进而估算能垒高度。

软件：LAMMPS、GROMACS 等是常用的分子动力学模拟软件。

(2) 蒙特卡洛 (MC) 模拟

原理：基于随机抽样的方法，通过对体系的大量随机构型进行采样，计算体系的各种性质。在离子吸附和迁移路径能垒的计算中，可利用 MC 模拟研究离子在吸附剂表面或材料中的吸附位点的分布和扩散行为，通过计算不同吸附位点和扩散路径的概率和能量，得到离子吸附和迁移路径的能垒信息。

9.4.4.3 离子吸附和迁移路径能垒计算的一般步骤

① 体系建模：根据研究的体系和问题，构建离子、吸附剂或宿主材料的结构模型。可以使用专业的建模软件如 VESTA、Materials Studio 等，也可以从晶体结构数据库中获取相关结构并进行修改和优化。

② 结构优化：对构建的模型进行结构优化，以获得体系的稳定结构。在优化过程中，调整原子的位置和晶格参数等，使体系的总能量达到最小。可采用共轭梯度法、BFGS 算法等优化算法。

③ 吸附能计算：将离子放置在吸附剂或宿主材料的不同位置，分别计算吸附前后体系的总能量，根据公式计算离子的吸附能（E_{ads}）：$E_{ads}=E_{total}-(E_{substrate}+E_{adsorbate})$，其中，$E_{ads}$ 是吸附能，它表示吸附过程能量上的有利或不利程度。一个更负的 E_{ads} 表示吸附过程越放热，吸附结构越稳定。通常，$E_{ads}<0$ 表示吸附是自发的；E_{total} 是吸附后体系的总能量，这是吸附质（如离子）稳定吸附在基底（吸附剂）表面特定位置后，整个松弛优化后的体系（基底+吸附质）的能量；$E_{substrate}$ 是吸附剂或宿主材料的总能量，这是吸附发生前，干净的、经过弛豫优化后的基底体系的能量；$E_{adsorbate}$ 是离子的能量，这是吸附质在自由状态下的能量。对于离子，这是一个关键点。计算自由离子的能量时，通常需要将其放置在一个足够大的晶胞中（以避免周期性镜像相互作用），或者通过其他计算技术来准确描述其能量。

④ 迁移路径搜索：对于离子迁移路径能垒的计算，需要确定离子在材料中的可能迁移路径。可以通过对材料结构的分析和经验判断，也可以利用一些自动化的路径搜索算法，如 nudged elastic band(NEB) 方法等，找到离子迁移的初态、末态和中间态。

⑤ 过渡态搜索：在确定了离子迁移的路径后，需要找到迁移过程中的过渡态。过渡态是离子在迁移过程中能量最高的状态，通常采用线性同步转变（LST）和二次同步转变（QST）等方法进行搜索。

⑥ 能垒计算：计算过渡态与初态或末态的能量差，得到离子迁移路径的能垒高度。同时，还可以计算离子在不同位置的振动频率和自由能等，以更全面地了解离子的吸附和迁移行为。

9.4.5 费米能级计算

费米能级的计算方法因材料体系和具体情况而异，以下是一些常见的计算方法。

9.4.5.1 金属中费米能级的计算

对于自由电子气模型的金属，可根据公式计算费米能级（E_F）。

$$E_F=\frac{h^2}{2m}(3\pi^2 n)^{2/3}$$

式中，h 是普朗克常数；m 是电子的有效质量；n 是单位体积内的电子数。

9.4.5.2 半导体中费米能级的计算

电中性条件法：在热平衡条件下，半导体中的正电荷数等于负电荷数，根据载流子浓度与费米能级的关系列出电中性方程，通过数值方法求解方程得到费米能级。对于只含有一种施主杂质和一种受主杂质的半导体，电中性方程为：

$$N_D + N_v \exp\left(-\frac{E_c - E_v}{k_0 T}\right) + N_A \left\{1 + (1/g_v)\exp\left(\frac{E_F - E_A}{k_0 T}\right)\right\}^{-1} = N_A + N_c \exp\left(-\frac{E_c - E_F}{k_0 T}\right)$$

式中，N_D、N_A 分别为施主和受主浓度；N_c、N_v 分别为导带和价带的有效状态密度；E_c、E_v 分别为导带底和价带顶的能量；E_F、E_A 分别为施主和受主能级；g_v 为简并因子；k_0 是玻耳兹曼常数；T 是热力学温度。

近似方法：在低温或高载流子密度极限下，费米积分可近似为

$$n = N_c \exp\left(-\frac{E_c - E_F}{k_0 T}\right)$$

在高温或低载流子密度极限下，费米积分可近似为：

$$n = \frac{2(2\pi m^* k_0 T)^{3/2}}{h^3} \exp\left(-\frac{E_F}{k_0 T}\right)$$

式中，h 为普朗克常数，6.626×10^{-34} J/K；m^* 为电子的有效质量，kg；n 为电子浓度，cm^{-3} 或 m^{-3}；E_F 为费米能级，eV 或 J，其他符号同上。在中间温度和载流子密度范围内，可采用 Aymerich-Humet 近似、Joyce-Dixon 近似、Padé 近似等方法进行计算。

9.4.5.3　基于第一性原理计算

密度泛函理论（DFT）：通过求解 Kohn-Sham 方程得到体系的电子结构和能量，进而确定费米能级。在计算过程中，需要对体系进行结构优化和自洽计算，以获得准确的电子密度和能量[17]。常用的软件有 VASP、Materials Studio 中的 CASTEP 和 DMol3 模块等。

量子蒙特卡洛（QMC）方法：基于随机抽样的原理，直接处理多电子体系的薛定谔方程，能够提供高精度的计算结果，但计算成本较高，通常用于研究复杂体系或对精度要求较高的问题[18,19]。

9.5　电化学原位表征

电化学原位表征是指在电化学体系实际运行过程中，对电极材料、电解质溶液以及电极/电解质界面等进行实时、原位的观测和分析，从而获取电化学过程中的结构、组成、化学状态等信息变化，以下是一些常见的电化学原位表征技术。

9.5.1　原位 X 射线粉末衍射

9.5.1.1　在水系锌离子电池中的主要作用

原位 X 射线粉末衍射（in-situ XRD）是现代电池研究中最强大、最常用的表征工具之一。对于水系锌离子电池这样一个严重依赖相变反应（例如，钒基、锰基正极材料中 Zn^{2+} 的嵌入/脱出）和副反应（如锌负极的枝晶、腐蚀、析氢等）的体系，原位 XRD 能够提供实时、动态、直观的结构信息，是揭示其工作机理和失效机制的关键技术。

9.5.1.2 原位 XRD 技术的核心优势

与传统“非原位”(ex-situ)XRD 相比，原位 XRD 具有独特的价值。

① 实时动态监测：在充放电循环过程中连续采集数据，捕捉中间相、亚稳态相等短暂存在的结构信息。

② 避免样品污染与变化：电池在封闭的原位池中运行，避免了非原位分析中拆解电池导致的电极暴露于空气、洗涤等造成的结构变化和副产物损失。

③ 建立准确关联：能够将每一个衍射谱图与一个精确的电压/容量点对应起来，直接建立结构演化-电化学性能之间的构效关系。

9.5.1.3 在水系锌离子电池中的具体应用方向

(1) 揭示正极材料的储能机理

水系锌离子电池正极材料的反应机理复杂多样，包括 Zn^{2+} 嵌入/脱出、转化反应、H^+/Zn^{2+} 共嵌入等。原位 XRD 是区分这些机理的“金标准”。

① 对于层状结构材料（如钒基氧化物），可观测层间距变化：实时监测（001）等特征峰位的移动，直观反映 Zn^{2+} 嵌入/脱出引起的晶格膨胀和收缩。识别新相的形成与消失：观察在充放电过程中是否出现新的衍射峰，这标志着相变的发生（例如，从 V_2O_5 到 $Zn_xV_2O_5 \cdot nH_2O$ 等锌化相）。通过精修甚至可以定量各相的比例。

示例：研究 δ-ZnV_2O_5 时，原位 XRD 可以清晰展示其高度可逆的单相固溶体反应过程，峰位连续移动而无新峰产生。

② 对于发生相变反应的材料（如锰基氧化物），可跟踪两相共存过程：例如，在 MnO_2 正极中，可以观察到原始的 MnO_2 相逐渐消失，同时 $ZnMn_2O_4$ 尖晶石相或层状 Zn-buserite 相等新相逐渐生成的过程。阐明 H^+ 的作用：可以检测到充放电过程中由于 H^+ 嵌入/脱出产生的中间相（如 MnOOH），从而证明 H^+/Zn^{2+} 共嵌入机制。

(2) 研究锌负极的界面行为与失效机制

锌负极的稳定性是制约 AZIBs 寿命的关键。原位 XRD 可以深入探究其界面化学。

监测枝晶生长：可以定性甚至半定量地分析锌沉积过程中 Zn(002) 等晶面取向的演变，与枝晶的形成和生长模式相关联。

鉴定副产物：锌负极表面容易发生析氢、腐蚀等副反应，生成副产物如碱式硫酸锌[ZHS，$Zn_4SO_4(OH)_6 \cdot xH_2O$]等。原位 XRD 可以实时捕捉这些副产物的生成、积累和溶解过程，为理解容量衰减和循环失效提供直接证据。

评估表面修饰层的作用：在研究人工界面层（如涂层）保护锌负极时，原位 XRD 可以验证修饰层在循环过程中的稳定性，以及是否能有效抑制副产物的生成。

(3) 评估电解液优化策略

电解液组成（浓度、添加剂）对电极反应机理有巨大影响。

“盐包水”电解液：高浓度电解液可以抑制副反应。原位 XRD 可以对比在常规稀电解液和高浓度电解液中，正极材料的结构演化路径是否发生变化，以及锌负极副产物的生成是否被有效抑制。

添加剂的影响：通过原位 XRD 观察添加剂（如 Mn^{2+}）是否在电极表面诱导形成了保

护层，或者是否改变了锌的沉积结晶习性。

9.5.1.4　技术挑战与注意事项

① 原位电池设计：需要保证 X 射线穿透性（常使用铍窗、Kapton 膜等）、电极对齐良好、电流分布均匀，并尽可能接近真实电池的电化学环境。

② 数据解析复杂度：原位实验会产生海量的衍射数据（数百至数千张谱图），需要借助专业软件进行批量处理、等高线图绘制、精修等分析，对数据分析能力要求较高。

③ 灵敏度限制：对于含量极少的中间相、非晶相或纳米晶相，其衍射信号可能很弱，难以检测。

总而言之，原位 XRD 在水系锌离子电池研究中扮演着不可替代的角色。对于正极，它是解密储能机理的侦探，直接“看到” Zn^{2+} 的进出如何改变晶体骨架；对于负极，它是诊断界面疾病的医生，精准“鉴定”枝晶和副产物的生消；对于全电池，它是建立构效关系的桥梁，将电压曲线平台/变化与具体的相变过程一一对应起来。通过原位 XRD 获得的理解，为设计和开发更高性能、更长寿命的水系锌离子电池提供了最直接的理论指导和实验依据。

9.5.2　原位傅里叶变换红外光谱

与原位 XRD 主要关注晶体结构变化不同，原位傅里叶变换红外光谱（in-situ Fourier-transform infrared spectroscopy，in-situ FTIR）是一种强大的分子振动光谱技术，它对化学键的种类、官能团的变化、溶剂化结构以及反应中间体非常敏感。这使得它在揭示 AZIBs 中复杂的界面化学反应和反应机理方面具有独特优势。

9.5.2.1　原位 FTIR 技术的核心优势

① 化学键指纹识别：FTIR 能够特异性识别分子中化学键的振动模式，如同“指纹”一样，可以鉴定特定分子、官能团或离子的存在与变化。

② 界面敏感性：通过特定的测试模式（如 ATR-FTIR），可以高度选择性地探测电极/电解液界面处（数微米到纳米尺度）的化学变化，这正是副反应发生的地方。

③ 实时动态监测：像其他原位技术一样，它可以在电池充放电过程中实时采集光谱，捕捉瞬态的反应中间体和动态的演化过程。

④ 适用于液相体系：非常适合研究液态电解液电池，能够直接探测电解液组分和溶剂化结构的变化。

9.5.2.2　在水系锌离子电池中的具体应用方向

(1) 揭示正极储能机理（尤其是 H^+ 参与的反应）

许多 AZIBs 正极材料（如 MnO_2、V_2O_5、有机正极等）的储能过程涉及 H^+ 和 Zn^{2+} 的共嵌入，甚至以 H^+ 为主导。FTIR 是探测 H^+ 相关化学变化的绝佳工具。

探测 O—H 键的演变：H^+ 的嵌入/脱出通常会改变材料中的羟基（—OH）或水分子的化学环境。例如，在 MnO_2 中，H^+ 嵌入会生成 MnOOH，其 O—H 键的伸缩振动峰（3300 cm^{-1} 附近）和弯曲振动峰（1600 cm^{-1} 附近）会发生频移（shift）或强度变化，直接证明 H^+ 的参与。可以监测材料中结晶水或嵌入水分子行为的变化。

鉴定反应中间体：对于有机正极材料，FTIR 可以追踪充放电过程中特定官能团（如 C═O、C═N、—OH）的红外特征峰变化，从而推断其氧化还原反应路径。

（2）探究锌负极/电解液界面化学（这是 FTIR 最重要的应用场景）

锌负极的腐蚀、析氢、枝晶生长等问题都与界面化学反应密切相关，FTIR 是诊断这些问题的“听诊器”。

监测副产物的生成与溶解：锌负极最主要的副产物是碱式硫酸锌和碱式碳酸锌等。这些产物含有独特的—OH 和 SO_4^{2-} 或 CO_3^{2-} 基团。

FTIR 可以无损、原位地识别这些产物的形成（出现新的特征峰）、积累和可能的溶解过程，为理解循环衰减机制提供直接分子证据。

研究界面水分子行为：水的 O—H 伸缩振动峰（3000～3600 cm^{-1}）对氢键网络非常敏感。通过原位 FTIR 可以观察在不同电位下，电极界面处水分子的结构是变得更加有序还是无序，这有助于理解水诱发的副反应（如析氢反应 HER）的剧烈程度。

评估电解液添加剂和优化策略：研究添加剂分子（如糖醇、有机分子等）是否在锌表面发生吸附（其特征峰会发生变化）。验证添加剂是否参与了界面保护层的形成（出现新的特征峰）。观察添加剂是否能有效抑制副反应（如 ZHS 的特征峰减弱或消失）。

（3）解析电解液结构演化

溶剂化结构：Zn^{2+} 在水溶液中的溶剂化鞘为 $[Zn(H_2O)_6]^{2+}$。其内部水分子的振动频率与自由水分子不同。FTIR 可以探测这种差异，研究溶剂化结构随电位或电解液浓度的变化。

阴离子参与：在高浓度或“盐包水”电解液中，阴离子（如 SO_4^{2-}、$TFSI^-$）可能进入溶剂化鞘或界面层，其红外特征峰也会发生相应变化，FTIR 可以追踪这一过程。

9.5.2.3 常用的原位 FTIR 测试模式

① 衰减全反射模式（ATR-FTIR）：这是最常用的原位电化学 IR 模式。电池直接建在 ATR 晶体（如 Ge、ZnSe、金刚石）上。红外光在晶体内部发生全反射，其产生的消逝波仅能探测到与晶体紧贴的样品表面（通常是电极界面）。优势是灵敏度高，对体相电解液信号干扰小，非常适合研究界面过程。

② 反射吸收光谱（RAS）：适用于具有高反射性的金属电极（如锌箔），用于研究电极表面吸附物种。

9.5.2.4 技术挑战与注意事项

① 水的强吸收：水在 3400 cm^{-1} 和 1640 cm^{-1} 附近有非常强的吸收峰，会严重干扰其他信号的检测。需要通过差谱技术（减去初始背景谱）、使用薄层电解液或使用 D_2O 代替 H_2O 来缓解。

② 信号强度弱：界面层的信号通常很弱，需要高灵敏度的探测器和多次扫描叠加。

③ 定量分析难度：虽然可以进行半定量分析，但精确量化物种浓度仍然具有挑战性。

总而言之，原位 FTIR 通过其独特的“化学键视角”，为水系锌离子电池的研究提供了不可或缺的分子层面信息。它是界面化学的侦探，直接“监听”锌负极表面副产物的“诞生宣言”（特征峰出现）。它是质子转移的追踪器，通过 O—H 键的“声音变化”证实 H^+ 在正极反应中的参与。它是电解液结构的分析仪，揭示 Zn^{2+} 周围溶剂化鞘的“组成阵容”。将原位 FTIR（提供分子/化学信息）与原位 XRD（提供晶体结构信息）、电化学测试（提供性能数据）等技术联用，可以构建起对水系锌离子电池工作机理和失效机制的全面、深入的认识，从而指导更好的电池设计[20,21]。

9.5.3 原位拉曼光谱

拉曼光谱是一种基于光与物质相互作用后产生非弹性散射（拉曼散射）的振动光谱技术。它与红外光谱互补，但选律（selection rule）不同，对某些键的振动更加敏感。原位拉曼光谱（in-situ Raman spectroscopy）在 AZIBs 研究中扮演着不可替代的角色，因为它能提供空间分辨率，并能很好地应对水的干扰。

9.5.3.1 原位拉曼光谱技术的核心优势

① 空间分辨率高：共聚焦拉曼光谱的空间分辨率可达微米甚至亚微米级别，这使得它能够对电极表面进行 mapping 扫描，可视化化学物种的分布，例如观察枝晶或副产物的生长位置。

② 对水不敏感：水的拉曼散射信号非常弱，这极大地减少了背景干扰。这使得拉曼光谱非常适合研究水系电解液体系，无需像 FTIR 那样进行复杂的光谱扣除。

③ 提供键态和局域结构信息：能够提供分子键、晶格振动（声子模式）的指纹信息，非常适合研究材料的结构演变、相变和反应中间体。

④ 可进行微区分析：激光可以聚焦到特定点，例如单独研究一个锌枝晶或一个正极颗粒，从而建立微观结构与宏观性能的联系。

9.5.3.2 在水系锌离子电池中的具体应用方向

（1）揭示正极材料的结构演化机理

拉曼光谱对材料的局域结构，尤其是金属-氧键（M—O）的振动非常敏感。

① 监测 Mn 基正极（如 MnO_2） 相变过程追踪：MnO_2 有多种晶型（α、β、δ、γ 等），每种都有独特的拉曼指纹峰（500～700 cm^{-1} 区域的 Mn—O 键特征峰）。原位拉曼光谱可以实时观测充放电过程中这些峰的消失、出现和演变，直接可视化从 MnO_2 到 $ZnMn_2O_4$ 尖晶石相或层状氢氧化锌等产物的相变过程。探测质子（H^+）嵌入：H^+ 嵌入会形成 MnOOH（水锰矿），其在 570 cm^{-1} 和 390 cm^{-1} 附近有特征峰。原位拉曼光谱可以清晰捕获这些信号，为 H^+/Zn^{2+} 共嵌入机制提供关键证据。

② 监测 V 基正极 [如 V_2O_5，$Zn_3V_2O_7(OH)_2 \cdot 2H_2O$ 等] V—O 键变化：V_2O_5 的拉曼光谱特征峰（如 145 cm^{-1} 附近的 V—O—V 弯曲振动，700 cm^{-1} 附近的 V—O—V 伸缩振动，1000 cm^{-1} 附近的 V═O 伸缩振动）对 Zn^{2+} 嵌入引起的结构变化极其敏感。峰位的移动、强度的变化直接反映了层状结构的膨胀收缩和键能的改变。区分嵌入机制：通过分析 V═O 和 V—O—V 峰的变化，可以推断 Zn^{2+} 是与层间 O 还是与 V═O 发生相互作用，从而深入理解储能机理。

③ 研究有机正极 拉曼光谱是研究碳骨架、C═O、C═N 等官能团在氧化还原过程中

变化的理想工具。

（2）诊断锌负极界面行为与副反应（极具优势的应用）

这是原位拉曼光谱最能发挥其长处的领域，因为它能看见副产物在哪里生成。

可视化副产物的形成与分布：锌负极最主要的副产物碱式硫酸锌具有非常特征的拉曼光谱峰（3600 cm^{-1} 附近的 O—H 伸缩振动，980 cm^{-1} 和 1060 cm^{-1} 附近的 SO_4^{2-} 振动，460 cm^{-1} 附近的 Zn—O 振动）。原位拉曼光谱不仅可以实时监测到这些峰的出现，更能通过线扫描（line scan）或面扫描（mapping）直观地展示 ZHS 在电极表面的空间分布和不均匀沉积。

监测锌沉积形貌与枝晶生长：金属锌本身具有很强的拉曼光谱信号。通过观察锌特征峰（100～150 cm^{-1} 附近的声子模式）的强度变化和位置，可以间接反映锌的沉积过程。更重要的是，利用共聚焦成像，可以直接“看到”枝晶的形貌及其表面的化学成分，将形貌与化学信息相结合。

评估界面保护层/电解液添加剂的效果：通过对比添加剂添加前后，在循环过程中锌负极界面副产物拉曼光谱信号的强弱和出现时间，可以定量或半定量地评价添加剂的抑制效果。如果添加剂自身或其分解产物在界面形成了保护层，拉曼光谱有可能检测到该保护层的特征信号。

（3）探测电解液结构

溶剂化结构：Zn^{2+} 的第一溶剂化鞘层 $[Zn(H_2O)_6]^{2+}$ 中水分子的 O—H 伸缩振动拉曼光谱峰会相对于自由水发生频移。通过分析 3000～3600 cm^{-1} 范围的 O—H 峰形变化，可以研究溶剂化结构随电解液浓度或电位的演变。

阴离子行为：可以监测 SO_4^{2-} 等阴离子的拉曼光谱峰，看其是否在界面发生特异性吸附或进入界面层。

9.5.3.3 技术挑战与注意事项

① 激光诱导效应/热效应：高功率激光可能局部加热样品，甚至引发不必要的化学反应（如电解液分解）。需要谨慎选择激光功率。

② 荧光干扰：某些电极材料或副产物可能产生强烈的荧光背景，湮没微弱的拉曼光谱信号。可通过使用更长波长的激光器（如 785 nm、1064 nm）来缓解。

③ 定量分析难度：拉曼光谱信号的强度受多种因素影响，进行精确的定量分析较为困难，通常用于定性或半定量分析。

④ 原位池设计：需要光学窗口（如石英、玻璃）且要保证良好的电化学性能。

原位拉曼光谱为水系锌离子电池研究提供了独一无二的“空间化学可视化”能力。它是“化学相机”，不仅能检测到有什么副产物，还能拍下照片显示它们长在哪里，分布是否均匀。它是“结构探针”，能精准捕捉正极材料中 M—O 键的“呼吸”和“变身”，实时解析充放电过程中的相变路径。它是“界面专家”，以其对水干扰小的天然优势，专注地监听电极/电解液界面的分子对话。将原位拉曼光谱与原位 XRD（长程晶体结构）、原位 FTIR（官能团变化）等技术联用，可以构建一个从宏观到微观、从体相到界面的全方位、多尺度的诊断平台，极大地推动对水系锌离子电池复杂工作机制的理解和性能优化。

原位傅里叶变换红外光谱仪与原位拉曼光谱仪的比较见表 9-1。

表 9-1　原位傅里叶变换红外光谱仪与原位拉曼光谱仪的比较

比较项目	原位傅里叶变换红外光谱仪	原位拉曼光谱仪
原理	基于分子振动引起的红外吸收	基于分子振动引起的拉曼散射
光源	红外光源	激光光源
检测器	热释电、碲镉汞等	CCD、PMT 等
光谱范围	一般 400～4000 cm^{-1}	通常 100～4000 cm^{-1}
样品要求	对样品的透明度和厚度有一定要求	对样品的形态和颜色适应性强
分析内容	主要分析分子的官能团和化学键	可提供分子的对称和非对称振动信息
原位环境适应性	可适应高温、高压、气氛等条件	可在多种环境下原位测量，但需注意激光安全性
仪器成本	相对较高	相对较高
维护成本	较高，需定期更换干燥剂等	较低

9.5.4　原位 X 射线光电子能谱

在原位表征技术家族中，原位 X 射线光电子能谱（in-situ X-ray photoelectron spectroscopy，in-situ XPS）堪称“表面分析之王”。它能够提供元素组成、化学态和电子结构的定量信息，并且其信息深度（通常<10 nm）完美契合了对电极/电解液界面（interphase/interface）的研究需求。这对于理解 AZIBs 中复杂的界面副反应至关重要[22,23]。

9.5.4.1　原位 XPS 技术的核心优势

① 表面敏感性：探测深度极浅（通常 5～10 nm），提供的是最表面几个原子层的信息，这正是所有界面化学反应发生的地方。

② 元素与化学态识别：不仅可以定性、定量地分析表面含有哪些元素（除 H 和 He 外），更重要的是可以通过化学位移（chemical shift）精确确定元素的化学价态和成键环境。例如，可以区分金属 Zn、ZnO、$Zn(OH)_2$ 和 $ZnCO_3$。

③ 半定量分析：通过峰面积可以大致计算不同化学态组分的相对含量，追踪它们在循环过程中的演变。

④ 避免空气暴露：这是原位技术共有的优势，但对 XPS 尤其关键。电池副产物（如碱性化合物、有机分解产物）通常对空气和水分极其敏感，非原位分析会使其发生改变或分解。原位 XPS 在超高真空（UHV）环境下直接测试，保证了检测到的就是界面的真实状态。

9.5.4.2　在水系锌离子电池中的具体应用方向

（1）精准诊断锌负极界面化学（这是最核心的应用）

锌负极的失效主要源于界面副反应，原位 XPS 是解析界面化学成分的“终极工具”。

① 鉴定副产物种类

锌物种：可以清晰区分金属 Zn^0（Zn $2p_{3/2}$ 1021.5 eV 或 Auger 参数）、ZnO（Zn $2p_{3/2}$ 1022.0 eV，O 1s 530.3 eV）、$Zn(OH)_2$（Zn $2p_{3/2}$ 1022.4 eV，O 1s 531.6 eV）和碱式硫酸锌（具有独特的 Zn、O 和 S 2p 信号）等。这是判断腐蚀程度的关键。碳物种：可以检测到可能形成的碳酸锌（$ZnCO_3$，C 1s 289.5 eV，O 1s 531.8 eV），这通常源于空气中 CO_2 的

污染或电解液分解，但在原位实验中可排除空气干扰，确认是电解液分解所致。

② 监测界面演化过程

在不同充放电状态（如不同电位、循环不同周次）下对锌负极进行原位 XPS 测试，可以实时追踪上述副产物的生成、积累和溶解动力学。例如，可以观察到在放电（沉积）过程中 $Zn(OH)_2$ 和 ZHS 的信号逐渐增强，而在充电（溶解）过程中这些信号可能减弱但不会完全消失，表明副反应是不可逆的。

③ 评估保护策略的有效性

在研究人工界面层（AIL）、电解液添加剂或新型集流体时，原位 XPS 可以直接回答：保护层是否有效抑制了副产物［如 $ZnO/Zn(OH)_2$］的形成？(其 XPS 信号显著减弱或消失)。保护层本身在循环过程中是否化学稳定？其 XPS 信号是否发生变化？保护层之下是否还能检测到副产物？这可以判断保护层的致密性。

(2) 研究正极材料/电解液界面

虽然正极体相变化多用 XRD，但其界面同样会发生副反应，XPS 对此非常敏感。

表面重构与分解：某些正极材料（如富 Mn 材料）在循环过程中会发生表面重构或 Mn 溶解。XPS 可以检测正极表面 Mn 价态的变化（Mn^{4+}、Mn^{3+}、Mn^{2+} 的 Mn $2p_{3/2}$ 峰位不同）以及溶解再沉积产生的 MnO_2 或 $MnCO_3$ 等。

界面膜（CEI）形成：AZIBs 的正极也可能形成阴极电解液界面膜（CEI）。XPS 可以鉴定 CEI 的化学成分（如含 C、O、F、S 的有机物/无机物），分析其是否有利于离子传导和抑制副反应。

(3) 探究电解液分解机理

通过分析循环后电极表面的分解产物，可以反向推断电解液的分解路径。

可以检测 SO_4^{2-}(S 2p 169 eV) 的还原产物，如 SO_3^{2-}、硫化物等，或者 $TFSI^-$ 阴离子（含有 S、F、N、O 元素）的分解情况。溶剂（水）分解：水的分解会导致电极表面 OH^- 和 O-related 物种的富集，这在 O 1s 谱图中会有明显体现。

9.5.4.3 技术挑战与注意事项

① 超高真空（UHV）要求：这是最大的挑战。电池必须在 UHV($<10^{-8}$ mbar) 下运行，这意味着电解液会挥发，干扰真空并可能改变界面化学。解决方案是使用冷冻转移系统，将样品在低温下冻结后转移进真空室，或在设计上采用超薄电解液层或固态电解质。无法研究气态反应物/产物。

② 信息深度有限：只能探测最表面几个纳米，对于较厚的界面层（如厚厚的副产物层），其底部信息会被屏蔽。

③ X 射线损伤：高能 X 射线可能使一些不稳定的样品（如某些有机分解产物）发生分解，导致谱图失真。

④ 数据解析复杂性：XPS 谱图需要专业的分峰拟合（peak fitting）技术，对分析者的经验要求较高。

总而言之，原位 XPS 在水系锌离子电池研究中扮演着“界面化学侦探”的角色，提供无可替代的原子级表面信息。它是“化学分析天平”，定量地告诉你界面有什么元素，以及每种元素以何种化学态存在；它是“界面演化录像机”，实时记录副产物在锌负极表面的诞生、生长和死亡的全过程，为失效分析提供最直接的证据；它是“保护策略的裁判”，公正地评判各种界面改性策略（涂层、添加剂等）的真实效果，看它们是否真地阻止了副反应的发生[24,25]。

将原位 XPS（表面化学态）与原位 XRD（体相晶体结构）、原位 FTIR/Raman（分子键振动）等技术结合，可以构建一个从体相到界面、从晶体结构到电子结构的完整认知图谱，极大地加速高性能、长寿命水系锌离子电池的研发进程。

9.5.5 同步辐射表征

同步辐射（synchrotron radiation）不是一种单一的技术，而是一种产生从红外到硬 X 射线连续谱的强光源。利用这种光源发展出的各种表征技术，为 AZIBs 的研究带来了革命性的提升。它解决了传统实验室光源的诸多瓶颈，如亮度不足、分辨率不够等，使得研究者能够以前所未有的精度和深度探究电池内部的奥秘。

9.5.5.1 基本原理

其产生原理基于电子在加速器中被加速到接近光速，在环形轨道的弯转磁铁或插入件（如扭摆器、波荡器）处发射出同步辐射光。例如，在储存环形同步辐射光源中，电子束团在储存环中循环运动，当经过弯转磁铁时就会产生同步辐射。

9.5.5.2 同步辐射光源的产生及特点

① 产生机制：在同步加速器或储存环中，电子（或正电子）在环形轨道中以接近光速的速度运动。当电子受到磁场的作用而改变运动方向时，就会发射出同步辐射光。这种辐射光覆盖了从红外到硬 X 射线的很宽的光谱范围。

② 高亮度：同步辐射光源的亮度比普通 X 射线源高出多个数量级。例如，一些先进的同步辐射光源的亮度可以达到常规实验室 X 射线源亮度的 $10^9 \sim 10^{12}$ 倍。这使得在进行微小样品或弱散射样品的表征时，能够获得足够强度的信号，从而可以对纳米级甚至更小的结构进行研究。

③ 宽光谱范围：其光谱范围从远红外一直延伸到硬 X 射线波段。这意味着可以根据不同的表征需求选择合适的波长，如在软 X 射线区域可以用于研究材料的表面和界面结构，在硬 X 射线区域可以进行材料内部的晶体结构分析等。

④ 高准直性：同步辐射光具有很好的准直性，光束发散角很小，这使得在进行远距离传输和聚焦时能够获得很小的光斑尺寸，有利于进行微区表征，如在微纳加工、微区成像等领域有重要应用。

⑤ 高偏振性：同步辐射光的偏振特性可以根据实验需求进行调整，这对于研究材料的各向异性结构、磁性材料等方面非常有帮助。例如，在研究具有晶体取向的材料时，利用特定偏振方向的同步辐射光可以更准确地获取材料的结构信息。

9.5.5.3 同步辐射的核心优势

① 高亮度（高强度）：比实验室 X 射线源亮数亿至万亿倍，允许进行超快时间分辨测量和微区/纳米区分析。

② 宽连续谱：波长连续可调，可以精确选择 X 射线能量以匹配特定元素的吸收边，实

现元素特异性的分析。

③ 高准直性：高度平行的光束，带来极高的空间分辨率和信号质量。

④ 偏振性：可用于研究材料的各向异性。

9.5.5.4 在水系锌离子电池中的具体应用与技术

同步辐射技术应用极其广泛，以下是在 AZIBs 中最具影响力的几种。

(1) 同步辐射 X 射线衍射 (SR-XRD)

原理：基于 X 射线在晶体中的衍射现象，通过测量衍射光束的角度和强度来确定晶体的结构信息。同步辐射 XRD 相比传统 XRD，由于其高亮度和高准直性，可以获得更高质量的衍射图案，并且可以对更小的晶体和更复杂的晶体结构进行分析[26]。技术特点：利用高亮度、高准直性的 X 射线。

应用：在材料科学领域，用于研究材料的晶体结构、晶格常数、相转变等[27]。例如，在研究高温超导材料的晶体结构和超导机制时，同步辐射 XRD 可以在不同温度下对材料进行原位测量，精确地观察到晶体结构随温度的变化，从而揭示超导现象与晶体结构之间的关系。

超高分辨率与灵敏度：能够检测到微弱的衍射峰和细微的峰位移，这对于识别 AZIBs 中微量的中间相、局域结构有序度变化以及晶格参数的精确变化至关重要。例如，可以更清晰地揭示钒基氧化物中 Zn^{2+} 嵌入引起的连续单相变化。

快速原位衍射：凭借高强度，可以在秒级甚至毫秒级时间尺度上采集一张完整的 XRD 图谱，实现超高速原位监测充放电过程中晶体结构的动态演化过程，捕捉亚稳态相。

微区衍射 (μ-XRD)：将光束聚焦到微米尺度，可以对电极的特定区域（如一个颗粒、一个枝晶）进行结构分析，将局部结构与宏观性能联系起来。

(2) X 射线吸收精细结构 (XAFS)

这是同步辐射最具特色的技术之一，包括 XANES 和 EXAFS。

原理：当 X 射线光子能量接近样品中原子的吸收边时，会发生吸收边附近的精细结构变化，包括近边结构 (XANES) 和扩展边结构 (EXAFS)。XANES 可以提供原子的氧化态、配位几何等信息，EXAFS 主要反映原子周围的局域结构，如原子间距、配位数等。技术特点：通过扫描 X 射线能量跨越元素的吸收边，提供元素的电子结构和局域原子结构信息。

应用：在化学和材料科学领域广泛应用。例如，在研究催化剂的活性中心结构时，XAFS 可以原位地探测催化剂在反应过程中活性中心原子的化学环境变化，包括原子的氧化态变化、与周围原子的键长和配位数变化等，从而深入了解催化剂的工作机理。

确定元素价态 (XANES)：直接、定量地测定充放电过程中关键元素（如正极中的 Mn、V，负极中的 Zn）的平均氧化态变化。这是判断氧化还原反应是否发生以及反应程度的金标准。

解析局域配位环境 (EXAFS)：提供吸收原子周围配位原子的种类、数量、键长和无序度信息，且对非晶态材料同样有效。这可用于研究非晶态正极材料（如某些有机或无定形钒基材料）的储能机理，电极表面的局部结构重构，Zn^{2+} 的溶剂化结构 $[Zn(H_2O)_6]^{2+}$ 在电解液和界面处的变化，副产物的短程有序结构（如非晶态的副产物）。

（3）小角 X 射线散射（SAXS）

原理：当 X 射线照射到样品上时，在小角度范围内（通常小于 5°）会产生散射现象。SAXS 主要用于研究纳米尺度到微米尺度的结构信息，如纳米颗粒的尺寸、形状、分布以及高分子的聚集态结构等。

应用：在纳米材料和高分子材料领域应用广泛。例如，在研究纳米药物载体的结构时，SAXS 可以确定载体的粒径、形状和内部结构，对于评估药物载体的性能和药物释放机制具有重要意义[28,29]。

（4）X 射线荧光光谱（XRF）

原理：当 X 射线照射样品时，样品中的元素会发射出具有其特征能量的荧光 X 射线，通过检测这些荧光 X 射线的能量和强度，可以确定样品中元素的种类和含量。同步辐射 XRF 由于其高亮度和宽光谱范围，可以实现对微量元素的高灵敏度检测。

应用：在地球科学、材料分析等领域有重要应用。例如，在地质样品分析中，可以检测矿石中的微量元素，为矿产资源勘探提供依据；在材料质量控制中，可以检测材料中的杂质元素，确保材料的质量[30,31]。

（5）光电子能谱（PES）

原理：利用 X 射线或紫外光照射样品，使样品表面的电子逸出，通过测量逸出电子的能量来研究样品表面的电子结构、元素种类和化学态等信息。同步辐射 PES 可以提供更高的能量分辨率和更广泛的能量范围，从而更准确地研究样品表面的物理和化学性质。

应用：在表面科学和材料科学领域，用于研究材料的表面成分、化学态、功函数等。例如，在研究半导体材料的表面掺杂和界面特性时，同步辐射 PES 可以原位地观察到表面电子结构的变化，为半导体器件的性能优化提供理论依据。

（6）全场/投影 X 射线显微成像（TXM/XTM）和纳米 CT

技术特点：利用同步辐射的高亮度和相干性，实现二维/三维的无损微观成像，具有很高的空间分辨率（可达几十纳米）。

应用：①可视化锌沉积形貌，原位/Operando 三维可视化锌枝晶的成核、生长和溶解过程，甚至能定量分析枝晶的体积、表面积等参数。②观测副产物分布，通过差分吸收衬度，可以识别并观察副产物（如 ZHS）在电极内部和表面的空间分布和厚度变化。③研究电极结构退化：观察正极材料在长循环过程中的裂纹产生、颗粒破碎等机械失效问题。

（7）扫描透射 X 射线显微术（STXM）

技术特点：结合了光谱和显微术，可以在纳米空间分辨率下进行 XAS 扫描，实现化学态成像。

应用：纳米尺度的化学相分布，如在单个正极颗粒中，可以测绘出不同价态 Mn（Mn^{4+}、Mn^{3+}、Mn^{2+}）的分布图，揭示充放电不均匀性。

界面化学映射：分析锌负极界面处，金属 Zn、ZnO、$Zn(OH)_2$ 等不同化学态锌的横向分布，直观展示腐蚀和钝化过程。

同步辐射技术将水系锌离子电池的研究从“宏观平均”推向了“微观精准”的时代。它是“超高分辨率的眼睛”，能看到传统 XRD 看不到的微弱中间相和精细结构变化。它是“化学环境的尺子”，通过 XAS，能定量测量元素价态和精确丈量原子间距，无论材料是晶态还是非晶态。

它是“三维世界的摄像机”：通过成像技术，能无损地拍摄枝晶生长和副反应演化的 3D 电影。它是“纳米尺度的化学家”：通过 STXM，能在单个颗粒上绘制化学组成地图，揭示异质性。这些强大的能力使得同步辐射成为解密 AZIBs 中复杂反应机理（尤其是涉及非晶化、局域结构变化、多电子反应的过程）、表征界面失效机制和指导高性能电池设计的终极利器。随着同步辐射装置和原位电池设计的不断发展，它将继续引领 AZIBs 前沿基础研究的突破。

参考文献

[1] Chen L, Liu X, Tang Y, Wen Z, Li C C. Recent advancement in electrolyte optimization for rechargeable aqueous zinc-sulfur (Zn-S) batteries. Current Opinion in Electrochemistry, **2024**, 47: 101555.

[2] Dai B, Shi X, Pei X, Xu F, Zhao Y. Synergistic dual co-solvents hybrid electrolyte design enabling high-voltage flexible aqueous lithium-ion fiber batteries. Energy Storage Materials, **2024**, 66: 103231.

[3] Chai N, Kong Y, Jiang Q, Guo Q, Chen T, Ma X, Yi F-Y. Vanadium-doped bimetallic nanoporous metal-organic frameworks as bifunctional electrocatalysts for urea-assisted hydrogen production. ACS Applied Nano Materials, **2024**, 7: 14392-14405.

[4] Deng Z, Shao W, Wang H, Wang Y, Sheng J, Mu H, Lian C, Wu W. Augmenting specific capacitance of ammonium vanadate cathode in aqueous zinc-ion batteries via barium doping directed by glutamic acid. Journal of Power Sources, **2024**, 614: 234976.

[5] Feng Z, Zhang Y, Gao Z, Hu D, Jiang H, Hu T, Meng C, Zhang Y. Construction interlayer structure of hydrated vanadium oxides with tunable P-band center of oxygen towards enhanced aqueous Zn-ion batteries. Advanced Powder Materials, **2024**, 3: 100167.

[6] Gamal H, Elshahawy A M, Medany S S, Hefnawy M A, Shalaby M S. Recent advances of vanadium oxides and their derivatives in supercapacitor applications: A comprehensive review. Journal of Energy Storage, **2024**, 76: 109788.

[7] He T, Hu J, Luo Y, hu P, Cai S, Zou G, Hou H, Ji X. Pressure-driven molecule implantation enabling ultrahigh-rate and ultralong-life zinc ion batteries. Chemical Engineering Journal, **2024**, 495: 153428.

[8] Li D, Lin C, Batchelor-McAuley C, Chen L, Compton R G. Tafel analysis in practice. Journal of Electroanalytical Chemistry, **2018**, 826: 117-124.

[9] Agbo P, Danilovic N. An algorithm for the extraction of Tafel slopes. The Journal of Physical Chemistry C, **2019**, 123: 30252-30264.

[10] Elgrishi N, Rountree K J, McCarthy B D, Rountree E S, Eisenhart T T, Dempsey J L. A practical beginner's guide to cyclic voltammetry. Journal of Chemical Education, **2018**, 95: 197-206.

[11] Li S, Zhang J, Li J, Meng X, Chu R, Zhu J, Wan Y. One-step oil bath fabrication of multistage porous polymers coated $K_{0.5}Mn_2O_4 \cdot 1.5H_2O$ composite with ultra-high zinc storage properties. Journal of Energy Storage, **2025**, 109: 115252.

[12] Xie Y, Li M, Ma Y, Lin F, Zhu H, Li W, Jiang S, Shen C, Jia Z, Zhang K. Azopyridine aqueous electrochemistry enables superior organic AZIBs. ACS Applied Materials & Interfaces, **2024**, 16: 60132-60141.

[13] Wang W, Wu, Y. An overview of recycling and treatment of spent $LiFePO_4$ batteries in China. Resources, Conservation and Recycling, **2017**, 127: 233-243.

[14] Zhang J, Li W, Wang J, Pu X, Zhang G, Wang S, Wang N, Li X. Engineering p-band center of oxygen boosting H^+ intercalation in δ-MnO_2 for aqueous zinc ion batteries. Angewandte Chemie International Edition, **2023**, 62: e202215654.

[15] Liu Q, Fan G, Zeng Y, Zhang X, Luan D, Guo Y, Gu X, Lou X W. Hollow octahedral Pr_6O_{11}-Mn_2O_3 heterostructures for high-performance aqueous Zn-Ion batteries. Advanced Energy Materials, **2024**, 14: 2402743.

[16] Han R, Mattiat J, Luber S. Automatic purpose-driven basis set truncation for time-dependent Hartree-Fock and density-functional theory. Nature Communications, **2023**, 14: 106.

[17] Brockherde F, Vogt L, Li L, Tuckerman M E, Burke K, Müller K-R. Bypassing the Kohn-Sham equations with machine learning. Nature Communications, **2017**, 8: 872.

[18] Dubecký M, Mitas L, Jurečka P. Noncovalent interactions by quantum Monte Carlo. Chemical Reviews, **2016**, 116: 5188-5215.

[19] Li Z-X, Yao H. Sign-problem-free fermionic quantum Monte Carlo: Developments and applications. Annual Review of Condensed Matter Physics, **2019**, 10: 337-356.

[20] Ye J-Y, Jiang Y-X, Sheng T, Sun S-G. In-situ FTIR spectroscopic studies of electrocatalytic reactions and processes. Nano Energy, **2016**, 29: 414-427.

[21] Yuan Y, Brady C, Annamalai L, Lobo R F, Xu B. Ga speciation in Ga/H-ZSM-5 by in-situ transmission FTIR spectroscopy. Journal of Catalysis, **2021**, 393: 60-69.

[22] Li Y, Zhang Y, Hou R, Ai Y, Cai M, Shi Z, Zhang P, Shao G. Revealing electron numbers-binding energy relationships in heterojunctions via in-situ irradiated XPS. Applied Catalysis B: Environment and Energy, **2024**, 356: 124223.

[23] Zhong J, Zeng Y, Zhang M, Feng W, Xiao D, Wu J, Chen P, Fu M, Ye D. Toluene oxidation process and proper mechanism over Co_3O_4 nanotubes: Investigation through in-situ DRIFTS combined with PTR-TOF-MS and quasi in-situ XPS. Chemical Engineering Journal, **2020**, 397: 125375.

[24] Grissa R, Abramova A, Tambio S-J, Lecuyer M, Deschamps M, Fernandez V, Greneche J-M, Guyomard D, Lestriez B, Moreau P. Thermomechanical polymer binder reactivity with positive active materials for Li metal polymer and Li-ion batteries: An XPS and XPS imaging study. ACS Applied Materials & Interfaces, **2019**, 11: 18368-18376.

[25] Reed B P, Marchesini S, Chemello G, Morgan D J, Vyas N, Howe T, Radnik J, Clifford C A, Pollard A J. The influence of sample preparation on XPS quantification of oxygen-functionalised graphene nanoplatelets. Carbon, **2023**, 211: 118054.

[26] Cremasco L F, Anchieta C G, Nepel T C M, Miranda A N, Sousa B P, Rodella C B, Filho R M, Doubek G. Operando synchrotron XRD of bromide mediated Li-O_2 battery. ACS Applied Materials & Interfaces, **2021**, 13: 13123-13131.

[27] Hradil D, Bezdička P, Hradilová J, Vašutová V. Microanalysis of clay-based pigments in paintings by XRD techniques. Microchemical Journal, **2016**, 125: 10-20.

[28] Takagi H, Nakano T, Aoki T, Tanimoto M. A SAXS and USAXS study of the influence of pH on the casein micelle structure. Food Chemistry, **2024**, 443: 138606.

[29] Ompala C, Renault J-P, Taché O, Cournède É, Devineau S, Chivas-Joly C. Stability and dispersibility of microplastics in experimental exposure medium and their dimensional characterization by SMLS, SAXS, Raman microscopy, and SEM. Journal of Hazardous Materials, **2024**, 469: 134083.

[30] Turner A. Polystyrene foam as a source and sink of chemicals in the marine environment: An XRF study. Chemosphere, **2021**, 263: 128087.

[31] Rincheval M, Cohen D R, Hemmings F A. Biogeochemical mapping of metal contamination from mine tailings using field-portable XRF. Science of The Total Environment, **2019**, 662: 404-413.

第10章 水系锌离子电池材料分析表征方法

10.1 材料的物化性能表征

材料的物理性能包括热性能、电性能、磁性能和光学性能等。金属及合金的物理性能主要有密度、熔点、导热性、导电性、热膨胀性和磁性等。

10.1.1 材料的电导率

材料的电导率是指材料导电能力的大小，是材料电导性的重要指标之一。主要用于评估水系锌离子电池正极材料（如锰氧化物、钒氧化物）和导电添加剂。

在介质中，电导率与电场强度之积等于传导电流密度。对于各向同性介质，电导率是标量；对于各向异性介质，电导率是张量。电导率的单位是西门子/米（S/m），它是电阻率的倒数。

10.1.1.1 影响因素

① 温度：金属的电导率随着温度的升高而减小，因为温度升高，金属内部原子热运动加剧，对电子的散射作用增强，阻碍电子的传导；半导体的电导率随着温度的升高而增加，这是由于温度升高，本征激发加剧，产生更多的载流子（电子和空穴），从而使导电能力增强；对于电解质溶液，温度升高，离子的热运动加快，离子迁移速率增大，电导率也会增大。

② 杂质含量：杂质会影响材料中原子的排列，引起电阻率增大，从而降低电导率。例如，在纯金属中加入杂质元素，可能会破坏金属的晶体结构，使电子在传导过程中更容易发生散射，阻碍电子的移动。

③ 晶体结构：材料的晶体结构对电导率有重要影响。例如，金属晶体中，具有面心立方结构的金属通常比体心立方结构的金属电导率更高，因为面心立方结构的晶体中原子排列更紧密，电子的传导路径更顺畅。

④ 掺杂程度：对于固态半导体，增加掺杂程度会造成电导率增高。通过向半导体中掺入特定的杂质原子，可以改变半导体中载流子的浓度和类型，从而显著影响其电导率。例

如，在硅中掺入少量的硼（B）或磷（P）等杂质原子，可以形成 p 型或 n 型半导体，其电导率会比纯硅有很大的提高。对于水溶液，其电导率高低取决于其内含溶质盐的浓度，或其他会分解为电解质的化学杂质，浓度越高，电导率通常越大。

⑤ 应力：在弹性范围内，单向拉伸或扭转会使导体产生内应力，从而改变材料的晶格结构和电子云分布，使材料的阻抗改变，进而影响电导率。

10.1.1.2 不同类型材料的电导率范围及举例

① 金属材料：具有很高的电导率，一般在 10^6 S/m 以上。例如，银的电导率约为 6.3×10^7 S/m，它是常见金属中电导率最高的金属之一，常用于一些对导电性能要求极高的高端电子设备中；铜的电导率约为 5.9×10^7 S/m，由于其良好的导电性、相对较低的成本和较好的加工性能，被广泛应用于电线电缆、电气设备等领域；铝的电导率约为 3.5×10^7 S/m，虽然电导率低于铜，但因其密度小、成本低，在电力传输和一些对重量有要求的电气设备中也有大量应用。

② 半导体材料：电导率介于金属和绝缘体之间，通常为 $10^{-6}\sim10^4$ S/m。例如，纯硅在室温下的电导率约为 10^{-4} S/m，通过掺杂等手段硅的电导率在很大范围内变化，从而满足不同电子器件的需求；锗也是一种常用的半导体材料，其电导率与硅类似，但具有某些不同的物理和化学性质，在某些特定的半导体器件中得到应用；一些化合物半导体如砷化镓（GaAs），具有较高的电子迁移率和较宽的禁带宽度，其电导率可根据掺杂和制备工艺在一定范围内调整，常用于高频、高速和光电子器件等领域。

③ 绝缘体材料：电导率非常低，一般在 10^{-10} S/m 以下。例如，玻璃的电导率通常为 $10^{-12}\sim10^{-10}$ S/m，因良好的绝缘性能和其他物理化学性质，被广泛用于电气绝缘、建筑等领域；橡胶的电导率也很低，一般为 $10^{-15}\sim10^{-10}$ S/m，常用于制作电线电缆的绝缘外皮、绝缘手套等绝缘防护用品；陶瓷材料的电导率因成分和制备工艺而异，但大多数陶瓷属于绝缘体，电导率在 10^{-12} S/m 以下，不过一些特殊的导电陶瓷如钛酸钡基陶瓷等，通过掺杂和改性可以具有一定的导电性。

④ 高分子材料：一般情况下电导率较低，但通过特殊的制备方法和掺杂可以具有一定的导电性。例如，结构型高分子导电材料，是指高分子结构本身或经过掺杂之后具有导电功能的高分子材料，根据电导率的大小又可分为高分子半导体、高分子金属和高分子超导体[1]。如在聚乙炔中掺杂少量碘，电导率可提高 12 个数量级，成为“高分子金属”。

10.1.1.3 在水系锌离子电池评估中的应用

电导率测试并非单一技术，而是一系列方法的组合，可用于评估水系锌离子电池各个组件（电极、电解质）及整个体系的导电能力，这对于理解和优化电池性能至关重要。

电导率测试主要围绕两个核心，离子电导率和电子电导率、离子电导率（σ_i）用于衡量离子（Zn^{2+}、H^+）传输的难易程度，主要针对电解液和电极材料内部的离子扩散；电子电导率（σ_e）用于衡量电子（e^-）传输的难易程度，主要针对电极材料（特别是正极）和导电添加剂。

（1）电解液离子电导率的测试与应用

筛选和优化电解液配方：如比较不同浓度 $ZnSO_4$、$Zn(CF_3SO_3)_2$ 等电解液的 σ_i。通常，浓度增加，载流子数量增多，但黏度也会增大，σ_i 会出现一个峰值。浓度效应的测试有助于找到最佳浓度。

添加剂评估：评估添加剂（如 $MnSO_4$、有机分子）对电解液 σ_i 的影响。好的添加剂不应显著降低 σ_i。

“盐包水”电解液：高浓度电解液虽然窗口变宽，但 σ_i 通常低于传统稀电解液。测试可以量化这种权衡。

预测电池倍率性能：电解液的高离子电导率（通常在 1 S/cm 量级）是 AZIBs 实现高功率密度和优异倍率性能的基础。σ_i 越高，离子迁移越快，电池在高电流密度下的极化就越小。

（2）电极材料电导率的测试与应用

电极（尤其是正极）往往是电池性能的瓶颈，其电导率测试至关重要。

① 电子电导率（σ_e）测试　直流四探针法（粉末压片）。

方法：将活性材料粉末在相同高压下压成圆片，用四探针测试仪测量其电阻，计算 σ_e[2]。

意义：评估正极材料的本征电子导电性及改性效果。例如，测试纯 MnO_2（σ_e 极低）与 MnO_2/CNT 复合材料（σ_e 显著提升）的差异，直接验证碳复合、掺杂等策略的有效性。

② 离子扩散系数（D）评估　间接反映离子电导。

方法：循环伏安（CV）和恒电流间歇滴定技术（GITT）是更常用的方法。EIS 中的 Warburg 阻抗区域也可用于计算 D。

意义：材料内部的离子扩散速度决定了反应的快慢，高 D 值意味着良好的倍率性能。通过比较改性前后材料的 D 值，可以评估纳米化、层间距扩大等策略是否有效提升了离子传输能力。

③ 电荷转移电阻（R_{ct}）测试

方法：EIS（三电极体系）。通过拟合 Nyquist 图，可以得到 R_{ct}。

意义：R_{ct} 反映了电极/电解液界面发生氧化还原反应的难易程度。R_{ct} 值越小，反应动力学越快。

R_{ct} 同时受电子导电网络（σ_e）和离子迁移能力（σ_i）影响。一个同时具有高 σ_e 和高离子扩散能力的电极，通常会表现出极低的 R_{ct} 和优异的倍率性能。

总而言之，电导率测试是连接 AZIBs 材料基础属性（微观）与电池宏观性能（倍率、循环）之间的关键桥梁。它为我们提供了优化电解液、设计高性能电极、诊断失效机制的定量化工具和深刻见解，是 AZIBs 研究与开发中不可或缺的一环。

10.1.2　材料的粒径分析

材料的粒径大小及其分布对材料的物理、化学和力学性能有着深远的影响[3]。粒径分析虽然不像 XRD 或 SEM 那样是核心表征手段，但它是一个重要的辅助性和质量控制工具，在材料合成、电极制备和失效分析中扮演着关键角色。粒径分析主要关注的是颗粒的尺寸大小、分布范围以及分散稳定性。

10.1.2.1　在正极材料合成与优化中的应用

（1）评估合成工艺的重现性与可控性

应用：在制备正极材料（如 MnO_2、V_2O_5、ZMO 等）时，尤其是通过湿化学法（如水热、共沉淀)、球磨法或固相法时，批间一致性至关重要。

意义：通过激光粒度仪定期检测不同批次合成产物的粒径分布（D_{10}、D_{50}、D_{90}、PDI)，可以确保合成工艺的稳定性和重现性。显著的粒径差异可能意味着反应条件（温度、浓度、时间、研磨效率）发生了变化。

（2）优化材料性能（与电化学性能关联）

应用：粒径直接影响材料的比表面积和离子扩散路径长度。

更小的粒径及更窄的分布意味着更高的比表面积（提供更多活性位点）和更短的离子扩散路径，理论上说材料具有更好的倍率性能和更高的容量。

意义：通过有意控制合成参数来制备不同粒径的样品，然后关联其粒径与电化学性能(如倍率性能)，可以找到实现最佳性能的临界粒径范围。例如，粒径过小可能导致团聚严重和振实密度低，反而对性能不利。

（3）评估材料的分散稳定性

应用：在材料合成后或电极浆料制备前，评估材料在溶剂（通常是水或 NMP）中的分散稳定性。

意义：通过观察悬浮液在不同时间点的粒径变化（是否团聚变大)，可以判断材料的分散性和 zeta 电位（稳定性指标)。良好的分散性是制备均匀电极浆料的前提。

10.1.2.2　在电极浆料制备与涂布质量控制中的应用

这是粒径分析最直接、最重要的应用场景之一。

（1）优化电极浆料配方与研磨工艺

应用：电极浆料是活性物质、导电剂（如炭黑)、黏结剂在溶剂中的混合物。浆料的粒度决定了涂布的均匀性和电极的微观结构。

意义：

① 判断分散效果　经过球磨或高速剪切分散后，测量浆料的粒径，可以判断导电剂是否被充分解/团聚，是否与活性物质形成了均匀的混合体。

② 确定最佳工艺　寻找能使浆料粒径最小、分布最窄（即分散最均匀）的分散时间、转速和配方。

③ 预测电极质量　分散不均、含有大颗粒团聚体的浆料，涂布后极易形成缺陷，导致电流分布不均，加速电池失效。

（2）浆料稳定性与保质期评估

应用：监测浆料在放置过程中（如几个小时或几天内）的粒径变化。

意义：粒径显著增大意味着浆料发生了团聚、沉降或絮凝，稳定性差。这会影响涂布工艺的连续性和电极的一致性，必须通过调整配方（如添加分散剂）来解决。

10.1.2.3　在电极浆料制备中的应用

（1）分析正极材料的结构衰减

应用：对循环后的正极材料进行清洗、干燥后进行粒径分析。

意义：循环后活性物质颗粒的破碎或粉化（反复的 Zn^{2+} 嵌入/脱出引起的体积应力）会导致平均粒径减小。而颗粒的团聚则可能导致出现大尺寸颗粒。这些变化都与容量衰减密切相关。

（2）检测锌负极的枝晶与沉积形貌（间接/特殊应用）

应用：对于循环后的锌负极，可以小心刮取沉积物并进行粒径分析。

意义：不均匀的沉积（枝晶）会呈现出非常宽且不规则的粒径分布，甚至出现微米级的大颗粒。而均匀、致密的锌沉积则表现出相对更集中的粒径分布。这可以作为一种辅助手段来评估不同电解液添加剂或界面改性策略对锌沉积均匀性的改善效果。

10.1.2.4 粒径分析方法

（1）筛分法

原理：利用不同孔径的筛子对颗粒进行筛分，留在每个筛子上的颗粒粒径处于一定范围。例如，一套标准筛由多个不同孔径的筛子组成，从大到小依次叠放，将颗粒样品放在最上面的筛子中，通过振动或机械筛分，颗粒根据粒径大小被分离到不同的筛子上。

适用范围：适用于粒径大于 45 μm 的颗粒，常用于测量砂粒、谷物、较大的粉末等材料的粒径分布。

优点和局限性：优点是操作简单、成本低，可以直接得到颗粒的粒径分布范围。局限性是对于细颗粒（粒径小于 45 μm）筛分效率低，测量精度有限，并且可能会受到颗粒形状的影响。

（2）沉降法

原理：基于颗粒在流体（通常是液体）中的沉降速度与粒径有关。根据斯托克斯定律，在重力或离心力作用下，球形颗粒在流体中的沉降速度与颗粒粒径的平方成正比。通过测量颗粒的沉降速度来计算粒径。例如，在重力沉降法中，将颗粒分散在液体中，记录颗粒从悬浮液顶部沉降到某一位置所需的时间，从而计算粒径；离心沉降法则是利用离心力加速颗粒沉降，适用于更小粒径的颗粒。

适用范围：重力沉降法适用于粒径在 2 ～100 μm 之间的颗粒，离心沉降法可用于粒径小于 2 μm 的颗粒。

优点和局限性：优点是能够测量较细颗粒的粒径，并且可以得到粒径分布曲线。局限性是对于非球形颗粒，需要对斯托克斯定律进行修正，测量结果可能受到颗粒团聚、流体黏度等因素的影响。

（3）光衍射法

原理：当激光束照射到颗粒群上时，会发生衍射现象。颗粒粒径不同，衍射光的角度和强度分布也不同。通过测量衍射光的角度和强度，利用米氏理论或夫琅禾费衍射理论来计算颗粒的粒径分布。例如，激光衍射粒度仪通过探测器收集不同角度的衍射光信号，经过复杂的数学计算得到粒径分布。

适用范围：可以测量的粒径范围很宽，一般从几十纳米到几毫米。

优点和局限性：优点是测量速度快、精度高、重复性好，能够测量各种形状和材料的颗粒。局限性是仪器价格较高，对于高含量颗粒样品可能会出现多重散射问题，影响测量结果。

（4）动态光散射法（DLS）

原理：利用颗粒在溶液中做布朗运动时产生的散射光强度的波动来分析粒径。较小的颗粒布朗运动速度快，散射光强度的波动频率高；较大的颗粒布朗运动速度慢，波动频率低。通过分析散射光强度的自相关函数来计算颗粒的粒径，主要用于测量纳米级别的颗粒。

适用范围：适用于粒径在 1～1000 nm 之间的纳米颗粒，如纳米药物载体、纳米金属颗粒等。

优点和局限性：优点是能够测量纳米级别的小颗粒，并且对样品的需求量少，测量过程简单。局限性是测量结果容易受到颗粒团聚、溶液中杂质等因素的影响，对于粒径分布较宽的样品，测量精度可能下降。

（5）显微镜法（图像分析法）

原理：通过光学显微镜或电子显微镜直接观察颗粒的形态和大小，然后利用图像分析软件对颗粒的尺寸进行测量和统计。例如，在扫描电子显微镜（SEM）中，可以获得颗粒的高分辨率图像，清晰地看到颗粒的形状和表面细节，通过软件对多个颗粒的粒径进行测量和统计分析。

适用范围：适用于各种粒径的颗粒，但对于纳米颗粒，需要使用电子显微镜。光学显微镜适用于粒径大于 0.5 μm 的颗粒，电子显微镜可以测量纳米级别的颗粒。

优点和局限性：优点是能够直观地观察颗粒的形状和表面特征，同时测量粒径。局限性是测量过程相对烦琐，需要对大量颗粒进行测量才能得到可靠的粒径分布，并且可能受到观察者主观因素的影响。

粒径分析在 AZIBs 中的应用贯穿了从材料合成到电池失效的全链条，它是一种必不可少的工业质量控制工具和重要的基础科研辅助手段，通过确保材料的均一性和电极的均匀性，为制造高性能、高一致性的水系锌离子电池提供了坚实基础。

10.1.3　材料的密度

密度是一个看似基础但至关重要的物理量，它在 AZIBs 的不同层面（从材料到电芯）具有不同的含义和应用价值。

10.1.3.1　定义与基本概念

密度是材料的基本物理性质之一，它的定义为材料的质量与体积之比，用公式表示为$\rho=m/V$，其中 ρ 是密度，m 是材料的质量，V 是材料的体积。密度的单位通常是千克每立方米（kg/m^3），在实际应用中，也会使用克每立方厘米（g/cm^3），且 1 g/cm^3＝1000 kg/m^3。

10.1.3.2　测量方法

（1）几何测量法

原理：对于形状规则的固体材料，如正方体、长方体、圆柱体等，可以通过测量其几何尺寸（长度、宽度、高度、半径等）来计算体积。然后用天平测量其质量，最后根据密度公式计算密度。

操作示例：以长方体材料为例，用卡尺准确测量长方体的长（a）、宽（b）、高（c），用天平测量其质量（m），则体积 $V=abc$，密度 $\rho=m/abc$。

适用范围：适用于形状规则、尺寸易于测量的固体材料，如金属块、塑料方块等。

（2）液体置换法（排水法）

原理：基于阿基米德原理，当物体浸没在液体中时，它排开液体的体积等于物体自身的体积。对于不规则形状的固体，可以将其浸没在已知密度的液体（通常是水）中，通过测量排开液体的体积来确定物体的体积，再结合质量测量来计算密度。

操作示例：首先用天平测量物体的质量（m），然后将一个装满水的量筒放在水槽中，用细线系住物体，慢慢将物体浸没在量筒内的水中，收集溢出的水，测量溢出的水的体积（V），这个体积就是物体的体积，最后根据密度公式 $\rho = m/V$ 计算密度。

适用范围：适用于不规则形状的固体材料，如矿石、蜡块等。

（3）比重瓶法

原理：比重瓶是一种带有磨口塞的小玻璃瓶，其容积是固定的。当用比重瓶测量固体或液体密度时，先称出比重瓶的质量，再将样品装入比重瓶，根据比重瓶在装入样品前后质量和体积的变化来计算样品的密度。

操作示例：对于液体密度测量，先称出空比重瓶的质量 m_0，将液体装满比重瓶，称出总质量 m_1，则液体的质量 $m=m_1-m_0$，已知比重瓶的容积 V，根据密度公式 $\rho=m/V$ 计算液体密度。对于固体密度测量，先称出空比重瓶和固体的总质量 m_2，将固体放入比重瓶，再装满液体，称出此时的总质量 m_3，则固体的体积 $V=(m_2-m_0)-(m_3-m_1)$，固体的质量 $m=m_2-m_0$，最后计算固体密度 $\rho=m/V$。

适用范围：适用于粉末状固体、液体以及小颗粒固体的密度测量，尤其在化学实验和材料分析中广泛应用。

10.1.3.3 影响因素

① 材料的成分和结构：不同元素组成的材料密度不同，例如，金属铁的密度约为 7.87 g/cm^3，而铝的密度约为 2.7 g/cm^3，这是因为铁原子的质量比铝原子大，且原子排列方式等结构因素也有所不同。对于复合材料，其密度取决于组成成分的密度和相对含量。例如，纤维增强复合材料的密度是纤维和基体材料密度按体积分数或质量分数加权平均的结果。

② 温度和压力：一般情况下，对于固体和液体材料，温度升高时，体积会膨胀，在质量不变的情况下，密度会减小。例如，水在 4 ℃时密度最大，为 1 g/cm^3，当温度高于或低于 4 ℃时，密度会逐渐减小。对于气体材料，根据理想气体状态方程 $pV=nRT$，p 是压强，V 是体积，n 是物质的量，R 是摩尔气体常数，T 是温度，在温度不变时，压强增大，体积减小，密度增大；在压强不变时，温度升高，体积增大，密度减小。

10.1.3.4 在水系锌离子电池中的分类

密度分析主要涉及以下四个层面。

① 材料真密度（true density）：固体材料本身单位体积的质量（排除所有孔隙）。

② 电极涂层的振实密度（tap density）：粉末材料在振动或敲击后单位体积的质量。

③ 电极涂层的面密度（areal density）：单位面积电极上活性物质的质量。

④ 电芯能量密度（energy density）：整个电池单位体积或单位质量所能释放的能量。

10.1.3.5 电芯能量密度计算与评估

这是密度分析的终极目标，用于衡量电池系统的最终性能。

质量能量密度（W·h/kg）指整个电池（包括正负极、电解液、隔膜、外壳等所有组件）单位质量所能提供的能量。是评估电池轻量化水平的关键指标，对便携式设备尤为重要。

体积能量密度（W·h/L）指整个电池单位体积所能提供的能量。评估电池紧凑性的关键指标，对空间有限的应用（如手机、可穿戴设备）至关重要。

总而言之，密度分析在 AZIBs 中贯穿了从材料设计到电芯制造的全过程。它不仅是基础的质量控制手段，更是连接材料本征属性与宏观电池性能的关键工程参数，对于开发高性能、高能量密度的水系锌离子电池具有重要的指导意义。

10.1.4　材料的表面特性和接触角

材料的表面特性利用表面分析技术研究材料表面和界面的组成、结构和性质，以了解材料的表面特性和判断材料的质量。主要包括表面形貌、表面化学组成、表面结构和表面能等。例如，利用 X 射线衍射技术可以研究材料的晶体结构，扫描电子显微镜可以观察材料的表面形貌等。总之，表面和界面的特性是材料科学的重要研究领域。表面和界面的特性可以通过表面形貌、化学组成和结构、表面能和总界面能等方面进行表征。这类分析聚焦于电极/电解液界面，对于理解副反应、优化界面传输和提升电池寿命至关重要。表面特性（如化学成分、官能团、形貌）和接触角（润湿性）是相互关联的，表面化学决定润湿性，而润湿性直接影响界面电化学行为。

10.1.4.1　材料的表面特性

（1）表面能

① 定义：表面能是材料表面原子或分子比内部原子或分子多出的能量。从微观角度看，材料内部的原子或分子受到周围原子或分子的作用力是对称的，而表面原子或分子受到的作用力不对称，有一部分力没有被平衡，这就导致了表面能的产生。表面能的单位是焦耳每平方米（J/m^2）。

② 影响因素：材料的化学成分对表面能影响显著。例如，金属材料一般具有较高的表面能，因为金属原子之间的化学键（如金属键）较强；而高分子材料的表面能相对较低。此外，材料的晶体结构和表面粗糙度也会影响表面能。例如，晶体表面的原子排列方式不同，表面能也不同；粗糙的表面会增加表面积，从而可能提高表面能。

③ 在材料中的作用：表面能在材料的许多过程中起着关键作用，如吸附、润湿、扩散等。在吸附过程中，高表面能的材料更容易吸附其他物质，因为它有降低自身表面能的趋势。在材料的加工过程中，如焊接和涂覆，表面能会影响材料之间的结合强度。

（2）表面电荷

① 定义与形成原因：材料表面电荷是由于材料表面的离子吸附、电离或电荷转移等过程产生的。例如，一些氧化物材料表面的金属离子可能会与空气中的水分子发生反应，形成羟基（—OH），这些羟基可能会电离产生表面电荷。另外，当两种不同材料接触时，电荷也可能在它们的表面之间转移。

② 测量方法：可以通过测量材料表面的电位来间接确定表面电荷。例如，使用开尔文探针力显微镜（KPFM），它可以测量材料表面的功函数，从而推断表面电荷的分布情况。

③ 对材料性能的影响：表面电荷会影响材料的吸附性能、静电相互作用和胶体稳定性

等[4]。在生物医学领域，材料表面的电荷会影响细胞的吸附和生长。例如，带正电荷的材料表面可能更容易吸附带负电荷的蛋白质。

（3）表面粗糙度

① 定义与描述方式：表面粗糙度是指材料表面微观几何形状的不规则程度。通常用粗糙度参数来描述，如算术平均粗糙度（Ra）、均方根粗糙度（Rq）等。Ra 是指在取样长度内，轮廓偏距绝对值的算术平均值；Rq 是指在取样长度内，轮廓偏距的均方根值。

② 影响因素：材料的加工方式会对表面粗糙度产生很大影响。例如，机械加工过程中的切削参数、研磨工艺等都会改变表面粗糙度。此外，材料的腐蚀、磨损等过程也会导致表面粗糙度的变化。

③ 对材料性能的影响：表面粗糙度会影响材料的摩擦性能、光学性能和润湿性能等。粗糙的表面会增加摩擦力，在机械部件中可能导致能量损耗和磨损加剧。在光学材料中，表面粗糙度会影响光的反射和散射，降低光学元件的成像质量。在润湿方面，粗糙表面会改变接触角，遵循 Wenzel 模型或 Cassie-Baxter 模型，这将在后面详细介绍。

10.1.4.2 接触角的概念与原理

（1）定义与物理意义

接触角是指在气、液、固三相交点处所作的气-液界面的切线与固-液交界线之间的夹角，通常用 θ 表示。它是衡量液体在固体表面润湿程度的一个重要参数。当 $\theta<90°$ 时，液体对固体表面是润湿的；当 $\theta>90°$ 时，液体对固体表面是不润湿的；当 $\theta=0°$ 时，液体完全铺展在固体表面，称为完全润湿；当 $\theta=180°$ 时，液体呈球状在固体表面，称为完全不润湿[5]。

Young-Laplace 方程描述了在平衡状态下，接触角与液体表面张力、固体表面能以及液-固界面能之间的关系，即 $\gamma_{LV}=\cos\theta-\gamma_{SV}-\gamma_{SL}$，其中 γ_{LV} 是液体表面张力，γ_{SV} 是固体表面能，γ_{SL} 是液-固界面能。这个方程是理解接触角与材料表面特性之间关系的基础。

（2）接触角的测量方法

① 角度测量法：使用接触角测量仪，通过光学成像系统观察液滴在固体表面的形状，然后直接测量接触角。这种方法简单直观，精度较高，是最常用的方法之一。

② 高度-宽度法：对于较小的液滴，当液滴近似为球形时，可以通过测量液滴的高度和宽度，然后根据几何关系计算接触角。这种方法在某些特殊情况下（如微量液体测量）比较有用。

（3）在水系锌离子电池中的应用与意义

① 评估电极材料的电解液浸润性

目的：预测离子传输路径和电极利用率。

方法：直接测量电解液液滴在电极材料表面（通常压成光洁薄片）的接触角。

意义：对亲水电极（小接触角），意味着电解液能快速浸润电极内部孔隙，建立起高效的离子传输通道，确保活性物质被充分利用，从而降低极化，提升倍率性能和容量。对疏水电极（大接触角），会导致电解液浸润不均，部分活性物质因接触不到离子而无法参与反应，增加界面阻抗，导致性能下降。

② 优化电极浆料配方与黏结剂选择

目的：确保浆料组分相容性好，涂布均匀。

方法：测量去离子水或电解液在纯黏结剂（如 PVDF、LA133）薄膜上的接触角。

意义：选择亲水性黏结剂（如水性黏结剂 LA133）通常比疏水性黏结剂（如 PVDF）更有利于水系电解液的浸润，能制备出电化学性能更优的电极。

③ 评估隔膜的亲/疏水性

目的：预测隔膜的保液能力和离子电导率。

方法：测量电解液在隔膜表面的接触角。

意义：亲水隔膜（如玻璃纤维膜）能快速吸收并保留电解液，提供低的离子传输阻力。而疏水隔膜（如某些聚烯烃膜）在水系电解液中浸润性差，通常不适用于 AZIBs。

④ 诊断锌负极界面问题

目的：揭示副反应对界面性质的影响。

方法：比较新鲜锌箔与循环后锌箔的接触角变化。

意义：循环后，锌负极表面会形成由副产物［如 ZnO、$Zn(OH)_2$、ZHS］构成的固态电解质界面（SEI）。如果这个界面层是亲水性的，可能有利于离子传输；如果是疏水或致密的，则会阻碍离子传输，增加阻抗。接触角的变化可以间接反映界面层的化学性质变化。

用于优化界面离子传输、揭示副反应机理和指导界面工程设计，最终为开发高性能、长寿命的水系锌离子电池提供关键见解和解决方案。

10.1.5　电解液黏度测量

黏度是一个关键但常被忽视的物理性质，它深刻影响着离子传输、界面过程和最终电化学性能。黏度（viscosity，η）是流体内部抵抗流动的度量，单位通常是 mPa•s。对于 AZIBs 电解液，黏度主要由盐浓度、溶剂（水）和添加剂决定。

10.1.5.1　旋转黏度计法

原理：通过电机带动一个圆柱体（转子）在电解液中以恒定角速度旋转，电解液会对转子产生黏性阻力，使转子受到扭矩。根据牛顿黏性定律，扭矩的大小与电解液的黏度成正比，通过测量扭矩来计算电解液的黏度。

操作过程：首先选择合适的转子和转速，将转子浸入电解液中，启动仪器使转子旋转，待读数稳定后，读取并记录黏度值。例如，对于黏度较低的电解液可选择较小的转子和较高的转速；对于黏度较高的电解液则选择较大的转子和较低的转速，以确保测量的准确性。

优缺点：优点是操作相对简便，测量范围较广，可适用于不同黏度范围的电解液；缺点是仪器价格较高，且对于高黏度或低黏度的极端情况，测量精度可能会受到一定影响，同时对样品量有一定要求。

10.1.5.2　毛细管黏度计法

原理：基于泊肃叶定律，当电解液在毛细管中流动时，在一定压力差下，其流量与黏度成反比。通过测量一定体积的电解液在毛细管中流过所需的时间，来计算电解液的黏度。

操作过程：将毛细管黏度计垂直放置，把电解液注入黏度计的储液球中，然后通过抽吸或重力作用电解液流经毛细管，记录电解液从一个刻度流到另一个刻度所需的时间，再根据黏度计的常数和时间来计算黏度。

优缺点：优点是测量精度较高，仪器成本相对较低，对样品量的需求较少；缺点是测量过程相对烦琐，需要精确控制温度和压力，且不适用于含有颗粒或高黏度的电解液，因为可能会堵塞毛细管。

10.1.5.3 落球黏度计法

原理：根据斯托克斯定律，当一个小球在无限宽广的液体中匀速下落时，其所受的黏性阻力与液体的黏度成正比。通过测量小球在电解液中下落的速度，来计算电解液的黏度。

操作过程：将一定直径和密度的小球放入装有电解液的垂直管中，让小球自由下落，测量小球在两个特定位置之间下落的时间，进而计算出小球的下落速度，再根据相关公式计算电解液的黏度。

优缺点：优点是操作简单，仪器成本较低，适用于高黏度电解液的测量；缺点是测量精度相对较低，对低黏度电解液测量误差较大，且要求电解液具有良好的透明度以便观察小球下落，同时小球和管壁之间需要保持一定的距离以避免壁效应影响测量结果。

10.1.5.4 振荡黏度计法

原理：一个振动体在电解液中振动时，由于电解液的黏性阻力会使振动体的振动幅度和频率发生变化，通过测量这种变化来确定电解液的黏度。

操作过程：将振荡黏度计的探头浸入电解液中，启动仪器使探头产生振动，仪器会自动测量并分析振动参数的变化，从而得出电解液的黏度值。

优缺点：优点是测量速度快，可实现实时在线测量，对样品的破坏较小；缺点是仪器价格昂贵，测量范围有限，且对测量环境的稳定性要求较高。

10.1.5.5 黏度对电解液本体性质的影响

(1) 与离子电导率的权衡关系

高浓度电解液（“盐包水”）：为了拓宽电化学稳定窗口，常使用超高浓度的盐［如 $ZnSO_4$ 或 $Zn(OTf)_2$］。但这会使电解液变得异常黏稠（η 显著增大），导致其离子电导率（σ）通常低于常规稀电解液。黏度分析量化了为获得更宽窗口而付出的动力学代价。

添加剂评估：许多聚合物添加剂（如 PEG、HPMC）或高黏度溶剂添加剂被用来抑制枝晶，它们会增加电解液黏度。通过测量 η 和 σ，可以评估该添加剂是显著损害了离子传输，还是在可接受范围内略微增加黏度，但带来了更好的界面效果。

(2) 与润湿性和保液能力的关系

低黏度电解液：更容易浸润多孔电极和隔膜，确保活性物质与离子的充分接触。

高黏度电解液：虽然润湿速度可能稍慢，但通常具有更好的保液能力，能更长时间地保持在高孔隙结构内，减少循环过程中的干涸问题，可能有益于长期循环。

10.1.5.6 黏度对界面过程的影响

(1) 抑制锌枝晶生长

这是高黏度电解液的一个潜在优势。

机理：高黏度会削弱离子的对流传输，并可能延长锌离子的扩散弛豫时间。这有助于在电极界面附近形成更均匀的离子浓度分布，减少尖端效应，从而促进锌的均匀成核和生长，抑制枝晶。

应用：添加增稠剂（如多糖、聚合物）来提高黏度，是一种常见的枝晶抑制策略。黏度分析用于优化添加剂的浓度，以在枝晶抑制（需要高 η）和离子电导率（需要低 η）之间找到最佳平衡点。

(2) 影响副反应动力学

析氢反应（HER）：HER 是一种界面化学反应。较高的黏度可能会在一定程度上减缓 H^+ 或 H_2O 分子向电极表面的传质过程，从而可能略微抑制 HER 的速率。但这通常不是主要影响因素。

副产物生成：界面处的离子传质速率也会影响副产物（如 ZHS）的生成速率和形貌。

黏度分析在 AZIBs 电解液设计中揭示了关键的权衡关系。研究者必须意识到：追求更宽的电化学窗口（通过高浓度）往往伴随着黏度增加和离子电导率损失。追求更好的界面稳定性（通过增稠剂）也可能牺牲倍率性能。因此，系统的黏度分析，并与离子电导率、循环性能测试相结合，是开发和优化下一代高性能水系锌离子电池电解液的必不可少的环节。它提供了定量数据，帮助研究者找到满足特定应用需求的最佳配方。

10.1.6 材料的元素成分分析

元素分析是材料表征的基石，它从化学组成的层面为材料的合成、性能优化和失效分析提供最直接、最关键的证据。元素分析不仅揭示出材料中有什么元素，更重要的是揭示出它们有多少，以及（结合其他技术）在哪里和以什么形态存在。

10.1.6.1 化学分析法

(1) 重量分析法

原理：通过化学反应将样品中的待测元素转化为一种具有确定组成的化合物，然后通过称量该化合物的质量来计算待测元素的含量[6]。例如，在测定矿石中的铁含量时，可以将矿石溶解后，用适当的试剂将铁离子沉淀为氢氧化铁，经过过滤、洗涤、干燥、灼烧后转化为三氧化二铁，然后称量三氧化二铁的质量，根据铁元素在三氧化二铁中的质量分数计算铁元素的含量。

操作过程：首先进行样品的溶解，确保样品中的待测元素完全进入溶液。然后加入沉淀剂，使待测元素沉淀，沉淀过程要注意控制反应条件，如温度、pH 值等，以保证沉淀完全且纯净。接着进行过滤，将沉淀与溶液分离，用适当的洗涤液洗涤沉淀，去除杂质。最后将沉淀干燥、灼烧后称重。

适用范围与局限性：适用于常量元素的分析，精度较高。但操作过程烦琐，耗时较长，而且对于微量元素的分析灵敏度较低，因为少量的沉淀在称量过程中可能产生较大的误差。

(2) 容量分析法（滴定分析法）

原理：将一种已知准确浓度的试剂溶液（标准溶液）滴加到含有待测元素的溶液中，直到所加试剂与待测元素按化学计量关系完全反应为止，根据标准溶液的浓度和消耗的体积来计算待测元素的含量。例如，用已知浓度的盐酸标准溶液滴定含有氢氧化钠的溶液，通过酚酞指示剂颜色的变化确定滴定终点，根据盐酸和氢氧化钠反应的化学计量关系计算氢氧化钠的含量。

操作过程：首先要配制标准溶液，并且通过基准物质进行标定，确保标准溶液浓度的准确性。然后准确称取或量取样品，将其溶解后制成待测试液。用滴定管将标准溶液逐滴加入待测试液中，同时使用指示剂来指示滴定终点，当溶液颜色发生突变时，记录标准溶液消耗的体积，最后进行计算。

适用范围与局限性：适用于常量组分的分析，具有操作简便、快速、准确度较高等优点。但它要求反应必须按确定的化学计量关系进行，并且要有合适的指示剂来准确判断滴定终点。对于一些反应速率慢、没有合适指示剂或反应物混合不均匀的情况，可能会导致较大的误差。

10.1.6.2 光谱分析法

(1) 原子发射光谱法（AES）

原理：在高温或高能量激发下，样品中的原子外层电子从基态跃迁到激发态，当电子从激发态返回基态时，会发射出具有特征波长的光。通过对发射光的波长和强度进行分析，就可以确定样品中元素的种类和含量。例如，在电感耦合等离子体原子发射光谱仪（ICP-AES）中，利用等离子体产生的高温使样品原子化并被激发，不同元素发射出不同波长的光，通过光谱仪的色散系统将光按波长分开，然后用探测器检测各波长光的强度。

操作过程：首先将样品制成溶液或固体粉末等合适的形式。对于溶液样品，通过雾化器将其引入等离子体光源中；对于固体样品，可以采用激光剥蚀等技术将样品原子化并引入光源。在光源中激发样品原子后，通过光学系统将发射光聚焦到光谱仪的入射狭缝，经过色散后被探测器接收，然后通过软件进行数据处理和分析。

适用范围与局限性：可以同时分析多种元素，具有较高的灵敏度和较宽的线性范围，适用于微量和痕量元素的分析。但仪器设备昂贵，操作和维护需要专业人员，并且样品的制备和引入方式对分析结果影响较大，如溶液的浓度、雾化效率等。

(2) 原子吸收光谱法（AAS）

原理：当光源发出的具有待测元素特征波长的光通过含有该元素的原子蒸气时，原子会吸收部分光，使光的强度减弱。根据朗伯-比耳定律，吸光度与原子浓度成正比，通过测量吸光度就可以计算元素的含量。例如，在火焰原子吸收光谱仪中，将样品溶液喷入火焰中，使样品原子化，然后让空心阴极灯发出的待测元素特征波长的光通过火焰原子蒸气，测量光的吸收程度。

操作过程：首先要选择合适的空心阴极灯，其发射光的波长要与待测元素的特征吸收波长匹配。将样品制成溶液后，通过雾化器将溶液喷入火焰或石墨炉等原子化器中，使样品原子化。调节仪器参数，使光源发出的光通过原子化后的样品，然后用探测器测量吸光度，根据标准曲线法或标准加入法计算元素含量。

适用范围与局限性：选择性好，抗干扰能力较强，主要用于金属元素的定量分析，尤其对微量元素的分析灵敏度较高。但每次只能分析一种元素，分析速度相对较慢，而且一些难熔元素或复杂基体中的元素分析可能会受到干扰。

(3) X射线荧光光谱法（XRF）

原理：当用X射线照射样品时，样品中的元素原子内层电子会被激发，产生空位，外层电子跃迁填充空位时会发射出具有元素特征能量的X射线荧光。通过测量X射线荧光的能量和强度，就可以确定元素的种类和含量。例如，在波长色散X射线荧光光谱仪（WD-

XRF）中，通过分光晶体将不同能量的 X 射线荧光按波长分开，然后用探测器检测各波长 X 射线荧光的强度。

操作过程：对于固体样品，直接将其放置在样品台上即可；对于粉末样品，需要将其压制成片或装入样品杯中。开启仪器，用 X 射线源照射样品，产生的 X 射线荧光经过光学系统（如准直器、分光晶体等）后被探测器接收，通过软件进行数据处理和分析。

适用范围与局限性：可以对固体、液体、粉末等多种形式的样品进行非破坏性分析，能同时分析多种元素，分析速度快。但对于轻元素（原子序数小于 11）的分析灵敏度较低，并且仪器的分辨率和准确性受到分光晶体等因素的限制。

10.1.6.3 能谱分析法

（1）电子能谱分析法

原理：当用一定能量的电子束、X 射线或紫外光照射样品时，样品表面的电子会被激发逸出，通过测量逸出电子的能量分布来分析样品表面的元素种类和化学态。例如，在 X 射线光电子能谱（XPS）中，用 X 射线照射样品，使样品表面原子的内层电子被激发逸出，这些光电子的能量与原子的内层电子结合能有关，不同元素的内层电子结合能不同，通过分析光电子的能量分布可以确定元素种类，同时还可以根据光电子峰的位移和形状变化来分析元素的化学态。

操作过程：样品需要放置在超高真空环境的样品室中，以避免空气中的杂质干扰。用电子束、X 射线或紫外光照射样品，产生的逸出电子被能量分析器收集和分析，得到电子能谱图。通过对电子能谱图解析，确定元素种类和化学态。

适用范围与局限性：主要用于材料表面元素种类和化学态的分析，对样品表面的分析灵敏度极高，能提供元素的化学环境信息。但分析深度较浅（一般在几纳米到十几纳米之间），需要超高真空环境，仪器设备昂贵，对样品的大小和形状有一定限制。

（2）俄歇电子能谱法

原理：当原子内层电子被激发产生空位后，外层电子跃迁填充空位时会释放出能量，这些能量可以使另一个外层电子（俄歇电子）逸出。俄歇电子的能量与原子的种类和所处的化学环境有关，通过测量俄歇电子的能量和强度来分析元素的种类和化学态。

操作过程：和电子能谱分析法类似，样品需要置于超高真空环境中。用电子束或 X 射线激发样品，产生的俄歇电子被探测器收集和分析，得到俄歇电子能谱图。通过对谱图解析来确定元素种类和化学态。

适用范围与局限性：主要用于材料表面的元素分析和微区分析，对轻元素的分析有一定优势，能提供元素在表面的分布信息。但俄歇电子能量较低，容易被吸收，分析深度较浅，而且谱图的解析相对复杂。

10.1.6.4 确认材料合成与掺杂的成功与否

这是元素分析最基础也是最重要的应用。

（1）验证化学计量比与相纯度

应用：对于合成的正极材料（如 $ZnMn_2O_4$、$NaV_3O_8 \cdot 1.5H_2O$、V_2O_5 等），通过元素分析可以确定其元素比例是否与目标分子式相符。

技术：电感耦合等离子体光谱（ICP-AES/MS），这是定量分析金属元素比例的金标准。

将样品完全消解后进样，精度极高。能量色散 X 射线光谱（EDS），与 SEM/TEM 联用，可进行微区半定量分析，快速检查不同区域的元素组成是否均匀。

意义：确保成功合成了目标产物，排除杂相的存在。例如，确认 Zn∶Mn 比例是否为 1∶2，或检测 NaV_3O_8 中 Na 和 V 的比例是否正确。

（2）定量掺杂水平

应用：掺杂是改性常用策略（如 Fe 掺杂 MnO_2、F 掺杂 V_2O_5），需要精确知道掺杂元素的实际含量。

技术：ICP 是最佳选择，因为它可以提供精确的掺杂量（如原子分数或质量分数）。EDS 可用于快速 mapping，观察掺杂元素在材料中分布是否均匀。

意义：将掺杂浓度与电化学性能（如容量、倍率）关联起来，找到最优掺杂量，并验证掺杂是改善性能的关键因素。

（3）确认结晶水含量

应用：许多 AZIBs 正极材料（尤其是钒基和锰基）含有结晶水，对稳定结构和促进离子传输至关重要。

技术：通过热重分析（TGA）测量加热过程中的质量损失，可以间接计算出结晶水或吸附水的含量。通过元素分析仪（EA）可以直接测量材料中的 H 元素含量，从而精确计算水含量。

意义：水含量是这些材料的关键参数，直接影响 Zn^{2+} 扩散通道和材料稳定性。

10.1.6.5 研究电极/电解液界面与失效机制

（1）分析锌负极副产物的成分

应用：循环后的锌负极表面会生成复杂的副产物层，如 ZHS、$Zn_4SO_4(OH)_6 \cdot xH_2O$，需要确定其元素组成。

技术：X 射线光电子能谱（XPS）对表面敏感（几个 nm），可提供副产物层的元素组成和化学态（如 Zn、O、S 的价态），是分析界面化学的利器。EDS Mapping 对循环后的锌负极截面进行扫描，可以可视化元素（Zn、O、S、C 等）在界面层的空间分布，看是否分层、是否均匀。ICP 需刮下副产物层进行消解测试，可对其进行准确定量。

意义：准确鉴定副产物种类，是理解腐蚀、析氢等失效机理的第一步，也是评估保护策略（如人工界面层）是否有效的关键。

（2）检测溶解-沉积现象（“穿梭效应”）

应用：某些正极材料（如 Mn 基）的溶解离子（Mn^{2+}）会迁移到锌负极并沉积下来，导致容量衰减。

技术：ICP 分别测试循环后的隔膜和锌负极上的 Mn 元素含量，可以定量溶解损失的 Mn 有多少沉积在了负极侧。EDS 直接在锌负极表面扫描，可以看到 Mn 元素的分布，与锌枝晶的形貌进行关联。

意义：为“穿梭效应”提供最直接的定量证据，并评估缓解策略（如电解液添加剂）的有效性。

（3）评估正极材料溶解

应用：直接测量循环后电解液中的金属离子（如 V、Mn）浓度。

技术：ICP 是唯一选择，灵敏度极高，可以检测到 ppb（10^{-9}）级别的溶解量。

意义：定量评估正极材料的溶解程度，并与循环容量保持率关联，揭示容量衰减的根源。

10.1.6.6　全面评估电池循环前后变化

对循环后的所有组件（正极、负极、隔膜）进行系统的元素分析，可以拼凑出完整的失效图画。

正极可检测是否有 Zn 元素嵌入（含量增加）？是否有活性元素（Mn、V）损失（含量减少）？隔膜可检测是否有从正极溶解过来的金属离子（Mn^{2+}、V^{+}）？是否有从负极剥落的锌颗粒？负极可检测是否有从正极穿梭过来的元素（Mn）？副产物层包含哪些元素（S 来自电解液，C 可能来自黏结剂分解）？

这种全电池水平的元素分布分析是揭示复杂副反应和交叉影响的最终手段。

元素分析在 AZIBs 研究中扮演着“化学侦探”的角色。在材料合成阶段，它是质检员，确保我们得到了想要的产物。在性能优化阶段，它是数据提供者，将掺杂量、水含量等参数与性能精准关联。在失效分析阶段，它是证据收集者，通过精确测定界面的元素组成和分布，为揭示衰减机理提供最无可辩驳的化学证据。没有精准的元素分析，对水系锌离子电池的理解将停留在推测层面，无法深入到定量的化学本质。

10.2　材料的结构与组成分析

10.2.1　傅里叶变换红外光谱

傅里叶变换红外光谱（Fourier transform infrared spectroscopy，FTIR）是一种强大的分子结构分析技术，通过检测分子中化学键或官能团的振动频率（如同“分子指纹”）来提供成分和结构信息。在水系锌离子电池中，FTIR 的应用虽然不像 XRD 或 SEM 那样是结构形貌表征的核心，但它在鉴定有机组分、分析界面化学和揭示特定反应机理方面具有独特且不可替代的优势。

10.2.1.1　基本原理

光的干涉：傅里叶变换红外光谱利用迈克尔逊干涉仪将光源发出的光分成两束，一束经动镜反射，另一束经定镜反射，两束光再重新组合发生干涉。当动镜移动时，两束光的光程差发生变化，从而产生不同的干涉条纹。

傅里叶变换：含有样品信息的干涉光被探测器检测后，得到的是干涉图。通过傅里叶变换数学方法，将干涉图转换为红外光谱图，即光强随波数（或波长）的变化曲线。不同化学基团在红外光区域有特定的吸收频率，根据光谱中吸收峰的位置、强度和形状等信息，可以分析样品的化学成分和分子结构。

10.2.1.2　鉴定电池组件中的有机材料

（1）有机正极材料的表征

AZIBs 中有一大类正极材料是有机化合物（如醌类、亚胺类、羧酸类聚合物）。FTIR

可以精准识别材料中的特征官能团，如 C ═O（1650～1750 cm^{-1}）、C ═N（1600～1700 cm^{-1}）、C—O—C（1000～1300 cm^{-1}）、—OH（3000～3500 cm^{-1}）等，确认材料成功合成。在充放电过程中，这些官能团的键长和键能会随着氧化还原反应发生变化，导致其红外吸收峰的位置、强度或形状发生改变。通过原位 FTIR 可以实时监测这些变化，从而推断充放电过程中的反应路径和储能机理（例如，C ═O 键在还原时可能减弱或位移）。

（2）黏结剂和添加剂的分析

FTIR 可用于检测电极中常用的黏结剂（如 PVDF、PTFE、CMC、LA133）和功能性添加剂。

确认存在与分解：FTIR 可以确认黏结剂是否成功加入电极中。更重要的是，循环后对电极进行 FTIR 测试，可以检查黏结剂分子链是否发生断裂或化学降解（特征峰减弱或出现新峰），这可能是电极粉化失效的原因之一。

相互作用研究：有时黏结剂会与活性物质发生相互作用，FTIR 可以探测到这种相互作用导致的特征峰位移。

10.2.1.3 研究电极/电解液界面化学

这是 FTIR 在水系电池中最具价值的应用，尤其是在分析负极界面方面。

（1）鉴定锌负极表面的副产物

锌负极在循环过程中会产生多种含 Zn 的有机/无机副产物。

碳酸锌（$ZnCO_3$）：在 1400～1500 cm^{-1} 和 850 cm^{-1} 附近有 CO_3^{2-} 的特征吸收峰。它的出现通常与电解液中溶解的 CO_2 有关。

有机锌盐：如果电解液中有机添加剂（如醋酸、甲酸）分解，可能会形成相应的锌盐，其 C—O 和 C ═O 振动峰可以被 FTIR 捕获。

FTIR 对上述含 C、O 的有机副产物非常敏感。但对于无机副产物如 ZnO、$Zn(OH)_2$、ZHS（碱式硫酸锌），它们的特征红外峰较宽且可能重叠，拉曼光谱通常是更好的补充工具。

（2）分析界面保护层

评估人工界面层（如聚合物、MOFs 涂层）的化学稳定性和有效性。

稳定性监测：比较循环前后保护层 FTIR 图谱的变化。如果特征峰保持不变，说明保护层化学稳定；如果出现新峰或峰消失，则意味着它发生了分解或反应。

有效性验证：如果保护层有效，那么锌负极本体上副产物（如 $ZnCO_3$）的特征峰强度应该显著减弱甚至消失。

（3）探究电解液添加剂的作用机理

FTIR 可应用于研究添加剂（如糖醇、表面活性剂）是如何在界面作用的。

吸附行为：通过原位 ATR-FTIR（衰减全反射模式，对界面极敏感），可以探测添加剂分子是否吸附在锌表面（其特征峰会发生位移或强度变化）。

参与成膜：检测添加剂是否分解并参与了界面层的形成（出现新的特征吸收峰）。

10.2.1.4 特殊应用：研究电解液结构

应用：探测 Zn^{2+} 的溶剂化鞘结构。

信息获取：水分子（H_2O）的 O—H 伸缩振动峰（3000～3600 cm^{-1}）对其氢键环境非常敏感。Zn^{2+}强烈的极化作用会使与其配位的水分子（$[Zn(H_2O)_6]^{2+}$）的 O—H 键振动频率相对于自由水发生移动。通过分析 FTIR 谱图中 O—H 峰的峰形和位移，可以间接研究 Zn^{2+}的溶剂化结构及其随电解液浓度的变化。

注意：这个区域的峰很强且宽，需要精细的解谱分析，且易受干扰。

10.2.1.5 技术挑战与注意事项

① 水的强干扰：水在 3400 cm^{-1} 和 1640 cm^{-1} 有非常强的吸收峰，会严重覆盖其他信号。通常需要通过差谱技术（减去水的背景谱）或使用重水（D_2O）来缓解。

② 表面敏感性：常规透射 FTIR 对体相敏感。要专门研究界面，需使用 ATR-FTIR 模式，其倏逝波仅能探测样品表面几微米的深度，非常适合研究电极/电解液界面。

③ 原位操作难度：设计合适的原位电化学电池，既能保证电化学性能，又能让红外光有效穿透并探测界面，具有一定技术难度。

它完美地补充了 XRD（擅长晶体结构）和 XPS（擅长元素价态）的不足，特别擅长解决那些与有机分子、官能团和界面化学相关的问题。通过 FTIR 分析，我们可以更深入地理解 AZIBs 中复杂的界面副反应和有机材料的反应过程，从而指导更高效的电池设计和优化。

10.2.2 拉曼光谱分析

拉曼光谱（Raman spectrum）是一种基于光与物质发生非弹性散射（拉曼散射）的振动光谱技术，它通过检测分子键的振动频率来提供“指纹”信息。在 AZIBs 研究中，拉曼光谱因其对水的低敏感性、高空间分辨率和提供化学键信息的能力而成为不可或缺的表征工具，尤其在界面化学可视化和相变过程追踪方面表现出色。

10.2.2.1 基本原理

当光照射到物质上时会发生弹性散射和非弹性散射。弹性散射的散射光与激发光波长相同，即瑞利散射；非弹性散射的光比激发光波长长的和短的成分，统称为拉曼散射。

拉曼光谱分析本质是入射光子与分子发生非弹性散射，分子从低能态跃迁到高能态，发射出频率小于入射光频率的光子，产生斯托克斯线；或者分子从高能态跃迁到低能态，发射出频率大于入射光频率的光子，产生反斯托克斯线。

10.2.2.2 光谱特征

拉曼位移与入射光无关：拉曼散射谱线的波数虽随入射光的波数不同而不同，但对同一样品，拉曼谱线的位移与入射光的波长无关，只与样品的振动和转动能级有关。

谱线对称分布：在以波数为变量的拉曼光谱图上，斯托克斯线和反斯托克斯线对称地分布在瑞利散射线两侧。

强度差异：一般情况下，斯托克斯线比反斯托克斯线的强度大，因为处于振动基态上的粒子数远大于处于振动激发态上的粒子数。

10.2.2.3 研究正极材料的结构演化与反应机理

拉曼光谱对材料的局域结构和键态变化非常敏感，非常适合研究充放电过程中的结构演化。

(1) 监测锰基氧化物（MnO_2）的相变

MnO_2 有多种晶型（α、β、δ、γ 等），每种都有独特的拉曼指纹峰（500～700 cm^{-1} 区域的 Mn—O 键特征峰）。

实时相变追踪：通过原位拉曼光谱，可以实时观测充放电过程中这些峰的消失、出现和演变，直接可视化从 MnO_2 到 $ZnMn_2O_4$ 尖晶石相或层状氢氧化氧锌等产物的相变过程。

探测质子（H^+）嵌入：H^+ 嵌入会形成 MnOOH（水锰矿），其在 570 cm^{-1} 和 390 cm^{-1} 附近有特征峰。原位拉曼光谱可以清晰捕获这些信号，为 H^+/Zn^{2+} 共嵌入机制提供关键证据。

(2) 追踪钒基氧化物（V_2O_5 等）的键态变化

V_2O_5 的拉曼光谱特征峰对 Zn^{2+} 嵌入引起的结构变化极其敏感。

V—O 键变化：145 cm^{-1}（V—O—V 弯曲振动），700 cm^{-1}（V—O—V 伸缩振动），1000 cm^{-1}（V ═O 伸缩振动）。Zn^{2+} 嵌入会引起这些峰位的移动及强度的变化，直接反映了层状结构的膨胀收缩和键能的改变。

区分嵌入机制：通过分析 V ═O 和 V—O—V 峰的变化，可以推断 Zn^{2+} 是与层间 O 还是与 V ═O 发生相互作用，从而深入理解储能机理。

(3) 表征有机正极材料

拉曼光谱是研究碳骨架、C ═O、C ═N 等官能团在氧化还原过程中变化的理想工具。通过监测特征峰的变化，可以推断有机分子的反应路径和储能机理。

10.2.2.4 诊断锌负极界面行为与副反应（极具优势的应用）

这是拉曼光谱最能发挥其长处的领域，因为它能“看见”副产物在哪里生成。

(1) 可视化副产物的形成与分布

锌负极最主要的副产物碱式硫酸锌[ZHS，$Zn_4SO_4(OH)_6 \cdot xH_2O$]具有非常特征的拉曼光谱峰。

鉴定副产物：ZHS 在 3600 cm^{-1}（O—H 伸缩振动），980 cm^{-1} 和 1060 cm^{-1}（SO_4^{2-} 振动），460 cm^{-1}（Zn—O 振动）有特征峰。

空间分布成像：不仅可以实时检测到这些峰的出现，更能通过拉曼 mapping，直观地展示 ZHS 在电极表面的空间分布和不均匀沉积。这是拉曼光谱相比其他技术的巨大优势。

(2) 监测锌沉积形貌与枝晶生长

金属锌本身具有很强的拉曼信号。通过观察锌特征峰（100～150 cm^{-1} 附近的声子模式）的强度变化和位置，可以间接反映锌的沉积过程。更重要的是，利用共聚焦成像，可以直接“看到”枝晶的形貌及其表面的化学成分，将形貌与化学信息相结合。

(3) 评估界面保护层/电解液添加剂的效果

通过对比添加剂加入前后，在循环过程中锌负极界面副产物拉曼光谱信号的强弱和出现时间。可以定量或半定量地评价添加剂的抑制效果。如果添加剂自身或其分解产物在界面形成了保护层，拉曼光谱有可能检测到该保护层的特征信号。

10.2.2.5　探测电解液结构及其变化

拉曼光谱可用于研究 Zn^{2+} 的溶剂化鞘结构。Zn^{2+} 的第一溶剂化鞘层 $[Zn(H_2O)_6]^{2+}$ 中水分子的 O—H 伸缩振动拉曼光谱峰会相对于自由水发生频移和峰形变化。通过分析 3000～3600 cm^{-1} 范围的 O—H 峰，可以研究溶剂化结构随电解液浓度或电位的演变。

优势：拉曼光谱对水的信号不敏感，因此比 FTIR 更适合研究水系电解液的结构。

10.2.2.6　技术优势与挑战

拉曼光谱具有如下优势。

空间分辨率高：共聚焦拉曼光谱的空间分辨率可达微米甚至亚微米级别，可进行高分辨率化学成像（mapping）。

对水不敏感：水的拉曼散射信号非常弱，这极大地减少了背景干扰，非常适合研究水系体系。

无损检测：通常不会对样品造成损伤。

提供键级信息：直接反映化学键的强度和局域环境。

当然，拉曼光谱也面临如下挑战。

荧光干扰：某些样品可能产生强烈的荧光背景，湮没微弱的拉曼光谱信号。可通过使用更长波长的激光器（如 785 nm）来缓解。

激光诱导效应：高功率激光可能局部加热样品，甚至引发不必要的化学反应（如电解液分解）。需要谨慎选择激光功率。

定量分析难度：虽然可以进行半定量分析，但精确量化物种浓度仍然具有挑战性。

拉曼光谱为水系锌离子电池研究提供了独一无二的“空间化学可视化”能力。它是“化学相机”：不仅能检测到有什么副产物，还能拍下照片显示它们长在哪里，分布是否均匀。(核心优势)。它是“结构探针”：精准捕捉正极材料中 M—O 键的“呼吸”和“变身”，实时解析充放电过程中的相变路径。它是“界面专家”：以其对水干扰小的天然优势，专注地监听电极/电解液界面的分子对话。将原位拉曼光谱（提供分子/化学信息与空间分布）与原位 XRD（提供长程晶体结构）、原位 FTIR（擅长官能团分析）等技术联用，可以构建起对水系锌离子电池工作机理和失效机制的全面、深入的认识。

10.2.3　X 射线光电子能谱分析

XPS（X-ray photoelectron spectroscopy）堪称“表面分析领域的王者”，它能够提供元素组成、化学态和电子结构的定量信息，并且其信息深度（通常<10 nm）完美契合了对电极/电解液界面的研究需求。在 AZIBs 中，几乎所有关键的副反应和失效机制都发生在界面，因此 XPS 成为诊断界面化学、揭示失效机理和验证保护策略的终极工具。

10.2.3.1　基本原理

X 射线光电子能谱分析用一定能量的 X 射线照射到样品表面，与待测物质发生作用，使待测物质原子中的电子脱离原子成为自由电子，其过程遵循能量守恒定律，可用公式

$h\nu=E_k+E_b+E_r$ 表示。其中，$h\nu$ 是 X 光子的能量，E_k 是光电子的能量，E_b 是电子的结合能，E_r 是原子的反冲能量，E_r 很小可忽略。对于固体样品，计算结合能的参考点是费米能级，公式可表示为 $h\nu=E_k+E_b+\Phi$，即 $E_b=h\nu-E_k-\Phi$。仪器材料的功函数 Φ 是定值，入射 X 光子能量已知，测出电子的动能 E_k，就能得到固体样品电子的结合能，通过对样品产生的光子能量的测定，可了解样品中元素的组成。

10.2.3.2 精准诊断锌负极界面化学（最核心的应用）

锌负极的失效主要源于复杂的界面副反应，XPS 是解析界面化学成分的"终极法医"。

（1）鉴定副产物的种类与化学成分

循环后的锌负极表面会形成由多种副产物构成的复杂界面层，XPS 可用于对锌物种化学态区分和碳物种鉴定。

锌物种化学态区分：XPS 可以清晰区分出如下物种。金属锌（Zn^0）：Zn $2p_{3/2}$ 结合能 1021.5 eV，或使用 Auger 参数更准确。氧化锌（ZnO）：Zn $2p_{3/2}$ 1022.0 eV，O 1s 530.3 eV。氢氧化锌[$Zn(OH)_2$]：Zn $2p_{3/2}$ 1022.4 eV，O 1s 531.6 eV。碱式硫酸锌[ZHS，Zn_4SO_4-$(OH)_6\cdot xH_2O$]：具有独特的 Zn、O 和 S 2p 信号（对于 SO_4^{2-}，S 2p 169.0 eV）。

碳物种鉴定：可以检测到可能形成的碳酸锌（$ZnCO_3$），其 C 1s 峰在 289.5 eV，O 1s 在 531.8 eV。这通常源于电解液中溶解的 CO_2。

（2）监测界面演化过程与失效分析

应用：在不同充放电状态（如不同循环周次）下对锌负极进行 XPS 测试。

动力学研究：实时追踪上述副产物的生成、积累和溶解动力学。例如，观察到 $Zn(OH)_2$ 和 ZHS 的信号随循环逐渐增强，而在充电时可能减弱但不会完全消失，表明副反应是不可逆的。

深度剖析：结合氩离子溅射，可以对界面层进行深度剖析，绘制出不同副产物（如 ZnO 在上层，Zn 在底层）的纵向分布图，直观展示界面层的结构和厚度增长。

（3）评估保护策略的有效性

在研究人工界面层（AIL）、电解液添加剂或新型集流体时，XPS 可以直接回答如下问题：保护层是否有效抑制了副产物 [如 ZnO、$Zn(OH)_2$、ZHS] 的形成（其 XPS 信号显著减弱或消失）？保护层本身在循环过程中是否化学稳定？其 XPS 信号是否发生变化？保护层之下是否还能检测到副产物？这可以判断保护层的致密性。

10.2.3.3 研究正极材料/电解液界面

虽然正极体相变化多用 XRD，但其界面同样会发生副反应，XPS 对此非常敏感。

（1）表面重构与元素溶解

应用：某些正极材料（如富 Mn 材料）在循环过程中会发生表面重构或 Mn 溶解。

价态分析：XPS 可以检测正极表面 Mn 价态的变化（Mn^{4+}、Mn^{3+}、Mn^{2+} 的 Mn $2p_{3/2}$ 峰位不同）。

溶解沉积：检测溶解沉积在正极表面的 MnO_2 或 $MnCO_3$ 等。

（2）界面膜（CEI）形成分析

AZIBs 的正极也可能形成阴极电解液界面膜（CEI）。XPS 可以鉴定 CEI 的化学成分

（如含 C、O、F、S 的有机物/无机物），分析其是否有利于离子传导和抑制副反应。

10.2.3.4 探究电解液分解机理

通过分析循环后电极表面的分解产物，可以反向推断电解液的分解路径。

阴离子分解：可以检测 SO_4^{2-}（S 2p 169 eV）的还原产物，如亚硫酸盐、硫化物等，或者 $TFSI^-$ 阴离子（含有 S、F、N、O 元素）的分解情况。

溶剂（水）分解：水的分解会导致电极表面 OH^- 和 O-related 物种的富集，这在 O 1s 谱图中会有明显体现。

10.2.3.5 技术挑战与注意事项

① 超高真空（UHV）要求：这是最大的挑战。电池必须在 UHV（$<10^{-8}$ mbar）下运行，这意味着电解液会挥发，干扰真空并可能改变界面化学。解决方案是使用冷冻传输系统，将样品在低温下冻结后转移进真空室。

② 信息深度有限：只能探测最表面几个纳米，对于较厚的界面层，其底部信息会被屏蔽。

③ X 射线损伤：高能 X 射线可能使一些不稳定的样品（如某些有机分解产物）发生分解，导致谱图失真。

④ 数据解析复杂性：XPS 谱图需要专业的分峰拟合技术，对分析者的经验要求较高。

XPS 在水系锌离子电池研究中扮演着“界面化学侦探”的角色，提供无可替代的原子级表面信息。总而言之，XPS 为我们打开了观察 AZIBs 界面化学世界的窗口。它提供的定量、化学特异性的证据，是理解复杂副反应、验证改性策略和指导高性能界面设计的最强大、最令人信服的工具之一。将 XPS 与其他体相和界面分析技术结合，可以构建一个从宏观到微观的完整认知图谱。

10.2.4 热分析技术

热分析技术是在程序控制温度下，测量物质的物理性质与温度之间关系的一类技术。热分析技术通过测量物质在受控温度程序下其物理性质与温度的关系，为理解材料的热稳定性、反应机理和电池安全性提供了至关重要的信息。在 AZIBs 中，主要应用的热分析技术包括：热重分析（TGA），测量质量与温度的关系；差示扫描量热法（DSC），测量样品与参比物之间的热流差（焓变）与温度的关系；热分析-质谱联用（TGA-MS），在 TGA 基础上，对析出气体进行定性定量分析。

10.2.4.1 差示扫描量热法

差示扫描量热法（differential scanning calorimetry，DSC）用于测量与热变化相关的能量变化，如相变、分解焓、比热容等。

（1）研究相变过程和反应焓

应用：检测材料在加热过程中是否发生相变（如晶型转变、熔化）或化学反应。

信息获取：DSC 曲线上的吸热峰（如熔化）或放热峰（如分解、氧化）可以给出相变温度以及对应的焓值，这对于评估材料的（热）化学稳定性至关重要。

（2）评估电解液的凝固点和熔点

应用：对于在低温环境下应用的 AZIBs，需要了解电解液的抗冻性能。

信息获取：DSC 可以精确测量电解液的凝固点（过冷温度）和熔点，从而指导抗冻电解液的开发（如使用高浓度盐或添加剂降低凝固点）。

（3）分析 SEI 层的热稳定性

应用：循环后电极表面的 SEI 层可能在加热时发生分解反应，并放出热量。

信息获取：DSC 上的放热峰可以表征 SEI 层的热不稳定性。更稳定、更安全的 SEI 层应具有更高的分解起始温度和更低的放热焓。

10.2.4.2 热重分析

（1）原理

热重分析（thermogravimetry analysis，TG 或 TGA）在程序控制温度下测量物质质量与温度的关系。当被测物质在加热过程中有升华、汽化、分解出气体或失去结晶水等情况时，物质质量会发生变化，通过热重曲线可分析物质在不同温度下的质量变化情况[7]。

（2）热重分析（TGA）的应用

TGA 是 AZIBs 研究中应用最广泛的热分析技术，主要用于分析材料的热稳定性、组成和分解过程。

① 测定正极材料的结晶水含量

许多 AZIBs 正极材料（如钒基、锰基化合物）含有结晶水，对稳定晶体结构和促进离子传输至关重要。在惰性气氛（如 N_2）下，以一定速率加热材料，结晶水会在特定温度区间内失去，导致质量损失。通过分析质量损失台阶的温度和幅度，可以精确计算出材料中结晶水/吸附水的含量[如 $Zn_3V_2O_7(OH)_2 \cdot 2H_2O$ 中的 2 个水分子]。这是确认材料分子式和评估批次一致性的关键。

② 评估材料的热稳定性与分解行为

应用：确定材料的热分解温度和分解产物。

方法：观察 T 曲线上的质量损失台阶。

分解起始温度：材料开始发生明显分解的温度，评估其热稳定性。

分解步骤：多步质量损失对应于材料中不同组分的分阶段分解（如先失水，再分解氧化物框架）。

残留物：高温下的最终残留物质量分数，可用于推断分解产物。

③ 分析电解液的热行为

应用：评估电解液（如 $ZnSO_4$ 溶液）的沸点、水分蒸发行为以及盐的析出/分解温度。

信息获取：TGA 可以显示水分蒸发的温度区间和盐类分解的温度，为电池的热安全边界提供数据。

10.2.4.3 热分析-质谱联用（TGA-MS）的应用

TGA-MS 联用技术是研究分解机理的强大工具，它能直接鉴定 TGA 过程中质量损失所对应的气体产物。

(1) 鉴定分解产物，揭示分解机理

TGA-MS 可用于确定材料或电极在加热时究竟产生了什么气体。

如：水(H_2O)：$m/z=18$，确认质量损失源于脱水。

二氧化碳(CO_2)：$m/z=44$，可能来源于碳酸盐杂质或黏结剂的分解。

二氧化硫(SO_2)：$m/z=64$，可能来源于硫酸盐基电解液分解产物的进一步分解。

氢气(H_2)：$m/z=2$，来源于水分解或有机物的脱氢反应。

氧气(O_2)：$m/z=32$，来源于氧化物的分解。

(2) 定量评估副反应程度

通过监测特定气体离子流的强度，可以半定量地比较不同样品（如不同循环周数后的电极）产生该气体的量。例如，循环后的锌负极在加热时释放的 H_2 量可能远高于新鲜锌负极，因为其中包含了副反应产生的 $Zn(OH)_2$、ZHS 等物质的分解。释放的 H_2 量可以间接反映副反应的严重程度。

10.2.4.4 电池安全性的评估

所有热分析技术的最终目的之一是为电池安全性评估提供数据支持。

绝热量热法（ARC）是一种特殊的量热技术，用于模拟绝热环境下电池的热失控过程，可以测量到热失控起始温度（T_1）、最高温度（T_{max}）和温升速率（dT/dt）等关键安全参数。虽然不常用于常规材料分析，但这是电池安全设计的终极测试。

通过热分析，研究者可以更全面地评估 AZIBs 材料与器件的热行为，从而为开发更安全、更可靠的水系锌离子电池系统提供科学依据。

10.3 材料的形貌表征

材料的形貌表征是材料科学研究中至关重要的环节，主要借助各种仪器和技术手段对材料的外观形态、微观结构等进行观察和分析。形貌表征是连接材料微观结构与宏观电化学性能的视觉桥梁，它直观地揭示了材料的物理结构、电极的均匀性以及循环过程中的变化，对于理解反应机理和优化电池性能至关重要。在 AZIBs 中，形貌表征主要回答以下问题：材料长什么样？电极是否均匀？循环后发生了什么变化？

10.3.1 扫描电子显微镜

扫描电子显微镜（scanning electron microscope，SEM）是用电子探针对样品表面扫描使其成像的电子显微镜，它是最常用、最快速的技术，能提供微米到纳米尺度的表面形貌信息。

电子束扫描：以电子束作为照明源，把聚焦得很细的电子束以光栅状扫描方式照射到试样表面。

信号产生：电子与试样表面相互作用产生二次电子、背散射电子、吸收电子、俄歇电子、阴极荧光和特征 X 射线等各种信号。

通过探测器收集这些信号，并将其转化为电信号，经过放大等处理后，在显像管上显示出样品表面的微观形貌放大像。其中，二次电子成像分辨率高，多用于观察表面形貌；背散射电子与样品原子序数有关，常用于成分分布分析和晶体学研究；特征 X 射线可用于鉴别样品中的元素。

10.3.2 透射电子显微镜

透射电子显微镜（transmission electron microscope，TEM）是利用高能电子束充当照明光源而进行放大成像的大型显微分析设备。提供更高分辨率的形貌、晶体结构（晶格条纹）和元素分布信息。

电子束与样品相互作用，以电子束作为光源，当电子束与薄试样相互作用时，束中的部分电子激发出与试样相关的二次电子、背散射电子、特征 X 射线和俄歇电子等信息。穿过试样的电子束，被散射偏离原有方向的叫散射电子束，未被散射的叫透射电子束。

透射电子束或散射电子束经过物镜聚焦，取透射电子束经过物镜聚焦的像叫明场像，取散射电子束经过物镜聚焦的像叫暗场像。再经过中间镜和投影镜的多级放大，最终将欲观测的图像呈现在荧光屏上。

10.3.3 原子力显微镜

原子力显微镜（atomic force microscope，AFM）是一种可用来研究包括绝缘体在内的固体材料表面结构的分析仪器。提供三维表面形貌和粗糙度定量信息，不依赖导电性。

将一个对微弱力极敏感的微悬臂一端固定，另一端有一微小的针尖，针尖与样品表面轻轻接触，由于针尖尖端原子与样品表面原子间存在极微弱的排斥力，通过在扫描时控制这种力的恒定，带有针尖的微悬臂将对应于针尖与样品表面原子间作用力的等位面而在垂直于样品的表面方向起伏运动。利用光学检测法或隧道电流检测法，可测得微悬臂对应于扫描各点的位置变化，从而获得样品表面形貌的信息。

10.3.4 在正极材料研究中的应用

（1）指导材料合成与优化

应用：观察合成产物的形貌（如纳米片、纳米线、纳米球、多孔结构等），判断合成是否达到预期。

意义：形貌直接决定比表面积和离子扩散路径。例如，2D 纳米片有利于离子快速嵌入/脱出；3D 多孔结构提供了大的比表面积和丰富的活性位点。通过 SEM/TEM 可以直观验证这些结构是否成功构建。

（2）评估材料与导电剂的复合效果

应用：观察导电剂（如碳纳米管、石墨烯、炭黑）是否均匀地包覆或连接在活性物质颗粒周围。

意义：良好的复合形貌意味着建立了高效的电子导电网络，这是获得优异倍率性能的前提。如果导电剂团聚或分布不均，则电子传输受阻。

（3）揭示循环过程中的结构衰减

应用：比较循环前后正极材料的形貌变化。

意义：颗粒破碎/粉化，由于 Zn^{2+} 反复嵌入/脱出产生的体积应力，活性颗粒可能破裂成更小的碎片（SEM 可见），导致与导电网络接触失效，容量衰减；元素溶解与再沉积，对于锰基正极，Mn 溶解会导致正极颗粒表面变得粗糙多孔（SEM 可见），溶解的 Mn^{2+} 迁移到锌负极并沉积成 MnO_2 颗粒（通过 SEM/EDS 在锌负极上观察到）。

10.3.5　在锌负极研究中的应用（核心应用）

这是形貌表征最能发挥价值的领域，直接可视化锌沉积行为和各种失效模式。

（1）观察锌沉积形貌与枝晶生长

应用：在不同条件下（不同电流密度、不同电解液、不同循环周次）沉积锌后，观察锌负极表面。观察到的形貌如为致密、平坦的沉积层，则为理想的沉积形貌，表明均匀成核和生长。如为苔藓状锌，则为不均匀的沉积，可增大表面积改善，但不一定刺穿隔膜。如为枝晶状锌，如尖锐、针状或树枝状的突起（SEM 下非常清晰）。这是最危险的形貌，会刺穿隔膜导致短路，是电池失效的主要原因。

意义：直接评估不同电解液配方、添加剂或界面改性策略对锌沉积均匀性的改善效果。例如，使用添加剂后，从枝晶形貌变为致密形貌，证明该策略有效。

（2）监测副产物的形成与覆盖

应用：观察循环后锌负极表面的变化。

意义：副反应（腐蚀、析氢）会产生副产物［如 ZHS 片状结晶、$ZnO/Zn(OH)_2$ 薄膜］。SEM 可以清晰看到这些副产物覆盖在表面，形成一层钝化膜。这层膜的形貌（致密或疏松）和覆盖率直接影响界面阻抗和锌沉积的均匀性。

（3）评估人工保护层的效果

应用：观察人工界面层（如 $CaCO_3$ 层、聚合物层、石墨烯层）的覆盖均匀性、致密性和循环后的完整性。

意义：保护层是否完整？是否有裂纹？锌是否穿过保护层生长？这些问题的答案直接通过 SEM 形貌观察获得。

10.3.6　在电极制备与失效分析中的应用

（1）电极浆料与极片质量评估

应用：观察涂布后的电极表面。

意义：检查电极是否均匀，是否有裂纹、团聚体或较大的孔隙。均匀的电极是保证电流分布均匀、性能一致性的基础。

（2）隔膜分析

应用：观察隔膜（如玻璃纤维膜）的孔径分布和纤维结构，以及循环后是否有锌枝晶穿刺或副产物堵塞。

形貌表征在 AZIBs 研究中提供了无可替代的直观视觉证据，总而言之，一张清晰的 SEM 图像往往比一堆数据更有说服力。它将抽象的“枝晶”“腐蚀”“失效”等概念转化为具体的、可视化的图像，是理解和解决水系锌离子电池问题的强大工具。将形貌分析（看变化）与成分分析（如 EDS，看是什么）相结合，可以构建对电池工作状态的全面认知。

参考文献

[1] 赵贺，韩叶林，刘霞，卞希慧，郭玉高，管山．导电高分子材料应用的最新进展与展望．材料导报（纳米与新材料专辑），2016，30（2）：328-334.

[2] 丁景兵．磁控溅射制备 PMNT 薄膜微结构及性能分析．西安：西北工业大学，2025.

[3] 瞿晓玲，谢小书．微胶囊相变材料制备及粒径调控研究．韶关学院学报，2018，39（3）：48-52.

[4] 刘佳豪．土壤微团聚体对纳米水铁矿和磁铁矿悬浮性能的影响研究．山西：太原科技大学，2023.

[5] 唐瑞．附壁氩液滴蒸发过程的分子动力学模拟．重庆大学，2018.

[6] 冯翔．对铁矿石中常见元素及铁物相采用的化学分析法．中国科技博览，2010，（31）：1.

[7] 温丽萍，周晓玲，蔺万峰，等．浅谈热分析技术的应用．江西化工，2016，（5）：4.